普通高等农业院校适用教材

（本教材由中职本科3+4分段项目经费支持）

U0272162

植物组织培养技术

袁学军　编著

中国农业科学技术出版社

图书在版编目（CIP）数据

植物组织培养技术／袁学军编著 . —北京：中国农业科学技术
出版社，2016. 11（2023.7重印）
ISBN 978 – 7 – 5116 – 2839 – 8

Ⅰ. ①植…　Ⅱ. ①袁…　Ⅲ. ①植物组织 – 组织培养　Ⅳ. ①Q943. 1

中国版本图书馆 CIP 数据核字（2016）第 275552 号

责任编辑	姚　欢
责任校对	贾海霞

出 版 者	中国农业科学技术出版社
	北京市中关村南大街 12 号　邮编：100081
电　　话	（010）82106631（编辑室）　（010）82109702（发行部）
	（010）82109709（读者服务部）
传　　真	（010）82106650
网　　址	http://www. castp. cn
经 销 者	各地新华书店
印 刷 者	北京建宏印刷有限公司
开　　本	787 mm ×1 092 mm　　1/16
印　　张	15. 75　彩插 16 面
字　　数	410 千字
版　　次	2016 年 11 月第 1 版　2023 年 7 月第 4 次印刷
定　　价	48. 00 元

前　言

　　植物组织快繁技术不仅具有遗传性状相对稳定、增殖快、繁殖系数大、产量高、品质好、生产周期短等特点，而且受气候、季节影响小，又便于操作，可节省大量人力、物力，已成为生物科学中重要的研究技术和手段之一，推广应用前景广阔。我国农业正从传统农业走向现代农业，作为现代生物技术的基础和重要组成之一的植物组织培养技术有力地推动了我国农业现代化进程，社会对植物组织培养人才的需求也越来越大。为适应这种农业人才需求形势的变化，各职业学校在种植类专业中陆续开设了植物组织培养这门实用很强的技术课程。为此，我们吸纳国内外最新研究成果和企业先进实用技术，从组织培养岗位的要求出发，根据生源的特点和人才培养方向，本着突出职业能力培养、强调理论应用、科学性与实用性相结合和有利于教学的原则编写了此教材。

　　本书的编写是在广泛调查研究、参阅大量文献资料的基础上，运用最新的科研成果，结合我国植物组培快繁技术的实际，进行分析、归纳和消化吸收而形成的。该书的主要内容包括组培快繁的概念、原理、操作技术和在草坪草、牧草、花卉、蔬菜、水果、药用植物、农作物突变体筛选等植物或方面的应用。所介绍的内容具有较强的科学性、先进性、实用性和可操作性，对提高组培快繁技术水平、加快组培快繁技术的推广应用，将会起到重要作用。

　　该书在编写过程中得到了佘建明教授、王广东教授等许多热心的朋友和同志的帮助、支持，对所引用科研成果和文献资料的研究人员，在此一并深表感谢。

作者

2016 年 12 月

目　录

第一章　绪　论

本章学习目标

1. 掌握植物组织培养常见术语。
2. 熟悉植物组织培养在农业生产过程中的主要应用。
3. 了解植物组织培养发展简史。

第一节　组织培养术语

1. 植物组织培养的含义

（广义）又叫离体培养：指从植物体分离出符合需要的组织、器官或细胞、原生质体等，通过无菌操作，在人工控制条件下进行培养以获得再生的完整植株或生产具有经济价值的其他产品的技术。

（狭义）组织培养：指用植物各部分组织，如形成层、薄壁组织、叶肉组织、胚乳等进行培养获得再生植株，也指在培养过程中从各器官上产生愈伤组织的培养，愈伤组织再经过再分化形成再生植物。

2. 细胞全能性

指每个植物细胞都具有形成完整植株的能力，因为每个细胞都具有全套的遗传基因，无论是性细胞还是体细胞在特定条件下可以进行表达。

3. 外植体

从植物体上分离下来的用于离体培养的材料。

4. 分化

细胞在分裂过程中发生结构和功能上的改变，从而在个体发育中形成各类组织和器官完成整个生活周期。

5. 脱分化

已分化好的细胞在人工诱导条件下，恢复分生能力，回复到分化组织状态的过程。

6. 再分化

脱分化后具有分生能力的细胞再经过与原来相同的分化过程，重新形成各类组织和器官的过程。

7. 愈伤组织

在离体培养过程中形成的具有分生能力的一团不规则细胞，多在外植体切面上产生。

8. 胚状体

对应于胚（embryo），在离体培养过程中产生一种形似胚（具有明显的根端和芽端），功能与胚相同的结构。

9. 继代培养

更换新鲜培养基来繁殖同种类型的材料（愈伤组织、芽等）。

10. 初始培养

最初接种在培养基上的外植体的培养。

11. 继代培养

将获得的增殖的培养体移植到新鲜的培养基上再次或反复多次的切割移植培养。

12. 继代周期

前后二代继代培养的间隔时间称为继代周期。

13. 增殖系数

后一次培养物的数量比前一次培养物增加的倍数称为增殖系数。

14. 分化培养

经过脱分化阶段的外植体，转移到另一培养基上分化出芽或胚时，则称为分化培养。

15. 增殖培养

已分化芽、小球茎和无性幼胚再继续进行增殖，即为增殖培养。所用培养基为增殖培养基。

16. 生根培养

诱导生根形成完整植株，就是生根培养，所得到的完整小植株被称为组培苗。

17. 人工种子

指将植物离体培养产生的体细胞胚包埋在含有营养成分和保护功能的物质中，在适宜条件下发芽出苗的颗粒体。人工种子包括体细胞胚、人工胚乳和人工种皮三部分。

18. 器官培养

主要指植物根、叶、茎、花及小果实等器官在离体条件下的无菌培养。

19. 茎段培养

指带有腋（侧）芽或叶柄、长数厘米的茎节段进行离体培养。

20. 驯化现象

在开始继代培养要加入生长调节物质，其后加入少量或不加入生长调节物质就可以生长的现象。

21. 衰退现象

长期培养的材料也会逐渐衰退，丧失形态发生能力，具体表现在生长不良，再生能力和增殖率下降等。

22. 单倍体细胞

植物的花粉母细胞经减数分裂形成的，其染色体数目只有体细胞的一半。

23. 花粉和花药培养

指花粉在培养基上改变其正常发育和机能，不经受精而发生细胞分裂，由单个花粉发育成完整植株的技术。

24. 单倍体植物

用离体培养花药的方法使其中的花粉发育在一个完整的植株。

25. 种质

是指亲代通过生殖细胞或体细胞传递给子代的遗传物质。

26. 植物种质保存

是利用天然或人工创造的适宜环境，使个体中所含有的遗传物质保持其遗传完整性，有高的活力，能通过繁殖将其遗传特性传递下去。

27. 植物快速繁殖

就是应用组织培养技术，快速繁殖名优特新品物，使其在较短时间内繁衍较多的植株。

28. 基因

是含有表达某一功能蛋白质或核糖核酸（RNA）全部信息的核酸片段（DNA 或 RNA），是生物遗传的基本功能单位。

29. 基因克隆

特定 DNA 片段的合成及在适当寄主细胞内的增殖。

30. 克隆载体

体外合成的 DNA 片段一般不能在细胞内增殖，必须与适当的具有自身复制能力的 DNA 分子耦联才能复制，这个 DNA 分子叫复制子，又叫克隆载体。

31. 茎尖培养

切取茎尖的先端部分或茎尖分生组织进行无菌培养。

第二节 植物组织培养的优点

一、培养条件可以人为控制

组织培养采用的植物材料完全是在人为提供的培养基和小气候环境条件下进行生长，摆脱了大自然中四季、昼夜的变化以及灾害性气候的不利影响，且条件均一，对植物生长极为有利，便于稳定地进行周年培养生产。

二、生长周期短，繁殖率高

植物组织培养是由于人为控制培养条件，根据不同植物不同部位的不同要求而提供不同的培养条件，因而生长较快。另外，植株也比较小，往往 20～30d 为一个周期。所以，虽然植物组织培养需要一定设备及能源消耗，但由于植物材料能按几何级数繁殖生产，故总体来说成本低廉，且能及时提供规格一致的优质种苗或脱病毒种苗。

三、管理方便，利于工厂化生产和自动化控制

植物组织培养是在一定的场所和环境下，人为提供一定的温度、光照、湿度、营

养、激素等条件，极利于高度集约化和高密度工厂化生产，也利于自动化控制生产。它是未来农业工厂化育苗的发展方向。它与盆栽、田间栽培等相比省去了中耕除草、浇水施肥、防治病虫害等一系列繁杂劳动，可以大大节省人力、物力及田间种植所需要的土地。

第三节　植物组织培养在农业生产过程中的主要应用

一、植物育种上的应用

通过花药或花粉培养为单倍体育种，由于单倍体植株往往不能结实，在花药或花粉培养中用秋水仙素处理，可使染色体加倍，成为纯合二倍体植株，它已成为一种崭新的育种手段，具有高速、高效率、基因型一次纯合等优点，目前，我国科学家育成烟草、小麦、水稻新品种已大面积种植。

在植物种间杂交或远缘杂交中，杂交不孕给远缘杂交带来了许多困难，采用胚的早期离体培养可以使胚正常发育并成功地培养出杂交后代，并通过无性系繁殖获得数量多、性状一致的群体，胚培养已在 50 多个科属中获得成功。荔枝幼胚，蝴蝶兰的种子内部没有胚乳，种子的萌发缺乏营养物质，发芽率极低。用组织培养的手段给蝴蝶兰种子以外部营养，促使其萌发。用胚乳培养可以获得三倍体植株，为诱导形成三倍体植物开辟了一条新途径。

细胞融合通过原生质体融合，可部分克服有性杂交不亲和性，而获得体细胞杂种，从而创造新种或育成优良品种，浙江省农业科学研究院和中国水稻研究所合作研究野生稻与栽培稻体细胞杂交创造新种质。小麦与燕麦不对称体细胞杂交，目前已获得 40 余个种间、属间、甚至科间的体细胞杂种、愈伤组织，有些还进而分化成苗。

基因工程就是把目标基因切割下来并通过载体使外来基因整合进植物的基因组，克服作物育种中的盲目性，而变成按人们的需要操纵作物的遗传变异，育成优良品种，实现作物改良，以增加产量和改善品质。目前已在马铃薯、番茄、水稻、瓜类植物上获得成功。

细胞工程即诱发细胞突变。培养细胞均处在不断分生状态，容易受培养条件和外界压力（如射线、化学物质等）的影响而产生诱变，已诱发筛选出植物抗病虫性、抗寒、耐盐、抗除草剂毒性、生理生化变异等所需要的突变体，然后分化成植株，经诱发细胞突变培育了辣椒、乌菜新品种。目前，用这种方法已筛选到抗病、抗盐、高赖氨酸、高蛋白、矮秆高产的突变体，有些已用于生产。

二、在植物脱毒和快速繁殖上的应用

植物脱毒和离体快速繁殖是目前植物组织培养应用最多、最有效的一个方面。很多作物都带有病毒，尤其是无性繁殖植物，如马铃薯、甘薯、草莓、大蒜等。长期的病毒感染并在植物体内的积累，使植物的产量和品质不断下降。比如我们看到有的市场上供应的草莓越来越小，就是病毒病感染的结果。White 早在 1943 年就发现植物生长点附近的病毒浓度很低甚至无病毒。利用组织培养方法，取一定大小的茎尖进行培养，再生的植株有可能不带病毒，从而获得脱病毒苗，再用脱毒苗进行繁殖，种植的作物就不会或极少发生病毒。目前利用茎尖脱毒技术组织培养在甘蔗、菠萝、香蕉、草莓、甘薯、马铃薯等主要经济作物上已成功应用。无毒种苗和微型脱毒种薯已在马铃薯生产上广泛应用，从根本上解决了植物的退化问题。脱去病毒的植物不仅恢复了原来的优良种性，而且产量一般比原来提高30%以上。另外一些重要园林观赏植物菊花、香石竹、唐菖蒲、水仙、郁金香、百合、大丽花、白鹤芋等一大批花卉靠无性繁殖的植物，取0.1～0.5mm大小的生长点，培养得到的基本上是无病毒苗。去病毒后，植株生长势强，花朵变大，色泽鲜艳，抗逆能力提高，产花数量上升。

由于植物组织培养有快速繁殖的突出特点，对一些繁殖系数低、不能用种子繁殖的"名、优、特、新、奇"作物品种的繁殖，包括脱毒苗、新育成、新引进、稀缺种苗、优良单株、濒危植物和基因工程植株等都可通过离体快速繁殖，它可不受环境、气候的影响，比常规方法快数万倍到数百万倍的速度扩大繁殖，及时繁育出大量优质种薯和种苗。目前，观赏植物、园艺作物、经济林木等无性繁殖作物等部分或大部分都用离体快繁提供苗木，试管苗已出现在国际市场上并形成产业化。预计在21世纪，这一技术的应用将更为广泛。

三、在植物次生产物上的应用

利用组织或细胞的大规模培养，有可能生产出人类所需要的一切天然有机化合物，如蛋白质、脂肪、糖类、药物、香料、生物碱及其他活性化合物。目前，用单细胞培养生产蛋白质，将给饲料和食品工业提供广阔的原料生产前途；用组织培养方法生产微生物以及人工不能合成的药物或有效成分，有些已投入生产。已有20多种植物在培养组织中有效物质高于原植物，国际上已获得这方面专利100多项。

四、在植物种质资源保存和交换上的应用

具有独特遗传性状的生物物种的绝迹是一种不可挽回的损失。利用植物组织和细胞低温保存种质，可大大节约人力、物力和土地，同时也便于种质资源的交换和转移，防止有害病虫的人为传播，给保存和抢救有用基因带来了希望。例如，胡萝卜和烟草等植物的细胞悬浮物，在 −196～−20℃的低温下贮藏数月，尚能恢复生长，再生成植株。

五、在遗传、生理、生化和病理研究上的应用

组织培养推动了植物遗传、生理、生化和病理学的研究，已成为植物科学研究中的常规方法。在细胞培养中很容易引起变异和染色体变化，从而可得到作物的附加系、代换系和易位系等新类型，为研究染色工程开辟新途径。植物组织培养有益于植物的矿质营养、有机营养、生长活性物质等方面的研究。用单细胞培养研究植物的光合代谢是非常理想的，取得有益进展。

六、工厂化育苗

近年来，组培苗工厂化生产已作为一种新兴技术和生产手段，在园艺植物的生产领域蓬勃发展。组培苗工厂化生产，是以植物组织培养为基础，在含有植物生长发育必需物质的人工合成培养基上，并附加一定量的生长调节物质，把脱离于完整植株的本来已经分化的植物器官或细胞，接种在不同的培养基上，在一定的温度、光照、湿度及 pH 条件下，利用细胞的全能性以及原有的遗传基础，促使细胞重新分裂、分化长成新的组织、器官或不定芽。最后长成和母株同样的小植物体。例如，非洲紫罗兰组培苗的工厂化生产，就是取样品植株一定部位的叶片为材料，消毒后切成一定大小的块，接种在适宜的培养基上，在培养室内培养，2 个月左右在切口处产生不定芽，这些不定芽再切割后又形成新的不定芽，如此继续，即可获得批量的幼小植株，按需要量生产与样品株完全相同的苗子。

工厂化生产组培苗，是按一定工艺流程规范化程序化生产的，具有繁殖速度快、整齐、一致、无虫少病、生长周期短、遗传性稳定的特点，可以加速产品的发展，尽快获得繁殖无性系。特别是对一些繁殖系数低、杂合的材料有性繁殖优良性状易分离、或从杂合的遗传群体中筛选出表现型优异的植株，需要保持其优良遗传性，有更重要的作用。组培苗的无毒生产，可减少病害传播，更符合国际植物检疫标准的要求，扩大产品的流通渠道，增加产品市场的销售能力，同时减少了气候条件对幼苗繁殖的影响，缓和了淡、旺季供需矛盾。

世界上一些先进国家园艺植物组织培养技术的迅速发展从 20 世纪 60 年代就已经开始，并随着生长、分化规律性探索逐步深化，到了 70 年代仅花卉业就已在兰花、百合、非洲菊、大岩桐、菊花、香石竹、矮牵牛等二十几种花卉幼苗生产上建立起大规模试管苗商品化生产，到 1984 年世界花卉幼苗产业的生产总值已达 20 亿美元，其中，美国花卉幼苗市场总值为 6 亿多美元，日本三友种苗公司有 60% 的幼苗靠组织培养技术繁殖。1985 年仅兰花一项，在美国注册的公司就有 100 余家，年销售额在 1 亿美元以上。由于组织培养技术的应用，加快了花卉新品种的推广。以前靠常规方法推广一个新品种要几年甚至十多年，而现在快的只要 1~2 年就可在世界范围内达到普及和应用。

我国采用快速繁殖技术，也使优良品种达到迅速的推广和应用。如广东切花菊"黄秀风"的应用，使菊花变大，长势加强，花色鲜艳，抗病力增强，打开了进入香港市场的渠道，使 30 多种观叶植物的推广很快遍及全国，丰富了人们的生活；并将自然界的几百个野生金钱莲品种繁种驯化，培养了一批园林垂直绿化的材料，促进了园林业的发展。

植物组织培养也存有一定的困难，首先是繁殖效率与商品需要量的矛盾，有些作物由于繁殖方法尚未解决，因而无法满足生产的需要，其次是在培养过程中如何减少变异株的发生。更重要的是应降低组培苗工厂化生产的成本，只有降低成本，才能更好地投产应用。总之，随着组织培养这一技术的发展及各种培养方法的广泛应用，使这一技术在遗传育种、品种繁育等方面表现出了巨大的潜力，特别是生物工程和工厂化育苗实施以后，它将以新兴产业的面目在技术革命中发挥重大作用。

总之，植物组织培养在农业上应用广泛，它具有培养条件可以人为控制生长周期短，繁殖率高、管理方便，利于工厂化生产和自动化控制等特点，已渗透到农作物、经济作物、园林绿化等各种作物的生产中，将对我国农林生产带来革命性的变化，希望广大农业技术人员和农民朋友都来学习和重视植物组织培养技术，并应用到农业生产之中，它的应用将给农民带来意想不到的收获。

第四节　植物组织培养发展简史

植物组织培养与细胞培养开始于19世纪后半叶，当时植物细胞全能性的概念还没有完全确定，但基于对自然状态下某些植物可以通过无性繁殖产生后代的观察，人们便产生了这样一种想法即能否将植物体的一部分在适当的条件下培养成一个完整的植物体，为此许多植物科学工作者开始了培养植物组织的尝试。最初的问题仍然是集中在植物细胞有没有全能性和如何使这种全能性表现出来。

1839年Schwann提出细胞有机体的每一个生活细胞在适宜的外部环境条件下都有独立发育的潜能。1853年Trecul利用离体的茎段和根段进行培养获得了愈伤组织，愈伤组织是指一种没有器官分化但能进行活跃分裂的细胞团，但这还不能证明细胞具有全能性，因为由愈伤组织没能再生出完整植物体。1901年Morgan首次提出一个全能性细胞应具有发育出一个完整植株的能力。所谓全能性细胞就是指具有完整的膜系统和细胞核的生活细胞，在适宜的条件下可通过细胞分裂与分化，再生出一个完整植株。White指出：如果一个给定的有机体的所有细胞都大致相同，并具有全能性，那么在有机体内所观察到的细胞分化必定是这些细胞对有机体内微环境和周围环境的反应。就是说机体内每个细胞所以没有表现出全能性，是因为该细胞所处位置的不同，致使其某些功能被抑制（suppressed），这充分说明机体内的微环境因素在细胞分化中起了十分重要的作用。按照现代发育生物学和细胞生物学的理论，细胞分化是受基因在时间和空间两个方面的调控，空间就是指细胞在机体内所处的位置。不同位置的细胞，其基因的表达不同，细胞所表现出的形态结构和行为就不同。如果将一个生活的细胞从植物体内分离出来，使之脱离开原有的环境，细胞被抑制的功能将有望得以恢复，重新表现出全能性。基于这种认识，科学工作者便萌生出了植物组织培养的念头。

Haberlandt（1902）首次提出细胞培养的概念，也是第一个用人工培养基对分离的植物细胞进行培养的人。与Rechinger不同，Haberlandt相信切块大小不会影响细胞增殖，但由于Haberlandt使用的培养液成分简单，培养的细胞是高度分化的细胞，又没采取消毒技术，所以实验失败，培养的细胞虽然存活了几个月但没能分裂。Haberlandt转而对损伤修复发生兴趣，提出激素作用的概念（lepto hormone），与维管组织特别是韧皮部有关；另一类是创伤激素（wound homone），与细胞损伤有关，为后来激素理论的建立和在组织培养中的广泛应用奠定了基础。但自Haberlandt的实验之后直到1934年White培养番茄离体根尖的成功，其间的30多年里，植物组织培养技术几乎没有什么进展。分析其原因，主要就是培养基的成分和实验所选取的材料不够合适。

1934年White用离体的番茄根建立了第一个活跃生长的无性系，使根的离体培养实验首次获得了真正的成功，并首次发现和提出 B 族维生素 B_1、维生素 B_6 和烟酸的重要性。与此同时，Cautheret 在山毛柳和黑杨形成层组织的培养中也发现了 B 族维生素的作用，并使培养获得了成功。Nobecourt 也用胡萝卜建立了类似的连续生长的组织培养物。因此，Haberlandt、White 和 Nobecourt 一起被誉为植物组织培养的奠基人。人们现在所用的若干培养方法和培养基，原则上都是他们在 1939 年所建立的方法和培养基演变的结果，几乎所有的培养基中都添加了不同种类和不同数量的 B 族维生素。从此植物组织培养进入快速发展时期。1941 年，Overbeek、Conklin 和 Blakeslee 等用附加椰乳到培养基中，获得了 Datura 离体胚培养的成功。椰乳成分复杂，含有多种不同的有机物，后来的研究发现，其中在组织培养中起主要作用的是腺嘌呤类激素或类似物。1944 年，Skoog 报道 DNA 的降解产物腺嘌呤和腺苷可以促进愈伤组织的生长，解除生长素对芽形成的抑制作用，诱导芽的形成。1948 年，Caplin 和 Steward 用实验证明椰乳与 2，4 - D 配合，对培养的胡萝卜和马铃薯组织的增殖起到明显的促进作用。在用烟草髓细胞诱导愈伤组织的实验中，Skoog，Miller 等分离确定了 6 - 呋喃氨基嘌呤对细胞分裂有促进作用，并命名为"激动素"（Kinetin）。之后，与此相关的同系物 6 - 苄氨基嘌呤被合成，它也刺激培养物的细胞分裂。于是，出现了"细胞分裂素"这一集合名词，专门用来指能刺激培养物细胞分裂的一组 6 - 某基团的氨基嘌呤化合物。尔后，玉米素、异戊烯基腺嘌呤和其他细胞分裂素等植物激素的相继发现，更增加了细胞分裂素的种类。由于发现生长素和细胞分裂素相互配合能调节细胞的分裂与分化，控制器官的分化，生长素高时可诱导根的形成，细胞分裂素高时可促进芽的分化，使植物组织培养的工作迅速取得突破。1958 年美国的 Steward 和德国的 Reinert 分别由培养的胡萝卜细胞诱导形成了胚状体，1965 年由 Vasil 和 Hildebrandt 用单个分离的细胞培养获得整个植株的再生，从而使植物细胞全能性的理论真正得到了科学的证实。从此之后，一批又一批植物的组织或器官通过培养的方法获得了再生植株。

20 世纪 60 年代，在植物组织培养方面的另外两项成就就是划分小孢子培养和原生质体培养的成功。Guha 和 Maheshwari（1966，1967），Rourgin 和 Nitsch（1967）先后利用烟草和胡萝卜的小孢子培养获得单倍体植株，并成功地实现了染色体的加倍，使这种同源二倍体植株在 5 个月内收获到种子。Cocking 等用纯化的纤维素酶和果胶酶处理烟草细胞，获得原生质体，通过调节渗透压的方法控制原生质体膨胀，使培养获得成功，得到了再生植株。自 20 世纪 60 年代始，植物组织与细胞培养逐渐走向了工厂化和商品化阶段。

现在已不能确切统计有多少种植物通过组织培养的方法获得了再生植株，因为几乎每天都有可能出现利用新的植物种类获得培养成功的报道。植物组织培养已经变成了一种常规的实验技术，广泛应用于植物的脱毒、快繁、基因工程、细胞工程、遗传研究、次生代谢物质的生产、工厂化育苗等多个方面；从高级的研究机构、大专院校到普通的生物技术公司，甚至农民专业户都在不同程度的利用或开展组织培养工作。

植物组织培养已经走过了近百年的历程。它的历史不仅证明了植物的每一个生活细胞都含有一种植物的全部遗传信息，在一定的条件下可以发育成一个完整的植株，而且在一定范围内人们可以按照意愿，改变和调节植物的发育。但这种调节和改变知识局部的，主要是通过改变培养基中的激素和培养条件，从遗传基础上的彻底改造仅仅是开始。但是，生命的奥秘是很深远的，植物也如此，科学家至今仍不能实现对所有植物的组织培养再生，对基因型对组培成功的影响至今仍迷惑不解，而且对已经获得成功的植物，也还是有很多问题没有解决。即便像烟草和拟南芥这样的模式植物，也没能实现让它们在组培容器中遂愿的生长发育和开花结实。人们对植物的认识、了解和掌握，仍然处于必然王国阶段，单就其组织培养而言，还有十分漫长的道路要走。

复习思考题
1. 植物组织培养、外植体、愈伤组织的概念。
2. 植物组织培养的优点。
3. 植物组织培养在农业生产过程中的主要应用。

第二章　实验设备及一般技术

本章学习目标
1. 了解实验室的设计和仪器。
2. 掌握培养基的成分、配制及灭菌方法。
3. 熟悉植物组培对环境条件的要求。

第一节　实验室的设计和仪器

基本实验室包括准备室、洗涤灭菌室、无菌操作室、培养室、缓冲间，是组织培养实验所必须具备的基本条件。如进行工厂化生产，年产4万~20万吨，需3~4间实验用房，总面积60m²。

一、基本实验室

1. 准备室（化学实验室）

功能：又叫化学实验室，进行一切与实验有关的准备工作，完成所使用的各种药品的贮备、称量、溶解、器皿洗涤、培养基配制与分装、培养基和培养器皿的灭菌、培养材料的预处理等。要求：最好有20m²左右。要求宽敞明亮、以便于放置多个实验台和相关设备，方便多人同时工作；同时，要求通风条件好，便于气体交换；实验室地面应便于清洁，并应进行防滑处理。

根据功能准备室分为下列两类：

分体式——研究性质实验室，分开的若干房间将准备室分解为药品贮藏室、培养基配制与洗涤室和灭菌室等，功能明确，便于管理，但不适于大规模生产。

通间式——规模化实验室，准备室一般设计成大的通间，使试验操作的各个环节在同一房间内按程序完成。准备试验的过程在同一空间进行，便于程序化操作与管理，试验中减少各环节间的衔接时间，从而提高工作效率。此外，还便于培养基配制、分装和灭菌的自动化操作程序设计，从而减少规模化生产的人工劳动，更便于无菌条件的控制和标准化操作体系的建立。

设备：准备室应具备实验台、药品柜、水池、仪器、药品、防尘橱（放置培养容器）、冰箱、天平（图2-1）、蒸馏水器、酸度计、移液器（图2-2）、各种玻璃器皿（烧杯、量筒、容量瓶、试剂瓶、三角瓶等）及培养基分装用品等。

2. 洗涤灭菌室

功能：完成各种器具的洗涤、干燥、保存、培养基的灭菌等。

要求：洗涤灭菌室根据工作量的大小决定其大小，一般面积控制在 $30 \sim 50m^2$。在实验室的一侧设置专用的洗涤水槽，用来清洗玻璃器皿。中央实验台还应配置 2 个水槽，用于清洗小型玻璃器皿。如果工作量大，可以购置一台洗瓶机。准备 1~2 个洗液缸，专门用于洗涤对洁净度要求很高的玻璃器皿，地面应耐湿并排水良好。

百分之一天平　　千分之一天平　　万分之一天平

图 2-1　不同精确度的托盘天平

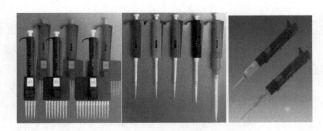

图 2-2　不同规格的移液器

设备：水池、落水架、中央实验台、高压灭菌锅（图 2-3）、超声波清洗器、离心机、水浴锅、微波炉、电炉、磁力搅拌器、蠕动泵、干燥灭菌器（如烘箱）等。

图 2-3　不同型号的高压灭菌锅

3. 无菌操作室（接种室）

功能：也叫接种室，主要用于植物材料的消毒、接种、培养物的转移、试管苗的继代、原生质体的制备以及一切需要进行无菌操作的技术程序，是植物离体培养研究或生产中最关键的一步。

要求：接种室宜小不宜大，一般 7~8m² （10~20m²） 即可，其规模根据实验需要和环境控制的难易程度而定。要求封闭性好，干爽安静，清洁明亮，能较长时间保持无菌，因此不宜设在容易受潮的地方；地面、天花板及四壁尽可能密闭光滑，易于清洁和消毒；配置拉动门，以减少开关门时的空气扰动；为便于消毒处理，地面及内墙壁都应采用防水和耐腐蚀材料；为了保持清洁，无菌室应防止空气对流。接种室要求在适当位置吊装 1~2 盏紫外线灭菌灯，用以照射灭菌。最好安装一台小型空调，使室温可控，这样可使门窗紧闭，减少与外界空气对流。

一般新建实验室的无菌室在使用之前应进行灭菌处理，处理方法是甲醛和高锰酸钾熏蒸，并需定期灭菌处理，还可用紫外线照射 1~2h/周，或每次使用前照射 10~30min。

设备：紫外灯、空调、解剖镜、消毒器、紫外灯、小推车、酒精灯、接种器械（接种镊子、剪刀、解剖刀、接种针）、磁盘、手持喷雾器、细菌过滤器、实验台、搁架，还有超净工作台 （图 2-4） 和整套灭菌接种仪器、药品等。

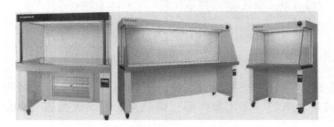

图 2-4 不同样式的超净工作台

4. 培养室

功能：对接种到培养瓶等器皿中的植物离体材料进行控制条件下的培养，无论是研究性实验室还是生产性实验材料进行培养的场所。要求：需 10~20m²，培养室的大小可根据需要培养架的大小、数目、及其他附属设备而定，其设计以充分利用空间和节省能源为原则。基本要求是能够控制光照和温度，并保持相对的无菌环境，因此，培养室应保持清洁和适度干燥；为满足植物培养材料生长对气体的需要，还应安装排风窗和换气扇等培养室的换气装置；为节省能源和空间，应配置适宜的培养架，并安装日光灯照明。

研究用实验室，通常可根据光照时间设置成长日照、中日照、短日照培养室，也可以根据温度设置成高温和低温培养室，每一个培养室的空间不宜过大，便于对条件的均匀控制。进行精细培养类型如细胞培养和原生质体培养，可采用光照培养箱或人工气候箱代替培养室。

为了控制培养室的温度和光照时间及其强度，培养室的房间不要窗户，但应当留一个通气窗，并安上排气扇。室内温度由空调控制，光照由日光灯控制。天花板和内墙最好用塑料钢板装修，地面用水磨石或瓷砖铺设，一般要分两间，一为光照培养室，一为暗培养室。培养室外应有一预备间或走廊。

培养材料放在培养架上培养。培养架大多由金属制成，一般设5层，最低一层离地高约10.0cm，其他每层间隔30.0cm左右，培养架即高1.7m左右。培养架长度都是根据日光灯的长度而设计，如采用40W日光灯，则长1.3m，30W的长1.0m，宽度一般为60.0cm。日光灯一般用40W，固定在培养架的侧面或隔板的下面，每层有两支日光灯，距离在20.0cm，光照强度为2 000~3 000lx。

培养室最重要的因子是温度，一般保持在20~27℃，具备产热装置，并安装窗式或立式空调机。由于热带植物和寒带植物等不同种类要求不同温度，最好不同种类有不同的培养室。

室内湿度也要求恒定，相对湿度以保持在70%~80%为好，可安装加湿器。控制光照时间可安装定时开关钟，一般需要每天光照10~16h，也有的需要连续照明。短日照植物需要短日照条件，长日照植物需要长日照条件。现代组培实验室大多设计为采用天然太阳光照作为主要能源，这样不但可以节省能源，而且组培苗接受太阳光生长良好，驯化易成活。在阴雨天可用灯光作补充。

设备：培养架（控温控光控湿，图2-5）、摇床（图2-6）、转床、自动控时器、紫外灯、光照培养箱（图2-7）或人工气候箱、生化培养箱、边台实验台用于拍摄培养物生长状况、除湿机、显微镜、温湿度计、空调等。

图2-5　培养架

5. 缓冲间

功能：是进入无菌室前的一个缓冲场地，减少人体从外界带入的尘埃等污染物。工作人员在此换上工作服、拖鞋，戴上口罩，才能进入无菌室和培养室。进入无菌操作室前在此更衣换鞋，以减少进出时带入接种室杂菌。

要求：缓冲间需3~5m²，可建在准备室外或无菌操作室外，应保持清洁无菌；备有鞋架和衣帽挂钩，并有清洁的实验用拖鞋、已灭菌过的工作服；墙顶用 1～2 盏紫外灯定时照射，对衣物进行灭菌。缓冲间最好也安一盏紫外线灭菌灯，用以照射灭菌。缓冲间的门应该与接种室的门错开，两个门也不要同时开启，以保证无菌室不因开门和人的进出带进杂菌。

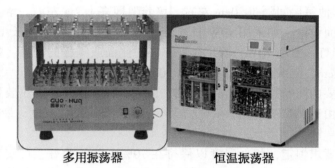

多用振荡器　　　　　恒温振荡器

图 2－6　两款不同用途的振荡器（摇床）

图 2－7　光照培养箱

设备：1～2 盏紫外灯、水槽、实验台、鞋帽架、柜子、灭菌后的工作服、拖鞋、口罩。

二、辅助实验室

根据研究或生产的需要而配套设置的专门实验室，主要用于细胞学观察和生理生化分析等。

1. 细胞学实验室

功能：用于对培养物的观察分析与培养物的计数，对培养材料进行细胞学鉴定和研究，由制片室和显微观察室组成。制片是获取显微观察数据的基础，配备有切片机、磨刀机、温箱及样品处理和切片染色的设备。应有通风柜和废液处理设施。显微观察室主要是显微镜和图像拍摄、处理设备。

要求：明亮、清洁、干燥、防止潮湿和灰尘污染。

设备：体视显微镜、普通光学显微镜、倒置显微镜、倒置荧光显微镜、配套显微照相装置、普通相机或数码相机、切片机及配套制片及染色用品等。常用的几种显微镜如图 2－8 所示。

体视显微镜

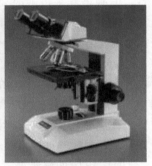
普通光学显微镜

倒置显微镜

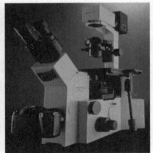
倒置荧光显微镜

图 2－8　常用的几种显微镜

2. 生化分析实验室

功能：培养细胞产物为主要目的的实验室，应建立相应的分析化验实验室，随时对培养物成分进行取样检查。大型次生代谢物生产，还需有效分离实验室。

第二节　培养基的成分、配制及灭菌

一、培养基的成分及其功能

培养基的成分主要可以分水、无机盐、有机物、天然复合物、培养体的支持材料等五大类。

1. 水

水是植物原生质体的组成成分，也是一切代谢过程的介质和溶媒。它是生命活动过程中不可缺少的物质。配制培养基母液时要用蒸馏水，以保持母液及培养基成分的精确性，防止贮藏过程发霉变质。大规模生产时可用自来水。但在少量研究上尽量用蒸馏水，以防成分的变化引起不良效果。

2. 无机元素（inorganic element）

大量元素，指浓度大于 $0.5mmol \cdot L^{-1}$ 的元素等。其作用是：

（1）N 是蛋白质、酶、叶绿素、维生素、核酸、磷脂、生物碱等的组成成分，是生命不可缺少的物质。在制备培养基时以 $NO_3 - N$ 和 $NH_4 - N$ 两种形式供应。大多数培养基既含有 $NO_3 - N$ 又含 $NH_4 - N$。$NH_4 - N$ 对植物生长较为有利。供应的物质有 KNO_3、NH_4NO_3 等。有时，也添加氨基酸来补充氮素。

（2）P 是磷脂的主要成分。而磷脂又是原生质、细胞核的重要组成部分。磷也是 ATP、ADP 等的组成成分。在植物组织培养过程中，向培养基内添加磷，不仅增加养分、提供能量，而且也促进对 N 的吸收，增加蛋白质在植物体中的积累。常用的物质有 KH_2PO_4 或 NaH_2PO_4 等。

（3）K 与碳水化合物合成、转移、氮素代谢等有密切关系。K 增加时，蛋白质合成增加，维管束、纤维组织发达，对胚的分化有促进作用。但浓度不易过大，一般为 $1\sim3mg \cdot L^{-1}$ 为好。制备培养基时，常以 KCl、KNO_3 等盐类提供。

（4）Mg、S 和 Ca 是叶绿素的组成成分，又是激酶的活化剂；S 是含 S 氨基酸和蛋白质的组成成分。它们常以 $MgSO_4 \cdot 7H_2O$ 提供。用量为 $1\sim3mg \cdot L^{-1}$ 较为适宜；Ca 是构成细胞壁的一种成分，Ca 对细胞分裂、保护质膜不受破坏有显著作用，常以 $CaCl_2 \cdot 2H_2O$ 提供。

微量元素，指小于 $0.5mmol \cdot L^{-1}$ 的元素，包括 Fe、B、Mn、Cu、Mo、Co 等。铁是一些氧化酶、细胞色素氧化酶、过氧化氢酶等的组成成分。同时，它又是叶绿素形成的必要条件。培养基中的铁对胚的形成、芽的分化和幼苗转绿有促进作用。在制作培养基时不用 Fe_2SO_4 和 $FeCl_3$［因其在 pH 值 5.2 以上，易形成 $Fe(OH)_3$ 的不溶性沉淀］，而用 $FeSO_4 \cdot 7H_2O$ 和 $Na_2 - EDTA$ 结合成合物使用。B、Mn、Zn、Cu、Mo、Co 等，也是植物组织培养中不可缺少的元素，缺少这些物质会导致生长、发育异常现象。

3. 有机化合物（organic compound）

培养基中若只含有大量元素与微量元素，常称为基本培养基（basic medium）。为不同的培养目的往往要加入一些有机物以利于快速生长。常加入的有机成分主要有以下几类。

（1）碳水化合物。最常用的碳源是蔗糖，葡萄糖和果糖也是较好的碳源，可支持许多组织很好的生长。麦芽糖、半乳糖、甘露糖和乳糖在组织培养中也有应用。蔗糖使用浓度在 2% ~ 3%，常用 3%，即配制 1.0L 培养基称取 30g 蔗糖，有时可用 2.5%，但在胚培养时采用 4% ~ 15% 的高浓度，因蔗糖对胚状体的发育起重要作用。不同糖类对生长的影响不同。从各种糖对水稻根培养的影响来看，以葡萄糖效果最好，果糖和蔗糖相当，麦芽糖差一些。不同植物不同组织的糖类需要量也不同，实验时要根据配方规定按量称取，不能任意取量。高压灭菌时，一部分糖会发生分解，制定配方时要给予考虑。在大规模生产时，可用食用的绵白糖代替。

（2）维生素（vitamin）。这类化合物在植物细胞里主要是以各种辅酶的形式参与多种代谢活动，对生长、分化等有很好的促进作用。虽然大多数的植物细胞在培养中都能合成所必需的维生素，但在数量上，还明显不足，通常需加入一至数种维生素，以便获得最良好的生长。主要有维生素 B_1（盐酸硫胺素）、维生素 B_6（盐酸吡哆醇）、维生素 pp（烟酸）、维生素 c（抗坏血酸），有时还使用生物素、叶酸、维生素 B_{12} 等。一般用量为 0.1 ~ 1.0mg · L^{-1}。有时用量较高。维生素 B_1 对愈伤组织的产生和生活力有重要作用，维生素 B_6 能促进根的生长，维生素 pp 与植物代谢和胚的发育有一定关系。维生素 C 有防止组织变褐的作用。

（3）肌醇（myoinositol）。又叫环己六醇，在糖类的相互转化中起重要作用。通常可由磷酸葡萄糖转化而成，还可进一步生成果胶物质，用于构建细胞壁。肌醇与 6 分子磷酸残基相结合形成植酸，植酸与钙、镁等阳离子结合成植酸钙镁，植酸可进一步形成磷脂，参与细胞膜的构建。使用浓度一般为 100mg · L^{-1}，适当使用肌醇，能促进愈伤组织的生长以及胚状体和芽的形成。对组织和细胞的繁殖、分化有促进作用，对细胞壁的形成也有作用。

（4）氨基酸（aimino acids）。氨基酸是很好的有机氮源，可直接被细胞吸收利用。培养基中最常用的氨基酸是甘氨酸，其他如精氨酸、谷氨酸、谷酰胺、天冬氨酸、天冬酰胺、丙氨酸等也常用。有时应用水解乳蛋白或水解酪蛋白，它们是牛乳用酶法等加工的水解产物，是含有约 20 种氨基酸的混合物，用量在 10 ~ 1 000mg · L^{-1}。由于它们营养丰富，极易引起污染。如在培养中无特别需要，以不用为宜。

（5）天然复合物。其成分比较复杂，大多含氨基酸、激素、酶等一些复杂化合物。它对细胞和组织的增殖与分化有明显的促进作用，但对器官的分化作用不明显。它的成分大多不清楚，所以一般应尽量避免使用。

①椰乳。它是椰子的液体胚乳。它是使用最多、效果最大的一种天然复合物。一般使用浓度在 10% ~ 20%，与其果实成熟度及产地关系也很大。它在愈伤组织和细胞培养中有促进作用。在马铃薯茎尖分生组织和草莓微茎尖培养中起明显的促进作用，但茎尖组织的大小若超过 1mm 时，椰乳就不发生作用。

②香蕉。用量为 150 ~ 200mL · L^{-1}。用黄熟的小香蕉，加入培养基后变为紫色。对 pH 值的缓冲作用大。主要在兰花的组织培养中应用，对发育有促进作用。

③马铃薯（potato）。去掉皮和芽后，加水煮 30min，再经过过滤，取其滤液使用。用量为 150 ~ 200g · L^{-1}。对 pH 值缓冲作用也大。添加后可得到健壮的植株。

④水解酪蛋白。为蛋白质的水解物，主要成分为氨基酸，使用浓度为 100 ~ 200mg·L^{-1}。受酸和酶的作用易分解，使用时要注意。

⑤其他。酵母提取液（YE）（0.01% ~ 0.05%），主要成分为氨基酸和维生素类；麦芽提取液（0.01% ~ 0.5%）、苹果和番茄的果汁、黄瓜的果实、未熟玉米的胚乳等。遇热较稳定，大多在培养困难时使用，有时有效。

4. 植物生长调节物（hormone）

植物激素是植物新陈代谢中产生的天然化合物，它能以极微小的量影响到植物的细胞分化、分裂、发育，影响到植物的形态建成、开花、结实、成熟、脱落、衰老和休眠以及萌发等许许多多的生理生化活动，在培养基的各成分中，植物生长调节物是培养基的关键物质，对植物组织培养起着决定性作用。

（1）生长素类（auxin）。在组织培养中，生长素主要被用于诱导愈伤组织形成，诱导根的分化和促进细胞分裂、伸长生长。在促进生长方面，根对生长素最敏感。在极低的浓度下，（10^{-5} ~ 10^{-8}ng·L^{-1}）就可促进生长，其次是茎和芽。天然的生长素热稳定性差，高温高压或受光条件易被破坏。在植物体内也易受到体内酶的分解。组织培养中常用人工合成的生长素类物质。

①IAA（indo acetic acid 吲哚乙酸）。它是天然存在的生长素，亦可人工合成，其活力较低，是生长素中活力最弱的激素，对器官形成的副作用小，高温高压易被破坏，也易被细胞中的 IAA 分解酶降解，受光也易分解。

②NAA（naphthalene acetic acid 萘乙酸）。在组织培养中的启动能力要比 IAA 高出 3 ~ 4 倍，且由于可大批量人工合成，耐高温高压，不易被分解破坏，所以应用较普遍。NAA 和 IBA 广泛用于生根，并与细胞分裂素互作促进芽的增殖和生长。

③IBA（indolebutyric acid 吲哚丁酸）。它是促进发根能力较强的生长调节物质。

④2，4 - D（2，4 - 二氯苯氧乙酸）。启动能力比 IAA 高 10 倍，特别在促进愈伤组织的形成上活力最高，但它强烈抑制芽的形成，影响器官的发育。适宜的用量范围较狭窄，过量常有毒效应。

（2）细胞分裂素类（cytokinin）。这类激素是腺嘌呤的衍生物，包括 6 - BA（6 - 苄基氨基嘌呤）、Kt（Kinetin 激动素）、Zt（Zeatin 玉米素）等。其中，Zt 活性最强，但非常昂贵，常用的是 6 - BA。

在培养基中添加细胞分裂素有 3 个作用：诱导芽的分化促进侧芽萌发生长，促进细胞分裂与扩大，抑制根的分化。因此，细胞分裂素多用于诱导不定芽的分化和茎、苗的增殖，而在生根培养时使用较少或用量较低。

（3）GA（gibberellic acid 赤霉素）。有 20 多种，生理活性及作用的种类、部位、效应等各有不同、培养基中添加的是 GA_3，主要用于促进幼苗茎的伸长生长，促进不定胚发育成小植株；赤霉素和生长素协同作用，对形成层的分化有影响，当生长素/赤霉素比值高时有利于木质部分化，比值低时有利于韧皮部分化；此外，赤霉素还用于打破休眠，促进种子、块茎、鳞茎等提前萌发。一般在器官形成后，添加赤霉素可促进器官或胚状体的生长。

5. 培养材料的支持物

琼脂（agar）在固体培养时琼脂是最好的固化剂。琼脂是一种由海藻中提取的高分子碳水化合物，本身并不提供任何营养。琼脂能溶解在热水中，成为溶胶，冷却至4℃即凝固为固体状凝胶。通常所说的"煮化"培养基，就是使琼脂溶解于90℃以上的热水。琼脂的用量在$6 \sim 10g \cdot L^{-1}$，若浓度太高，培养基就会变得很硬，营养物质难以扩散到培养的组织中去。若浓度过低，凝固性不好。新买来的琼脂最好先试一下它的凝固力。一般琼脂以颜色浅、透明度好、洁净的为上品。琼脂的凝固能力除与原料、厂家的加工方式有关外，还与高压灭菌时的温度、时间、pH值等因素有关，长时间的高温会使凝固能力下降，过酸过碱加之高温会使琼脂发生水解，丧失凝固能力。时间过久，琼脂变褐，也会逐渐丧失凝固能力。

加入琼脂的固体培养基与液体培养基相比优点在于操作简便，通气问题易于解决，便于经常观察研究等，但它也有不少缺点，如培养物与培养基的接触（即吸收）面积小，各种养分在琼脂中扩散较慢，影响养分的充分利用，同时培养物排出的一些代谢废物，聚集在吸收表面，对组织产生毒害作用。市售的各种琼脂几乎都含有杂质，特别是Ca、Mg及其他微量元素。因此，在研究植物组织或细胞的营养问题时，则应避免使用琼脂。可在液体培养基表面安放一个无菌滤纸制成的滤纸桥，然后在滤纸桥上进行愈伤组织培养。

其他有玻璃纤维、滤纸桥、海绵、脱脂棉、卡拉胶等，总的要求是排出的有害物质对培养材料没有影响或影响较小。

6. 抗生物质（antibiotic）

抗生物质有青霉素、链霉素、庆大霉素等，用量在$5 \sim 20mg \cdot L^{-1}$。添加抗生物质可防止菌类污染，减少培养中材料的损失，尤其是快速繁殖中，常因污染而丢弃成百上千瓶的培养物，采用适当的抗生素便可节约人力、物力和时间。尤其对大量通气长期培养，效果更好。对于刚感染的组织材料，可向培养基中注入5%～10%的抗生素。抗生素各有其抑菌谱，要加以选择试用，也可两种抗生素混用。但是应当注意抗生素对植物组织的生长也有抑制作用，可能某些植物适宜用青霉素，而另一些植物却不大适应。值得提醒的是，在工作中不能以为有了抗生素，而放松灭菌措施。此外，在停止抗生素使用后，往往污染率显著上升，这可能是原来受抑制的菌类又滋生起来造成。

7. 活性炭（active carbon）

活性炭为木炭粉碎经加工形成的粉末结构，它结构疏松，孔隙大，吸水力强，有很强的吸附作用，它的颗粒大小决定着吸附能力、粒度越小，吸附能力越大。温度低吸附力强，温度高吸附力减弱，甚至解吸附。通常使用浓度为$0.5 \sim 10g \cdot L^{-1}$。它可以吸附非极性物质和色素等大分子物质，包括琼脂中所含的杂质，培养物分泌的酚、醌类物质以及蔗糖在高压消毒时产生的5 - 羟甲基糖醛及激素等。

活性炭的应用：①茎尖初代培养，加入适量活性炭，可以吸附外植体产生的致死性褐化物，其效力优于 Vc 和半胱氨酸；在新梢增殖阶段，活性炭可明显促进新梢的形成和伸长，但其作用有一个阈值，一般为0.1%～0.2%，不能超过0.2%。②活性炭在生根时有明显的促进作用，其机理一般认为与活性炭减弱光照有关，可能是由于根顶端产生促进根生长的 IAA，但 IAA 易受可见光的光氧化而破坏，因此活性炭的主要作用就在于通过减弱光照保护了 IAA，从而间接促进了根的生长，由于根的生长加快，吸收能力增强，反过来又促进茎、叶的生长。③此外，在培养基中加入 0.3% 活性炭，还可降低玻璃苗的产生频率，对防止产生玻璃苗有良好作用。④活性炭在胚胎培养中也有一定作用，如在葡萄胚珠培养时向培养基加入 0.1% 的活性炭，可减少组织变褐和培养基变色，产生较少的愈伤组织。

但是，活性炭具有副作用，研究表示，每毫克的活性炭能吸附 100ng 左右的生长调节物质，这说明只需要极少量的活性炭就可以完全吸附培养基中的调节物质。大量的活性炭加入会削弱琼脂的凝固能力，因此要多加一些琼脂。很细的活性炭也易沉淀，通常在琼脂凝固之前，要轻轻摇动培养瓶。总之，那种随意抓一撮活性炭放入培养基，会带来不良的后果。因此，在使用时要有其量的意识，使活性炭发挥其积极作用。

二、培养基的配制

（一）培养基母液及激素母液的配制

由于培养基中元素种类多，用量少，而每次称量繁琐，因此通常将各种营养成分配制成母液保存，配制培养基时根据需要量取用，从而简化操作，节省时间。

1. 器皿和用具的准备

仪器包括万分之一天平，百分之一天平，pH 计用品包括不同型号的烧杯（2 000mL、1 000mL、100mL），容量瓶（1 000mL、500mL、100mL）、移液管（10mL、5mL、2mL、1mL）、试剂瓶若干（1 000mL、250mL）、移液器（1 000μL、200μL）滴灌、玻璃棒、试管、各种规格三角瓶（150mL、100mL、50mL）、培养基分装器，漏斗、称量纸、标签纸、不同范围 pH 试纸、铅笔等。

2. 药品及蒸馏水准备

药品采用分析纯或化学纯试剂；水利用蒸馏水或去离子水。

3. 母液配制

配制母液原则：相同类型的试剂混合；易形成沉淀的药品分开；母液浓度要适宜；用量要认真计算和核对；药品要准确称量。

4. 激素母液的配制

根据各种激素的使用浓度配制适宜的母液，用万分之一天平称取激素，溶剂溶解后加水定容；生长素类、赤霉素类及脱落酸等用 95% 乙醇溶解；细胞分裂素类用 $1mol \cdot L^{-1}$ HCl 或 $1mol \cdot L^{-1}$ NaOH 溶解。通常激素母液浓度生长素类为 $0.1 \sim 0.5mg \cdot mL^{-1}$，细胞分裂素母液浓度为 $0.2 \sim 1.0mg \cdot mL^{-1}$。

（二）MS 培养基的配制

（1）量取母液：营养元素和激素。

（2）称量蔗糖、琼脂，放入 600mL 左右蒸馏水的锅内，电路上加热，使琼脂溶化。

（3）加入母液，混合均匀，调整 pH。

（4）分装入瓶，每瓶 40.50mL。

（5）封口：用 4～6 层称量纸封口，之后灭菌备用。

具体配制如下：

1. MS 母液的配制（表 2 – 1）

表 2 – 1 MS 母液配制用量

成分	用量（mg·L^{-1}）	每升培养基取用量（mL）
贮备液Ⅰ（大量元素）		
NH_4NO_3	3 300	
KNO_3	38 000	
$CaCl_2 \cdot 2H_2O$	8 800	50
$MgSO_4 \cdot 7H_2O$	7 400	
KH_2PO_4	3 400	
贮备液Ⅱ（微量元素）		
KI	166	
H_3BO_3	1 240	
$MnSO_4 \cdot 4H_2O$	4 460	
$ZnSO_4 \cdot 5H_2O$	1 720	
$NaMoO_4 \cdot 2H_2O$	50	5
$CuSO_4 \cdot 5H_2O$	5	
$CoCl_2 \cdot 6H_2O$	5	
贮备液Ⅲ＊（铁盐）		
$FeSO_4 \cdot 7H_2O$	5 560	5
$Na_2EDTA \cdot 2H_2O$	7 460	
贮备液Ⅳ（有机成分）		
肌醇	20 000	
烟酸	100	
盐酸吡哆醇	100	5
盐酸硫胺素	20	
甘氨酸	400	

注：＊分别溶解 $FeSO_4 \cdot 7H_2O$ 和 $Na_2EDTA \cdot 2H_2O$ 在各自的 45mL 蒸馏水中，适当加热并不停搅拌。然后将两种溶液混合在一起，调整 pH 值到 5.5，最后加蒸馏水定容到 1 000mL

植物组织培养中常用的一种培养基是 MS 培养基。MS 培养基含有近 30 种营养成分，为了避免每次配制培养基都要对这几十种成分进行称量，可将培养基中的各种成分，按原量的 20 倍或 200 倍分别称量，配成浓缩液，这种浓缩液叫做培养基母液。这样每次使用时，取其总量的 1/20（50mL）或 1/200（5mL），加水稀释，制成培养液。现将制备培养基母液所需的各类物质的量列出，供配制时使用。以上各种营养成分的用量，除了母液Ⅰ为 20 倍浓缩液，其余的均为 200 倍浓缩液。上述几种母液都要单独配成 1L 的贮备液。其中，母液Ⅰ、母液Ⅱ及母液Ⅳ的配制方法是：每种母液中的几种成分称量完毕后，分别用少量的蒸馏水彻底溶解，然后再将它们混溶，最后定容到 1L。母液Ⅲ的配制方法是：将称好的 $FeSO_4 \cdot 7H_2O$ 和 $Na_2EDTA \cdot 2H_2O$ 分别放到 450mL 蒸馏水中，边加热边不断搅拌使它们溶解，然后将两种溶液混合，并将 pH 调至 5.5，最后定容到1L，保存在棕色玻璃瓶中。

　　各种母液配完后，分别用玻璃瓶贮存，并且贴上标签，注明母液号、配制倍数、日期等，保存在冰箱的冷藏室中。

　　2. MS 培养基的配制

　　MS 培养基中还需要加入2，4 – 二氯苯氧乙酸（2，4 – D）、萘乙酸（NAA）、6 – 苄基嘌呤（6 – BA）等植物生长调节物质，并且分别配成母液（0.1mg · mL⁻¹）。其配制方法：分别称取这3种物质各10mg，将2，4 – D 和 NAA 用少量（1mL）无水乙醇预溶，将6 – BA 用少量（1mL）的物质的量浓度为0.1mol · L⁻¹的 NaOH 溶液溶解，溶解过程需要水浴加热，最后分别定容至100mL，即得质量浓度为0.1mg · mL⁻¹的母液。

　　配制培养液：用量筒或移液管从各种母液中分别取出所需的用量：母液Ⅰ为50mL，母液Ⅱ、Ⅲ、ⅣA 和ⅣB 各5mL。再取2，4 – D5mL、NAA1mL，与各种母液一起放入烧杯中。

　　配制培养液时应注意：①在使用提前配制的母液时，应在量取各种母液之前，轻轻摇动盛放母液的瓶子，如果发现瓶中有沉淀、悬浮物或被微生物污染，应立即淘汰这种母液，重新进行配制；②用量筒或移液管量取培养基母液之前，必须用所量取的母液将量筒或移液管润洗2次；③量取母液时，最好将各种母液按将要量取的顺序写在纸上，量取1种，划掉1种，以免出错。

　　溶化琼脂：用粗天平分别称取琼脂9g、蔗糖30g，放入1 000mL 的搪瓷量杯中，再加入蒸馏水750mL，用电炉加热，边加热边用玻璃棒搅拌，直到液体呈半透明状。然后，再将配好的混合培养液加入到煮沸的琼脂中，最后加蒸馏水定容至1 000mL，搅拌均匀。需要注意的是，在加热琼脂、制备培养基的过程中，操作者千万不能离开，否则沸腾的琼脂外溢，就需要重新称量、制备。此外，如果没有搪瓷量杯，可用大烧杯代替。但要注意大烧杯底的外表面不能沾水，否则加热时烧杯容易炸裂，使溶液外溢，造成烫伤。

　　调 pH：用滴管吸取物质的量浓度为1mol · L⁻¹的 NaOH 溶液，逐滴滴入溶化的培养基中，边滴边搅拌，并随时用精密的 pH 试纸（5.4 ~ 7.0）测培养基的 pH，一直到培养基的 pH 为5.8 为止（培养基的 pH 必须严格控制在5.8）。

　　培养基的分装：溶化的培养基应该趁热分装。分装时，先将培养基倒入烧杯中，然后将烧杯中的培养基倒入锥形瓶（50mL 或100mL）中。注意不要让培养基沾到瓶口和瓶壁上。锥形瓶中培养基的量约为锥形瓶容量的1/5 ~ 1/4。每1 000mL 培养基，可分装25 ~ 30 瓶。

　　标签标签：培养基分装完毕后，应及时封盖瓶口。用2 块硫酸纸（每块大小约为9cm × 9cm）中间夹一层薄牛皮纸封盖瓶口，并用线绳捆扎。最后在锥形瓶外壁贴标签上标签。

三、培养基灭菌

　　灭菌是组织培养重要的工作之一。初学者首先要清楚有菌和无菌的范畴。

　　有菌的范畴：凡是暴露在空气中的物体，接触自然水源的物体，至少它的表面都是有菌的。依此观点，无菌室等未经处理的地方、超净台表面、简单煮沸的培养基、我们使用的刀、剪在未处理之前、我们身体的整个外表及与外界相连的内表，如整个消化道、呼吸道，即我们呼出的气体、培养容器无论洗得多干净等都是有菌的。这里所指的菌，包括细菌、真菌、放线菌、藻类及其他微生物。菌的特点是：极小，肉眼看不见。无处不在，无时不有，无孔不入。在自然条件下忍耐力强，生活条件要求简单，繁殖力极强，条件适宜时便可大量滋生。

无菌的范畴：经高温灼烧或一定时间蒸煮过后的物体，经其他物理的或化学的灭菌方法处理后的物体（当然这些方法必须已经证明是有效的），高层大气、岩石内部、健康的动、植物的不与外部接触的组织内部，强酸强碱，化学元素灭菌剂等表面和内部等等都是无菌的。从以上可以看出：在地球表面无菌世界要比有菌世界小得多。

灭菌是指用物理或化学的方法，杀死物体表面和孔隙内的一切微生物或生物体，即把所有生命的物质全部杀死。与此相关的一个概念是消毒，它指杀死、消除或充分抑制部分微生物，使之不再发生危害作用，显然经过消毒，许多细菌芽孢、真菌的厚垣孢子等不会完全杀死，即由于在消毒后的环境里和物品上还有活着的微生物，所以通过严格灭菌的操作空间（接种室、超净台等）和使用的器皿，以及操作者的衣着和手都不带任何活着的微生物。在这样的条件下进行的操作，就叫做无菌操作。

常用的灭菌方法可分为物理的和化学的两类，即物理方法如干热（烘烧和灼烧）、湿热（常压或高压蒸煮）、射线处理（紫外线、超声波、微波）、过滤、清洗和大量无菌水冲洗等措施；化学方法是使用升汞、甲醛、过氧化氢、高锰酸钾、来苏儿、漂白粉、次氯酸钠、抗生素、酒精化学药品处理。这些方法和药剂要根据工作中的不同材料不同目的适当选用。

1. 高压灭菌（培养基灭菌的主要方法）

培养基在制备后的24h内完成灭菌工序。高压灭菌的原理是：在密闭的蒸锅内，其中的蒸气不能外溢，压力不断上升，使水的沸点不断提高，从而锅内温度也随之增加。在0.1MPa的压力下，锅内温度达121℃。在此蒸气温度下，可以很快杀死各种细菌及其高度耐热的芽孢。

（1）高压灭菌步骤。首先将内层灭菌桶取出，再向外层锅内加入适量的水；放回灭菌桶，并装入待灭菌物品；加盖，以两两对称的方式同时旋紧相对的两个螺栓；水沸腾以排除锅内的冷空气。待冷空气完全排尽后，关上排气阀；当锅内压力升到所需压力时，控制热源，维持压力至所需时间（一般在 $105\text{kg} \cdot \text{cm}^{-2}$，121.3℃条件下，灭菌20min）；灭菌所需时间到后，切断电源或关闭煤气，让灭菌锅内温度自然下降，当压力表的压力降至零时，打开排气阀，旋松螺栓，打开盖子；将取出的灭菌培养基放入37℃温箱培养24h，经检查若无杂菌生长，即可待用。

（2）培养基灭菌应注意下列几点

A. 培养基不能反复高温灭菌，否则会破坏其中的营养成分。

高压灭菌前后的培养基，其pH值下降0.2~0.3单位。高压后培养基pH的变化方向和幅度取决于多种因素。在高压灭菌前用碱调高pH值至预定值的则相反。培养基中成分单一时和培养基中含有高或较高浓度物质时，高压灭菌后的pH值变化幅度较大，甚至可大于 2 个 pH 值单位。环境 pH 值的变化大于 0.5 单位就有可能产生明显的生理影响；高压灭菌通常会使培养基中的蔗糖水解为单糖，从而改变培养基的渗透压。在 8% ~20% 蔗糖范围内，高压灭菌后的培养基约升高 0.43 倍；培养基中的铁在高压灭菌时会催化蔗糖水解，可使 15% ~25% 的蔗糖水解为葡萄糖和果糖。培养基值小于 5.5，其水解量更多，培养基中添加 0.1% 活性炭时，高压下蔗糖水解大大增强，添加 1% 活性炭，蔗糖水解率可达 5%；防止高压灭菌培养基变化的方法：

a. 经常注意搜集有关高压灭菌影响培养基成分的资料，及时采取有效措施。

b. 设计培养基配方时尽量采用效果类似的稳定试剂并准确掌握剂量。如避免使用果糖和山梨醇而用甘露醇，以 IBA 代替 IAA，控制活性炭的用量（在 0.1% 以下）注意 pH 值对高压灭菌下培养基中成分的影响等。

c. 配制培养基时应注意成分的适当分组与加入的顺序。如将磷、钙和铁放在最后加入。

d. 注意高压灭菌后培养基 pH 值的变化及回复动态。如高压灭菌后的 pH 值常由 5.80 升高至 6.48。而后又回降至 5.8 左右。这样在实验中就可以根据这一规律加以掌握。

B. 培养基灭菌后必须在 35 ~37℃ 下恒温培养 24h，确定无菌生长，方可使用。

C. 注意完全排除锅内空气，使锅内全部是水蒸气，灭菌才能彻底。高压灭菌放气有几种不同的做法，但目的都是要排净空气，使锅内均匀升温，保证灭菌彻底。常用方法是：关闭放气阀，通电后，待压力上升到 0.05MPa 时，打开放气阀，放出空气，待压力表指针归零后，再关闭放气阀。关阀再通电后，压力表上升达到 0.1MPa 时压力 0.1 ~0.15MPa，20min。

D. 如无菌水、栽培介质、接种用具，可以延长灭菌时间或提高压力。而培养基要严格遵守保压时间，既要保压彻底，又要防止培养基中的成分变质或效力降低，不能随意延长时间。

E. 对于一些布制品，如实验服、口罩等也可用高压灭菌。洗净晾干后用耐高压塑料袋装好，高压灭菌 20 ~30min。

2. 灼烧灭菌（用于无菌操作的器械）

在无菌操作时，把镊子、剪子、解剖刀等浸入 95% 的酒精中，使用之前取出在酒精灯火焰灼烧火菌。冷却后，立即使用。操作中可采用 250mL 或 500mL 的广口瓶，放入 95% 的酒精，以便插入工具。

3. 干热灭菌（玻璃器皿及耐热用具）

干热灭菌是利用烘箱加热到 160 ~180℃ 的温度来杀死微生物。由于在干热条件下，细菌的营养细胞的抗热性大为提高，接近芽孢的抗热水平，通常采用 170℃ 持续 90min 来灭菌。干热灭菌的物品要预先洗净并干燥，工具等要妥为包扎，以免灭菌后取用时重新污染。包扎可用耐高温的塑料。灭菌时应渐进升温，达到顶定温度后记录时间。烘箱内放置的物品的数量不宜过多，以免妨碍热对流和穿透，到指定时间断电后，待充分冷凉，才能打开烘箱，以免因骤冷而使器皿破裂。干热灭菌能源消耗太大，浪费时间。

4. 过滤灭菌（不耐热的物质）

一些生长调节剂，如赤霉素、玉米素、脱落酸和某些维生素是不耐热的，不能用高压灭菌处理，通常采用过滤灭菌方法。

防细菌滤膜的网孔的直径为 $0.45\mu m$ 以下，当溶液通过滤膜后，细菌的细胞和真菌的孢子等因大于滤膜直径而被阻，在需要过滤灭菌的液体量大时，常使用抽滤装置；液量小时，可用注射器。使用前对其高压灭菌，将滤膜装在注射器的靠针管处，将待过滤的液体装入注射器，推压注射器活塞杆，溶液压出滤膜，从针管压出的溶液就是无菌溶液。

5. 紫外线和熏蒸灭菌（空间）

（1）紫外线灭菌。在接种室、超净台上或接种箱里用紫外灯灭菌。紫外线灭菌是利用辐射因子灭菌，细菌吸收紫外线后，蛋白质和核酸发生结构变化，引起细菌的染色体变异，造成死亡。紫外线的波长为 $200\sim300nm$，其中以 $260nm$ 的杀菌能力最强，但是由于紫外线的穿透物质的能力很弱，所以只适于空气和物体表面的灭菌，而且要求距照射物以不超过 $1.2m$ 为宜。

（2）熏蒸灭菌。用加热焚烧、氧化等方法，使化学药剂变为气体状态扩散到空气中，以杀死空气和物体表面的微生物。这种方法简便，只需要把消毒的空间关闭紧密即可。常用熏蒸剂是甲醛，熏蒸时，房间关闭紧密，按 $5\sim8mL\cdot m^{-3}$ 用量，将甲醛置于广口容器中，加 $5g\cdot m^{-3}$ 高锰酸钾氧化挥发。熏蒸时，房间可预先喷湿以加强效果。冰醋酸也可进行加热熏蒸，但效果不如甲醛。

6. 喷雾灭菌（物体表面）

物体表面可用一些药剂涂擦、喷雾灭菌。如桌面、墙面、双手、植物材料表面等，可用 70% 的酒精反复涂擦灭菌，$1\%\sim2\%$ 的来苏儿溶液以及 $0.25\%\sim1\%$ 的新洁尔灭也可以。

化学消毒剂的种类很多，它们使微生物的蛋白质变性，或竞争其酶系统，或降低其表面张力，增加菌体细胞浆膜的通透性，使细胞破裂或溶解。一般说来，温度越高，作用时间越长，杀菌效果越好。另外，由于消毒剂必须溶解于水才能发挥作用，所以要制成水溶状态，如升汞与高锰酸钾。还有消毒剂的浓度一般是浓度越大，杀菌能力越强，但石炭酸和酒精例外。

7. 植物材料表面消毒灭菌

从外界或室内选取的植物材料，都不同程度地带有各种微生物。这些污染源一旦带入培养基，便会造成培养基污染。因此，植物材料必须经严格的表面灭菌处理，再经无菌操作手续接到培养基上，这一过程叫做接种。

第一步：将采来的植物材料除去不用的部分，将需要的部分仔细洗干净，如用适当的刷子等刷洗。把材料切割成适当大小，即灭菌容器能放入为宜。置于自来水龙头下流水冲洗几分钟至数小时，冲洗时间视材料清洁程度而宜。易漂浮或细小的材料，可装入纱布袋内冲洗。流水冲洗在污染严重时特别有用。洗时可加入洗衣粉，然后再用自来水冲净。洗衣粉可除去轻度附着在植物表面的污物，除去脂质性的物质，便于灭菌液的直接接触。当然，最理想的清洗物质是表面活性物质——吐温。

第二步：对材料的表面浸润灭菌。要在超净台或接种箱内完成，准备好消毒的烧杯、玻璃棒、70%酒精、消毒液、无菌水、手表等。用70%酒精浸泡10~30s。由于酒精具有使植物材料表面被浸湿的作用，加之70%酒精穿透力强，也很易杀伤植物细胞，所以浸润时间不能过长。有一些特殊的材料，如果实、花蕾、包有苞片、苞叶等的孕穗，多层鳞片的休眠芽等等，以及主要取用内部的材料，则可只用70%酒精处理稍长的时间。处理完的材料在无菌条件下，待酒精蒸发后再剥除外层，取用内部材料。

第三步：用灭菌剂处理。表面灭菌剂的种类较多，可根据情况选取1~2种使用见表。上述灭菌剂应在使用前临时配制，氯化汞可短期内贮用。次氯酸钠和次氯酸钙都是利用分解产生氯气来杀菌的，故灭菌时用广口瓶加盖较好；升汞是由重金属汞离子来达到灭菌的；过氧化氢是分解中释放原子态氧来杀菌的，这种药剂残留的影响较小，灭菌后用无菌水涮洗3~4次即可；由于用升汞液灭菌的材料，难以对升汞残毒较难去除，所以应当用无菌水涮洗8~10次，每次不少于3min，以尽量去除残毒。

灭菌时，把沥干的植物材料转放到烧杯或其他器皿中，记好时间，倒入消毒溶液，不时用玻璃棒轻轻搅动，以促进材料各部分与消毒溶液充分接触，驱除气泡，使消毒彻底。在快到时间之前1~2min，开始把消毒液倒入一个备好的大烧杯内，要注意勿使材料倒出，倾尽后立即倒入无菌水，轻搅涮洗。灭菌时间是从倒入消毒液开始，至倒入无菌水时为止。记录时间还便于比较消毒效果，以便改正。灭菌液要充分浸没材料，宁可多用些灭菌液，切勿勉强在一个体积偏小的容器中使用很多材料灭菌。

在灭菌溶液中加吐温-80或TritonX效果较好，这些表面活性剂主要作用是使药剂更易于展布，更容易浸入到灭菌的材料表面。但吐温加入后对材料的伤害也在增加，应注意吐温的用量和灭菌时间，一般加入灭菌液的0.5%，即在100mL加入15滴。

第四步：用无菌水涮洗，涮洗要每次3min左右，视采用的消毒液种类，涮洗3~10次。无菌水涮洗作用是免除消毒剂杀伤植物细胞的副作用。

第三节　植物组培对环境条件的要求

在植物组织培养中温度、光照、湿度等各种环境条件，培养基组成、pH、渗透压等各种化学环境条件都会影响组织培养育苗的生长和发育。

一、温度（temperature）

因为温度是植物组织培养中的重要因素，所以植物组织培养在最适宜的温度下生长分化才能表现良好，大多数植物组织培养都是在23~27℃进行，一般采用（25±2）℃。低于15℃时培养，植物组织会表现生长停止，高于35℃时对植物生长不利。但是，不同植物培养的适温不同，百合的最适温度是20℃、月季是25~27℃、番茄是28℃。温度不仅影响植物组织培养育苗的生长速度，也影响其分化增殖以及器官建成等发育进程。如烟草芽的形成以28℃为最好，在120℃以下，33℃以上形成率皆最低。不同培养目标采用的培养温度也不同，百合鳞片在30℃以下再生的小鳞茎的发叶速度和百分率都比在25℃以下的高。桃胚在2~5℃条件进行一定时间的低温处理，有利于提高胚培养成活率。用35℃处理草莓的茎尖分生组织3～5d，可得到无病毒苗。

二、光照（light）

组织培养中光照也是重要的条件之一，主要表现在光强、光质以及光照时间方面。

1. 光照强度（light intensity）

光照强度对培养细胞的增殖和器官的分化有重要影响，从目前的研究情况看，光照强度对外植体及细胞的最初分裂有明显的影响。一般来说，光照强度较强，幼苗生长的粗壮，而光照强度较弱幼苗容易徒长。

2. 光质（light wave）

光质对愈伤组织诱导，培养组织的增殖以及器官的分化都有明显的影响。如百合珠芽在红光下培养，8周后，分化出愈伤组织。但在蓝光下培养，几周后才出现愈伤组织，而唐菖蒲子球块接种15d后，在蓝光下培养首先出现芽，形成的幼苗生长旺盛，而白光下幼苗纤细。

3. 光周期（light period）

试管苗培养时要选用一定的光暗周期来进行组织培养，最常用的周期是16h的光照，8h的黑暗。研究表明，对短日照敏感的品种的器官组织，在短日照下易分化，而在长日照下产生愈伤组织，有时需要暗培养，尤其是一些植物的愈伤组织在暗下比在光下更好。如红花、乌饭树的愈伤组织。

三、湿度（humidity）

湿度的影响包括培养容器保持和环境的湿度条件，容器内主要受培养基水分含量和封口材料的影响。前者又受琼脂含量的影响。在冬季应适当减少琼脂用量，否则，将使培养基干硬，以致不利于外植体接触或插进培养基，导致生长发育受阻。封口材料直接影响容器内湿度情况，但封闭性较高的封口材料易引起透气性受阻，也会导致植物生长发育受影响。

环境的相对湿度可以影响培养基的水分蒸发，一般要求70%～80%的相对湿度，常用加湿器或经常洒水的方法来调节湿度。湿度过低会使培养基丧失大量水分，导致培养基各种成分浓度的改变和渗透压的升高，进而影响组织培养的正常进行。湿度过高时，易引起棉塞长霉，造成污染。

四、渗透压（penetrating pressure）

培养基中由于有添加的盐类、蔗糖等化合物，因此，而影响到渗透压的变化。通常1～2个大气压对植物生长有促进作用，2个大气压以上就对植物生长有阻碍作用，而5～6个大气压植物生长就会完全停止，6个大气压植物细胞就不能生存。

五、pH值（pH value）

不同的植物对培养基最适pH值的要求也是不同的，大多在6.5左右，一般培养基皆要求5.8，这基本能适应大多植物培养的需要。pH值适度因材料而异，也因培养基的组成而不同。以硝态氮作氮源和以铵态氮作氮源就不一样，后者较高一些。一般来说当 pH 值高于 6.5 时，培养基全变硬；低于 5 时，琼脂不能很好地凝固。因为高温灭菌会降低 pH 值（0.2～0.3 个 pH 值）因此在配制时常提高 pH 值 0.2～0.3 单位。pH 值大小调整可用 0.1mol·L^{-1} 的 NaOH 和 0.1mol·L^{-1} 的 HCl 来调整。1mL 的 NaOH 可使 pH 值升高 0.2 单位，1mL 的 HCl 可使 pH 值降低 0.2 单位。调节时一定要充分搅拌均匀。

六、氧气（oxygen）

氧气是组织培养中必需的因素，瓶盖封闭时要考虑通气问题，可用附有滤气膜的封口材料。通气最好的是棉塞封闭瓶口，但棉塞易使培养基干燥，夏季易引起污染。固体培养基可加进活性炭来增加通气度，以利于发根。培养室要经常换气，改善室内的通气状况。液体振荡培养时，要考虑振荡的次数、振幅等，同时要考虑容器的类型、培养基等。

复习思考题

1. 植物组培基本实验室有哪几部分组成？
2. 植物组培培养基的成分有哪些？
3 培养基的配制及灭菌方法？
4. 植物组培对环境条件的要求？

第三章　组培培养

本章学习目标

1. 掌握植物组培的原理。
2. 掌握植物组培的步骤。
3. 了解获得植物体细胞突变体的原理及方法。
4. 熟悉植物脱毒的原理及方法。

第一节　植物组培的原理

一、植物细胞的全能性

　　植物组织培养所依据的理论是细胞的全能性。该理论是 Schleiden 和 Schwan 分别在 1838 年和 1839 年的细胞理论中提出的，即离体细胞在生理上、发育上具有潜在的"全能性"。这一理论阐明了一个植物体内所有活的细胞，在一定的离体条件下可以逐步失去原有的分化状态，转变为具有分化能力的胚胎细胞，再增殖而分化成完整植株的潜在能力。此理论经过一个世纪的发展，已逐步完善，并对其理论实质及实现途径有了更加清晰的认识，也得到了广泛的证实。现在所认为的植物细胞的全能性是指植物的每个细胞都具有该植物的全部遗传信息和发育成一个完整植株的潜在能力（图 3 – 1）。

　　一个已分化的细胞或组织若要表现其全能性，一般要经历两个过程：脱分化和再分化。所谓脱分化是指植物离体的器官、组织、细胞在人工培养基上，经过多次细胞分裂而失去原来的分化状态，形成无结构的愈伤组织或细胞团，并使其回复到胚性细胞状态的过程。脱分化的难易与植物的种类、组织和细胞的状态有关。一般单子叶植物和裸子植物比双子叶植物难；成年细胞和组织比幼年细胞和组织难；单倍体细胞比二倍体细胞难。所谓再分化（redifferentiation）是指离体培养的植物组织或细胞可以由脱分化状态再度分化成另一种或几种类型的细胞、组织、器官，甚至最终再生成完整的植株的过程。在植物组织培养过程中，切取的植物组织、器官和细胞，在人工培养条件下，可促进脱分化，产生愈伤组织，然后经过继代培养，通过人工控制又可产生分化。这种原已分化的细胞，经脱分化培养后再次进行分化的现象被称为再分化。在有些情况下，再分化也可不经过愈伤组织阶段，而直接进行器官分化形成完整株。

二、植物细胞全能性的实现

　　具有全能性的细胞大体上分为三类，即受精卵（合子），发育中的分生组织细胞

（包括幼嫩器官细胞），雌、雄配子及单倍体细胞。

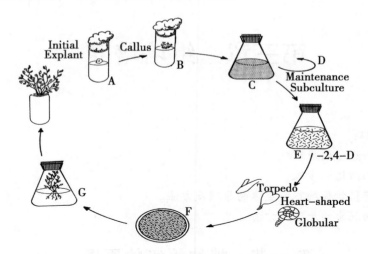

图 3-1　一个植物细胞发育成一个植株的过程

全能性的实现有 3 个循环，其中 A 循环表示生命周期，它包括了孢子体和配子体的世代交替。木本植物经常用无性繁殖方法保持遗传的稳定性。通常幼年型树比成年型树更容易繁殖。B 循环是表示细胞所决定的核质周期，由于核质的互作，DNA 复制、转录并翻译形成蛋白质，使全能性得以形成和保持。C 循环是组织培养周期，组织和细胞与供体失去联系，在无菌的条件下，靠人工的营养及激素条件进行代谢，使细胞处于异养状态。

实现细胞全能性的 3 个途径：

1. 分生组织直接分生芽而达到快速繁殖的目的

茎尖培养时先从茎尖长出小芽，再从芽的叶腋内由芽原基再长出小芽，腋芽不断形成又不断萌动，形成丛生芽。以这种方式增殖的芽，极少发生体细胞无性系变异，遗传性状较稳定。

2. 由分生组织形成愈伤组织，通过愈伤组织再分化实现细胞的全能性

根、茎、叶和花器官等外植体不直接形成器官，而是已分化的处于静止状态的细胞经激素诱导后使之活力增强并开始分裂，细胞数目激增形成较匀质的薄壁细胞组成的结构松散的愈伤组织。不断更换新鲜培养基可维持愈伤组织的生长，并可通过继代培养大量扩增愈伤组织。一旦改变培养条件，在适合的激素浓度和配比及温光条件下，愈伤组织细胞发生生理代谢上的改变，促使细胞分裂部位和方向改变，首先出现分生细胞，经细胞分裂逐渐形成分生细胞团和分生组织，进一步分化形成维管结节直至芽和根等器官。

3. 游离细胞或原生质体形成胚状体，通过胚状体再生植物

这一途径是在外植体产生了类似但不同于合子胚（zygotic embryo）（由生殖细胞发育而来）的体细胞胚（somatic embryo），也叫做胚状体（embryoid）。它可来自成熟的植物根、茎、叶、花等的细胞，也可来自花药壁及未成熟的幼穗等。胚状体的形成可通

过愈伤组织途径，也可不经过脱分化直接从子叶和下胚轴部位形成。胚状体的发育顺序与受精卵发育极为相似，经过原胚—球形胚—心型胚—鱼雷胚—子叶胚5个时期，最后发育成完整的小植株。

三、植物细胞的分化

（一）细胞分化过程

细胞分化是多细胞生物体形态发生的基础。在种子植物中，由一个受精卵经历一系列的细胞分裂和细胞分化，形成一个具有根端和茎端的胚胎，进而形成种子。在种子萌发后，长成新的植株。在整个植物生长发育过程中，由于顶端分生组织活跃分裂的结果，通过一系列复杂的形态发生过程，形成不同的器官和组织，最后开花结实完成其生活史。所以，事实上，细胞分化在植物形态建成中是一个核心问题，没有细胞的分化就没有形态建成。

细胞分裂、生长和分化是生物体发生的3个基本现象。植物发育和3个基本现象有时间和空间上的必然联系。细胞分化是指导致细胞形成不同结构、引起功能改变或潜在发育方式改变的过程。植物的每个生活细胞具有全能性，但任何一个细胞在其整个生活周期中，只能表达其基因库中的极小部分内容，而各个细胞在不同的时间、空间和内外条件下，表达的内容是不同的，因而就出现了机能和形态的差异。所以，分化也可说是一个基因型的细胞所具有的不同的表现型。

（二）极性与分化

极性是植物细胞分化中的一个基本现象。它通常是指在植物的器官、组织、甚至单个细胞中，在不同的轴向上存在的某种形态结构以及生理生化上的梯度差异。极性一旦建立，则很难使之逆转。有人指出，没有极性就没有分化。极性造成了细胞内生活物质的定向和定位，建立起轴向，并表现出两极的分化。已有证据说明极性在很大程度上决定了细胞分裂面的取向。而在一个器官的发育中，细胞分裂面的取向对于决定细胞的分化有着重要的作用。

植物细胞的极性是由细胞的电场方向决定的。因为电场方向决定着细胞内的物质分配，这些物质包括无机盐类、蛋白质、核糖核酸等一些带电荷物质。同时，生长素的梯度、pH梯度、渗透压大小、机械压、光照等都能使细胞形成电场，特别是膜上和Ca^{2+}结合的蛋白质带有净的电荷，它在细胞内电场的建立中起着非常重要的作用。细胞内电场的形成和细胞中带极性的大分子物质的分布是一致的。所以，电场决定了极性。由于极性的存在，细胞分裂形成的两个最初相等的子细胞所处的细胞质环境是不同的。从而基因表达在各自的环境中进行修饰，造成了细胞的不同分化。在植物中，受精卵或孢子的第一次分裂通常是不等分裂，这是由于细胞质因某种因素的作用而发生极化的结果，使受精卵或孢子从第一次分裂开始，所形成的子细胞即进入不同的发育途径。因此，细胞极性的建立，引起了细胞的不等分裂。子细胞在特定的理化环境中，导致特定的细胞分化过程。

（三）生理或机械隔离与分化

高等植物体内一个细胞的命运、它的分工与分化程度往往也随它所在的位置而定。

例如：把一段芽嫁接在一块愈伤组织上，芽中维管束就会诱导该组织分化出筛管和导管。用切割或高渗透液等处理的办法把一段组织与临近组织作适当的生理隔离，往往会使这段组织诱导出新的分化。在植物细胞间，由于胞间连丝连结，结果使整个植物体形成共质体。胞间连丝在维持植物体作为一个有机的整体、保持代谢和生长发育上的协调是十分重要的。Steward 等在关于胡萝卜的细胞培养中指出，细胞的生理隔离是胚胎发生的前提条件，即形成胚状体的细胞必须切断其与别的细胞的有机联系，并且要用一个能维持其迅速生长和发育的培养基附加成分来培养它。他认为这是使植物细胞表现其全能性的两个基本条件。尽管细胞机械隔离对于一些低等植物细胞全能性表现的明显作用已得到充分证据，但在高等植物的细胞分化中的作用仍有待进一步研究。可以肯定的是，组织或细胞从完整的有机体上分离下来，以脱离整体的影响，对于细胞全能性的表现是十分重要的。

（四）植物激素与分化

植物激素在细胞分化中的调节作用，无论在整体植物或离体培养中均已有大量研究。在烟草愈伤组织分化中，增加激动素，促进了细胞的分化，并且与木质素的合成是一致的。许多实验已证实，激动素或它们的组合能引起细胞、组织质的变化。这些变化可以看作分化的一个方面，包括以下几点。

（1）由 IAA 和一些细胞分裂素的组合对愈伤组织根和芽的诱导。

（2）由 IAA 和 GA3 在维管组织分化中的相互作用。

（3）由 IAA 对茎中皮层和髓组织内以及愈伤组织内维管束的诱导。

（4）茎组织对 IAA 的反应有不定根的发生。

（5）由 GA3、IAA 和乙烯对开花的诱导和性别的控制。

进一步的研究表明，生长素和激动素对细胞中蛋白质和 RNA 的合成有明显的促进作用，这与基因活化有关。由于植物激素对于细胞中核酸和蛋白质代谢、酶的诱导过程等有着深刻的影响，已使不少研究者相信激素在分化中的作用可能通过转录或翻译水平上的调节作用而影响基因表达。植物激素作为外来的分化因子，对于细胞分化的作用，决定于细胞的感应态。所谓感应态就是分化的靶子细胞对外来分化因子（信号）的感应能力。不同组织的细胞对同一信号的感应能力是不同的。在不同的靶子细胞中，对同一种激素的受体是不同的。受体与激素形成一个复合体，然后去启动细胞的分化，形成各种组织。复合体的启动作用主要是引起基因表达的结果，对分化的方向起决定的作用。

（五）核质关系及基因表达调控与分化

在真核细胞中，核质关系和基因调控是关键。遗传信息主要贮存于细胞核中，由于核中不同基因活化的结果，形成不同的 RNA 进入细胞质，合成各种酶和蛋白质。因此，不同的特化细胞其基因活性的差异将在细胞质中反映出来。然而，在核中发生的变化受其所在细胞质环境的深刻影响，从而使细胞核和细胞质的关系呈现出一种错综复杂的情况。一般来说，细胞核在发育中起主导地位，而在一定的情况下，细胞质的调控也十分重要。有人在烟草研究中，已发现一些主要植物类型中存在 2.5 万~3 万个不同种的 RNA（包括叶片、茎、根、花瓣、子房、花药等）。在所有类型组织中，约有 8000 种

mRNA 是共同的。其余的 mRNA 均是各个组织所特有的。即每一组织都有一套特殊的 mRNA，它包含了数千个不同的结构基因转录体。每个分化细胞的核不仅包含了所有基因，通常也包括那些生物体中没有表达的基因，同时也包括一些基因的转录体。

基因表达调节决定于已形成的并运输到细胞质的 mRNA 前体的贮存量。基因表达控制是转录后的阶段进行的。所有种类的 RNA，包括 mRNA，对于去核后细胞的形态发生都是必需的，而这些物质可以在去核前由细胞核所合成。已经证实细胞质对核基因调节有重要作用，细胞质对核基因的控制有活化作用。所以，细胞核是通过向细胞质释放特定的信息来影响细胞的分化。而发育进程的改变，细胞中代谢的变化，又反过来影响细胞核的活性。

综上所述，细胞分化是细胞对化学环境变化的一种反应，细胞内外化学物质的变化是细胞分化的物质基础。细胞内极性建立是细胞分化开始的第一步。在分化的控制上，激素的调节作用是十分重要的。但调控因子是十分复杂的，像外界环境因子（光、温度等）、物理因子（表面张力、氧的扩散梯度等）及细胞和组织内本身的启动和操纵，都能影响到细胞分化。至今，从实验形态学、细胞学、植物生理学、生物化学以及分子生物学等不同角度对细胞分化的研究，使人们了解了越来越多的事实，这必将为以后的深入研究打下坚实的基础。

第二节　植物组织培养的步骤

一、植物再生途径种类及特点

在植物组织培养过程中，所采用的外植体经过诱导能够重新进行器官分化，长出芽、根、花等器官，最后形成完整植株，这种经离体培养的外植体重新形成的完整植株叫做再生植株。植株的再生途径大致分为两种：一种是经过体细胞，通过形成胚状体获得再生植株；另一种是先形成芽的过程。1944 年，Skoog 证实了这个现象。尔后 Skoog 等又以烟草为试验材料，较为系统地研究了在离体条件下芽、根的诱导。1948 年，Skoog 等首先报道，在组织培养过程中器官形成化学药剂所控制的研究成果，即在离体条件下芽、根的诱导并不是由某些物质的绝对浓度所决定，而是为那些参与分化物质间的比例关系所决定。

很多事实表明，当外植体形成愈伤组织后，可以通过调整某些植物生长物质的比例来促使芽或根的分化。一般来说，生长素有利于愈伤组织形成根，细胞分裂素可促使愈伤组织形成芽。例如在菊花的愈伤组织培养中，根或芽的产生取决于生长素与细胞分裂素二者间的比例。当生长素/细胞分裂素的比例高时则容易形成根，生长素/细胞分裂素的比例低时则容易形成芽。根据此规律，就能通过调整培养基中的植物生长物质比例来调控外植体的根器官或芽器官形成。在植株再生过程中，器官的分化在很大程度上是受到培养基中的植物生长物质的种类、水平、配比等因素的影响，由于它们的作用，植物的基因能够启动，进行表达，最终表现出生理、形态上的变化。但是，这种变化很大程度上也取决于外植体细胞的生理状态。

（一）胚状体途径

在组织培养过程中，单个花粉、体细胞也可以通过与合子形成相类似的过程，即通过原胚期、球形胚期、心形胚期、鱼雷形胚期和子叶期而形成类似胚的结构，这种类似胚胎的结构与合子胚的来源不同，被称为胚状体。

胚状体途径是指外植体按胚胎发生方式形成再生植株的过程。在植物的有性生殖过程中，精子与卵子结合形成合子，尔后发育成胚，胚再进一步发育成完整的植株。

大量研究表明，植物的体细胞具有形成胚的潜力。通常将高等植物的卵细胞在受精后所发育成的胚叫做合子胚；而将高等植物的体细胞在一定条件下所诱导形成的胚叫做体细胞胚，即所谓的胚状体。合子胚与体细胞胚均具有形成完整植株的能力，它们的起源、发育过程并不完全相同，但是所产生的后代却能很好地表现出原有母株的种性。在组织培养过程中，通过胚状体获取幼苗已经在很多花卉种类上广泛应用，例如，兰花的组织培养就是一个十分成功的例子。在胚状体发生过程中，培养基中的氮源、植物生长物质对它们的形成是十分重要的。一般认为，铵态氮对于胚状体的发生更为有利，在很多情况下，同时使用铵态氮与硝态氮也可诱导很多胚状体的发生。此外，赤霉素、细胞分裂素等物质会抑制胚状体的发生，2，4－D等生长素类物质对胚状体的发生也有很重要的作用。通过胚状体途径育苗是花卉组织培养一条快捷、安全的途径。然而目前对于很多花卉来说，其胚状体的诱导结果尚不令人满意，因此限制了这种快速繁殖育苗途径的实际应用。现代植物生理学，对胚状体形成的解释并不令人满意。显然，胚状体从一个侧面揭示了植物在特殊环境下能够调整自己生存策略的事实。

（二）器官发生途径

器官发生途径是指在组织培养的过程中，再生植株不是通过胚胎，而是通过分生中心直接分化器官，最终形成完整植株的过程。通常其可以分为器官间接发生途径与器官直接发生途径两种类型：

1. 器官间接发生途径

在本途径中，所培养的外植体在培养基中的植物生长物质等因素的诱导下，其细胞呈没有分化的状态，重新恢复了细胞的分裂能力，这个过程叫做脱分化。尔后，随着培养的持续，脱分化的细胞数量不断增加，形成由薄壁细胞所组成的愈伤组织。这种结构松散的组织在适宜的植物生长物质等培养条件下多会发生生理、生化上的改变，从而使细胞分裂的部位、方向发生改变。所产生的分化细胞进一步形成分生组织、再分化出芽、根等器官。这种由成熟细胞经过脱分化后再形成的组织、器官过程称为再分化。

利用植物细胞在组织培养过程中所形成的大量愈伤组织，可以在短时间内通过器官，发生分化出大量小植株。因此，通过愈伤组织途径，可以使被培养材料的繁殖系数迅速增加，但是通过愈伤组织来生产种苗的方法并不适合于花卉品种，因为愈伤组织的细胞在遗传上具有不稳定性。此外，随着愈伤组织继代培养时间的延长，它们最初所表现的植株再生能力会逐渐下降，甚至完全消失。通过器官间接发生途径培育试管苗可以先将愈伤组织诱导生芽，然后再诱导芽的基部形成不定根而成为再生植株，这是利用组织培养成苗的一种较为普遍的方式。也可将愈伤组织诱导生根，然后再进一步诱导不定芽，使之形成完整植株，这种成苗方式比较少见。在一般情况下，愈伤组织先形成根，则芽的诱导就会较为困难。还能通过从愈伤组织的不同部位分化芽、根，再经过维管组织的连接而形成完整植株，这种成苗方式在花卉组织培养过程中并不多见。

2. 器官直接发生途径

在此种途径中，器官可直接从外植体上进行诱导，例如香蕉草的侧芽培养，首先会分化出小芽，然后自新芽叶腋形成芽丛；而采用风信子的鳞茎切片进行培养，在适宜的条件下，其基部就会分化小鳞茎。在器官直接发生途径过程中，由于细胞染色体的倍数基本保持稳定，因此发生变异的现象频率较低，这样也能保证所培养的试管苗保持母株良好的种性。

存在于叶腋间的不定芽，即腋芽在正常情况下都能发育成枝条，但是在很多情况下，这些腋芽通常都会在一定时间内处于休眠状态，对于顶端优势较强的花卉种类来说，只有将顶芽摘去，才能促使侧芽抽生。研究表明，顶端优势的现象可以为细胞分裂素所抑制。在组织培养过程中，当提高了培养基中的细胞分裂素水平后，所接种的茎段上往往就会长出大量腋芽。从细胞学上来说，这些腋芽的遗传性质十分稳定，故此种途径适合于花卉品种的快速繁殖。由于腋芽的细胞为二倍体，因此在组织培养过程中不容易出现基因型的改变，对于某些嵌合体来说，它们的园艺性状通常不会在培养过程中丧失，所以利用所培养出腋芽的快速增殖对于花卉品种，特别是以嵌合体状态存在的花卉品种来说具有实用价值。

通常不定芽也是增殖试管苗的一种重要方式。从植物学的角度来看，不定芽是指茎尖、叶腋以外的其他器官或组织上所形成的芽。在组织培养过程中，很多花卉的鳞茎、叶片、花梗等器官经切片后进行培养均可以诱导出不定芽。此外，在自然界中，很多植物的不同器官也能产生不定芽，如风信子、朱顶红的鳞茎；落地生根、秋海棠的叶片，在组织培养条件下通过对外植体的诱导，不仅能够使那些在自然界中容易形成不定芽的花卉植株产生大量的不定芽，而且也能够使在自然条件下所难以分化不定芽的花卉植株产生大量的不定芽。目前，通过器官途径育苗已经在花卉组织培养中被广泛使用。

二、外植体的选择

植物细胞组织培养的成败除与培养基的组分有关外，另一个重要因素就是外植体本身，即由活体植物上切取下来，用以进行离体培养的那部分组织或器官。为了使外植体适于在离体培养条件下生长，使组织培养工作顺利进行，有必要对外植体进行选择与处理。

迄今为止，经组织培养成功的植物，所使用的外植体几乎包括了植物体的各个部位，如根、茎（鳞茎、茎段）、叶（子叶、叶片）、花瓣、花药、胚珠、幼胚、块茎、茎尖、维管组织、髓部等。从理论上讲，植物细胞都具有全能性，若条件适宜，都能再生成完整植株，任何组织、器官都可作为外植体。但实际上，植物种类不同，同一植物不同器官，同一器官不同生理状态，对外界诱导反应的能力及分化再生能力是不同的。因此，选择适宜的外植体需要从植物基因型、外植体来源、外植体大小、取材季节及外植体的生理状态和发育年龄等方面加以考虑。现分别简要叙述如下。

1. 植物基因型

植物基因型不同，组织培养的难易程度不同，草本植物比木本植物易于通过组织培养获得成功，双子叶植物比单子叶植物易于组织培养。木本植物中，猕猴桃较易再生植株；而干果类、松树、柏树等就比较困难。植物基因型不同，组织培养的再生途径也不同。如十字花科及伞形科中的胡萝卜、芥菜、芫荽等易于诱导胚状体。茄科中的烟草、番茄、曼陀罗，易于诱导愈伤组织。因此，选择适宜的外植体，首先要对材料的选择有明确的目的，选取优良的或特殊的具有一定代表性的基因型，这样可提高成功率，增加其实用价值。

2. 外植体的来源

从田间或温室中生长健壮的无病虫害的植株上选取发育正常的器官或组织作为外植体，离体培养易于成功。因为，这部分器官或组织代谢旺盛，再生能力强。同一植物不同部位之间的再生能力差别较大，如同一种百合鳞茎的外层鳞片比内层鳞片再生能力强，下段比中段、上段再生能力强。因此，最好对所要培养的植物各部位的诱导及分化能力进行比较，从中筛选合适的、最易再生的部位作为最佳外植体。对于大多数植物来说，茎尖是较好的外植体，由于茎形态已基本建成，生长速度快，遗传性稳定，也是获得无病毒苗的重要途径，如月季、兰花、大丽花、非洲菊无病毒苗的生产等。但茎尖往往受到材料来源的限制，为此可以采用茎段、叶片等作为培养材料，如菊花、各种观赏秋海棠、黄花夹竹桃等。另外，还可根据需要选择鳞茎、球茎、根茎类（如麝香百合、郁金香等），花茎或花梗（如蝴蝶兰），花瓣、花蕾（如君子兰），根尖（如雀巢兰属），胚（垂笑君子兰），无菌实生苗（吊兰）等部位作为外植体进行离体培养。

3. 外植体大小

外植体的大小，应根据培养目的而定。如果是胚胎培养或脱毒，则外植体宜小；如果是进行快速繁殖，外植体宜大。但外植体过大，杀菌不彻底，易于污染；过小离体培养难于成活。一般外植体大小以 0.5 ~ 1.0cm 为宜。具体来说，叶片、花瓣等约为 5mm^2，茎段则长约 0.5mm，茎尖分生组织带一两个大小为 0.2 ~ 0.3mm 的叶原基等。

4. 取材季节

离体培养的外植体最好在植物生长的最适时期取材，即在其生长开始的季节采样，若在生长末期或已经进入休眠期取样，则外植体会对诱导反应迟钝或无反应。如苹果芽在春季取材成活率为 60%，夏季取材下降到 10%，冬季取材在 10% 以下。百合鳞片外植体，春、秋季取材易形成小鳞茎，夏、冬季取材培养，则难形成小鳞茎。

5. 外植体的生理状态和发育年龄

外植体的生理状态和发育年龄直接影响离体培养过程中的形态发生。一般认为，沿植物的主轴，越向上的部分所形成的器官其生长的时间越短，生理年龄也越老，越接近发育上的成熟，越易形成花器官；反之，越向基部，其生理年龄越小。如在烟草的培养中，植株下部组织产生营养芽的比例高，而上部组织产生花器官的比例高。一般情况下，越幼嫩，年限越短的组织具有较高的形态发生能力，组织培养越易成功。

三、无菌外植体的建立

外植体的选择与灭菌是植物组培快繁中的重要环节，它由原培养材料、灭菌剂、灭菌方法等因素决定，寻找快速、高效的灭菌方法，减少污染瓶的丢弃，对于降低成本具有重要的意义。

（一）消毒方法对成功率的影响

大量的试验证明，0.1%的升汞是最理想的杀菌剂，但灭菌时间要求极为严格。时间过短，杀菌不彻底，时间过长，会对组织细胞有杀伤作用，不利于外植体诱导分化。在杀菌方式的比较试验中看出，不同的清洗方式对外植体的杀伤率和成活率影响极大，通过磁棒搅动冲洗能够加大对升汞残留的冲洗，减少对材料的杀伤作用，降低褐化率，提高成功率。

（二）外植体的幼嫩程度、灭菌条件对其成活率的影响

外植体的幼嫩程度不同，其含菌量也不同，所需的灭菌条件也有差异。从酒精浓度或0.1%升汞灭菌时间两个方面进行试验，结果表明：幼嫩的外植体材料（如幼叶、幼芽、幼茎段）幼嫩的材料比老材料带菌量少，不仅所需0.1%的升汞的灭菌时间短，在7～9min能达到灭菌效果，而且酒精可用50%来代替70%，酒精浓度的降低，可以减少对材料的伤害，不降低其粘着效能，有利于升汞的杀菌作用，提高外植体的成活率。老的材料（如半木质化、木质化的茎段）茎段内生菌较多，皮部粗糙，所需0.1%升汞灭菌的时间就长（在9～12min），且必须用70%的酒精，才能起到较好的灭菌效果。根据不同接种材料，采用不同的措施，就会减少不必要的失败和投资经费，提高成功率。

（三）不同品种外植体及取材季节对成活率的影响

在接种外植体时，有的材料易发生褐变现象，它的产生可分为两种形式：一种是由于细胞受胁迫条件等不利条件影响所造成的死亡或自然发生的细胞死亡而引起的；另一种是材料伤口处分泌出的酚类化合物引起的，前者可以通过采取适当的措施或者愈伤组织适应了胁迫环境就不再发生褐变，而后者很难清除，严重影响外植体的诱导分化。只有选择合理的外植体，才能降低褐变现象，大部分易褐变的材料，从11月到翌年2月褐变率很低，随着进入生长季节，褐变率逐渐上升，在5—8月达到最高峰，然后自9月后褐变率逐渐下降直到不再发生，为此对易褐变的外植体应在11月到翌年2月取材，通过培养箱内水培催芽取幼嫩部分，或待接种材料放入温室内，保持半木质化，可获得理想的原始培养材料。外植体所带菌的种类、数量与材料种类和取材季节有关，同时，材料成活率的高低与材料取材的时间及材料本身特性也有关。试验表明，上年11月到下年4月取材最好，4—6月与9—11月取材较好，6—9月较差。试验中污染若以细菌为主则成功率高，如平邑甜茶、月季、樱桃、杨树等；以真菌为主则成功率低，如冬枣、花椒、茶树等；一品红由于本身分泌白色乳状物，灭菌较困难成功率亦较低。因此选择适宜的基因型材料，适时接种，可大大提高成功率，减少投资损失。

四、植物组培过程中培养基的筛选方法

在建立一个新的实验体系时，为了能研制出一种适合的培养基，最好先由一种已被广泛使用的基本培养基（如 Ms 培养基或 B_5 培养基）开始。当通过一系列的实验，对这

种培养基做了某些定性和定量的小变动之后，即有可能得到一种能满足实验需要的新培养基，选择最佳培养基。常用试验方法主要有单因子试验、多因子试验及广谱实验等。

（一）单因子试验

由于培养基中其他成分都维持在一般水平上，所以只变动一个因子，就可以找出这一因子对试验的影响和影响的程度。例如 Ms 基本培养基的其他成分和用量都不变，只变动 NAA 用量对某一培养物生根的影响，这种只研究一个因素的试验就是单因子试验。

生物学试验不同于物理学或化学试验，最显著的差别是在生物学试验中必需设置对照组与试验组，试验组可以有一组或几组，随试的复杂性而设置，对照组也可能有一组以上。试验中要求对照组与试验组中的试验个体，即植物组织块或其他培养物，必须在遗传性、生理状态、前培养条件等方面，尽可能完全一致。以保证试验结果是来源于试验因子，而不是由于试验材料的不一致导致的。

试验中各处理一般都要设有一定的重复，以取得可靠的试验结果。随试验规模和要求不同，大多每个项目要有 4～10 瓶，每瓶至少 3 块培养物或 3 丛小幼苗。

（二）多因子试验

对培养基中两个或两个以上因素进行研究的试验称为多因子实验，试验可采用完全试验方案，也可选用正交设计方案，完全试验方案具有均衡完全的特点，各个因子的每个水平都相互搭配，构成了所有可能的处理组合，如研究 NAA 和 6－BA 的最佳浓度组合，每个因子各设 5 个浓度水平（0、0.5、2.5、5.0 和 10.0mg·L^{-1}），这两种因子各种浓度的所有组合，就构成了一个具有 25 项处理的试验。完全试验方案试验因子越多，处理数越多，试验越复杂，消耗的精力、物力越多。为了减少试验处理，但又能准确全面地获得试验信息，通常采用正交试验。例如，采用正交设计，在使用此表时就可以安排 4 个因子，3 种水平的试验，一共做 9 种不同搭配的试验，其结果相当于做了 27 次种种搭配的试验。正交试验虽然是多因素搭配在一起的试验，但是在试验结果的分析中，每一种因素所起的作用却又能够明白无误地表现出来。因此，一次系统的试验结果，就可以把问题分析得清清楚楚，用有限的时间取得成倍的收获。在组织培养研究中，可用于同时探求培养基中适宜的几种成分的用量，如细胞分裂素、生长素、糖和其他成分的用量。

（三）逐步添加和逐步排除的试验方法

在植物组织分化与再生的研究中，在没有取得可靠的分化与再生之前，往往添加各种有机营养成分，而在取得了稳定的再生之后，就可以逐步减少这些成分。在逐步添加时是使试验成功，在逐步减少时是缩小范围，以便找到最有影响力的因子，或是为了实用上的需要竭力使培养基简化，以降低成本和利于推广。在寻求最佳激素配比时，也经常用到这种加加减减的简单方法。

（四）广谱实验法

把培养基中所有组分分为 4 大类：无机盐、有机营养物质（蔗糖、氨基酸和肌醇等）、生长素、细胞分裂素。对每一类物质选定低（L）、中（M）、和高（H）3 个浓度。4 类物质各 3 种浓度的自由组合即构成了一项包括 81 个处理的实验。在这 81 个处理中最好的一个可用 4 个字母表示。例如，一个包含中等浓度无机盐、低等浓度生长素、中等浓度细胞分裂素和高等浓度有机营养物质的处理即可表示为 mLMH。达到这个阶段，再试用不同类型的生长素和细胞分裂素即可找到培养基的最佳配方。这是因为不同类型的生 K 素和细胞分裂素对不同植物的活性有所不同。

五、接种方法

（一）无菌操作

接种时由于有一个敞口的过程，所以是极易引起污染的时期，这一时期主要由空气中的细菌和工作人员本身引起，接种室要严格进行空间消毒。接种室内保持定期用 1%～3% 的高锰酸钾溶液对设备、墙壁、地板等进行擦洗。除了使用前用紫外线和甲醛灭菌外，还可在使用期间用 70% 的酒精或 3% 的来苏儿喷雾，使空气中灰尘颗粒沉降下来。无菌操作可按以下步骤进行：

（1）在接种 4h 前用甲醛熏蒸接种室，并打开其内紫外灯进行灭菌。

（2）在接种前 20min，打开超净工作台的风机以及台上的紫外灯。

（3）接种员先洗净双手，在缓冲间换好专用实验服，并换穿拖鞋等。

（4）上工作台后，用酒精棉球擦拭双手，特别是指甲处。然后擦拭工作台面。

（5）先用酒精棉球擦拭接种工具，再将镊子和剪子从头至尾过火一遍，然后反复过火尖端处，对培养皿要过火烤干。

（6）接种时，接种员双手不能离开工作台，不能说话、走动和咳嗽等。

（7）接种完毕后要清理干净工作台，可用紫外灯灭菌 30min。

若连续接种，每 5d 要大强度灭菌一次。

（二）接种

（1）将初步洗涤及切割的材料放入烧杯，带入超净台上，用消毒剂灭菌，再用无菌水冲洗，最后沥去水分，取出放置在灭过菌的 4 层纱布上或滤纸上。

（2）材料吸干后，一手拿镊子，一手拿剪子或解剖刀，对材料进行适当的切割。如叶片切成 0.5cm 见方的小块；茎切成含有一个节的小段。微茎尖要剥成只含 1～2 片幼叶的茎尖大小等。在接种过程中要经常灼烧接种器械，防止交叉污染。

（3）用灼烧消毒过的器械将切割好的外植体插植或放置到培养基上。具体操作过程是：先解开包口纸，将试管几乎水平拿着，使试管口靠近酒精灯火焰，并将管口在火焰上方转动，使管口里外灼烧数秒钟。若用棉塞盖口，可先在管口外面灼烧，去掉棉塞，再烧管口里面。然后用镊子夹取一块切好的外植体送入试管内，轻轻插入培养基。若是叶片直接附在培养基上，以放 1～3 块为宜。至于材料放置方法除茎尖、茎段要正放（尖端向上）外，其他尚无统一要求。放置材料数量现在倾向少放，通过统计认为：对外植体每次接种以一支试管放一枚组块为宜，这样可以节约培养基和人力，一旦培养物污染可以抛弃，接完种后，将管口在火焰上再灼烧数秒钟。并用棉塞，塞好后，包上包口纸，包口纸里面也要过火。

六、愈伤诱导

植物的脱分化形式有两种，器官发生型和胚胎发生型，在有些情况下，再分化可以直接发生于脱分化的细胞中，无须经历愈伤组织阶段，但大多数情况下，再分化过程是在愈伤组织细胞中发生的。

（一）愈伤组织形成的条件

（1）细胞的全能性。虽然如全能性所言，发育和分化过程并不导致细胞全能性的丧失，但是，在一个完整的植物中，每个分化细胞都是某个器官和组织中的一个成员，它只能在与其周围成员相互协调和彼此制约当中，恰如其分地发挥整个植株所赋予它的一定的功能，而不具备施展其全能性的外部条件。然而，这些细胞若是一旦脱离了母体植株，摆脱了原来所受到的遗传上的控制和生理上的制约，在不定期下的培养条件下，就会发生一种回复变化，从而失去分化状态，变为分生细胞，实现脱分化过程。然后，这些脱分化细胞经过连续的有丝分裂，形成愈伤组织（离体隔离）。

（2）不同植物来源的愈伤组织，在质地、形态和物理性状方面均有明显的差异。有的愈伤组织呈淡黄色或白色，有的呈绿色或红色。如中华猕猴桃的茎段经离体培养产生的愈伤组织为淡绿色，致密而呈瘤状，但在 2，4 – D 的诱导作用下，愈伤组织则呈黄白色，发脆且易于分散。一般来说，来源于相同组织的愈伤组织，其色素大致相同，但通过反复继代培养会失去色素。

（3）同一植株不同器官形成愈伤组织的能力不同，以君子兰为例，用 $MS + 2mg \cdot L^{-1} 6 – BA + 2mg \cdot L^{-1} NAA + 1mg \cdot L^{-1} 2，4 – D$ 固体培养基培养，茎尖、茎切块和叶片形成愈伤组织的诱导率分别为 85%，13% 和 72%；如果培养基中 6 – BA 的浓度提高到 $5mg \cdot L^{-1}$，NAA 的浓度减少至 $0.5mg \cdot L^{-1}$，2，4 – D 浓度不变时，茎尖、茎切块和叶片形成愈伤组织的诱导率分别为 82%、9% 和 70%，说明培养基中植物生长物质组成的比例不同，影响着愈伤组织的形成。

（4）选择适当的基本培养基对愈伤组织的生长也是重要的。于树宏和李玲（1999）用浅绿色野葛叶片愈伤组织进行继代培养，在 MS 培养基中加入 $1mg \cdot L^{-1} NAA$，愈伤组织能维持浅绿色新鲜健壮的外观；在培养基中同时加入 $3mg \cdot L^{-1} 6 – BA$ 和 $1mg \cdot L^{-1} NAA$，愈伤组织快速生长；但愈伤组织置于含有同样浓度的 6 – BA 和 NAA 的 B_5 培养基上生长，愈伤组织可以始终保持新鲜健壮的外观，不断膨大生长。

（二）愈伤组织形成的过程

外植体中已分化的活细胞，在外源激素的诱导下通过脱分化后形成愈伤组织，这一过程被大致划分为 3 个时期（诱导期、分裂期和形成期）。

1. 诱导期（细胞分裂的准备期）

诱导期是细胞准备分裂的时期。接种的外植体材料的细胞通常都是成熟细胞，处于静止状态，细胞大小没有多大变化，外观无明显特征，但细胞内物质代谢旺盛，王凯基等（1981）在研究离体培养的油橄榄茎段时发现，细胞内合成代谢活跃，RNA 含量迅速增加，细胞核体积明显增大。

诱导期的长短，因植物种类和外植体的生理状况和外部因素而异，如胡萝卜的诱导期要好几天，新鲜的菊芋块茎则只要 22h，但菊芋块茎经过 5 个月的贮藏后，诱导期则需延长到 40h 以上。

2. 分裂期（细胞从开始分裂到持续分裂的时期）

分裂期是指细胞通过一分为二的分裂，不断增生子细胞的过程。外植体的细胞一旦经过诱导，其外层细胞开始迅速分裂，使细胞脱分化。分裂期主要表现如下：

细胞的数目迅速增加。如胡萝卜培养 7d 后，细胞数可增加 10 倍。每个细胞平均鲜重下降。这是由于细胞鲜重的增加不如细胞数目的增加快的缘故。细胞体积小，内无液泡，如同根尖和茎尖的分生组织细胞特性。细胞的核和核仁增大到最大。细胞中 RNA 含量减少，而 DNA 含量保持不变。

随着细胞不断分裂和组织生长，细胞的总干重、蛋白质和核酸含量大大增加，新细胞壁的合成极快。总之，分裂期的愈伤组织的共同特征是：细胞分裂快，结构疏松，缺少有组织的结构，维持其不分化的状态。

3. 形成期（从愈伤组织到器官发生）

形成期是指外植体经过诱导期和分裂期后形成了无序结构的愈伤组织的时期。进入形成期后，细胞的平均大小相对稳定，不再减少，细胞分裂由原来局限在组织外缘的平周分裂转为组织内部较深层局部细胞的分裂，结果形成瘤状或片状的拟分生组织（meristemoid），称作分生组织结节。分生组织结节可以成为愈伤组织的生长中心，或者进一步分化为维管组织结节——由分生组织结节外围的细胞作平周分裂成为形成层状细胞，并形成了部分维管组织如管胞、纤维细胞等，但不形成维管系统。由于此期细胞分裂已基本停止，细胞内发生生理代谢等的变化而开始形成一些不同形态和功能的细胞，因此有人又将此期称为分化期。

（三）愈伤组织培养与生长

1. 愈伤组织的生长

一般来说，愈伤组织的增殖生长只发生在不与琼脂接触的表面，而与琼脂接触的一面极少细胞增殖，只是细胞分化形成紧密的组织块。它是愈伤组织表面或近表面瘤状物生长的结果。

愈伤组织之间的质地有显著不同，有的很松脆，有的很坚实，且这两类愈伤组织可互相转变。其方法是：加入高浓度的生长物质，可使坚实的愈伤组织变为松脆。反之，减低或除去生长物质，则松脆的愈伤组织可以转变为坚实。松脆愈伤组织都有大量的分生组织中心，进行活跃的细胞分裂，为大而未分化的细胞所分开；而不脆的不良愈伤组织很少分化，大都是高度液泡化的细胞。脆的愈伤组织是进行悬浮培养最适合的材料，稍经机械振荡，即可使组织分散成单细胞或少数几个细胞组成的小细胞团。在培养中细胞产生迅速增殖，而坚实的愈伤组织中的细胞间被果胶质紧紧地粘着，因而往往不能形成良好的悬浮系统。

愈伤组织的质地不同是由其内部结构上的差异所引起的。坚实致密的愈伤组织内无大的细胞间隙，而由管状细胞组成维管组织；松脆的愈伤组织内有大量的细胞间隙，细胞排列毫无次序。

生长旺盛的愈伤组织一般呈奶黄色或白色，有光泽，也有淡绿色或绿色的；老化的愈伤组织多转变为黄色甚至褐色。

外植体的脱分化因植物种类和器官及其生理状况而有很大差别，如烟草、胡萝卜等脱分化较易，而禾谷类的脱分化较难；花器脱分化较易，而茎叶较难；幼嫩组织脱分化较易，而成熟的老组织较难。

一个多细胞外植体通常包含着各种不同类型的细胞，因此，由它所形成的愈伤组织也是异质性的，其中不同的组分细胞具有不同的形成完整植株或器官的能力，即不同的再分化能力。

以上对愈伤组织形成过程的时期的划分并不具有严格的意义，实际上，特别是分裂期和形成期往往可以出现在同一块组织上。另外，有一些研究者曾反复指出的，虽然细胞脱分化的结果在大多数情况下是形成愈伤组织，但这绝不意味着所有的细胞脱分化的结果都必然形成愈伤组织。相反，脱分化后可直接分化为胚性细胞而形成体细胞胚。

2. 愈伤组织的继代培养

脱分化细胞不断进行分裂，从而形成了愈伤组织，愈伤组织在培养基上生长一段时间以后，由于营养物质枯竭，水分散失，以及代谢产物的积累，必须转移到新鲜培养基上培养。这个过程叫作继代。通过继代培养，可使愈伤组织无限期地保持在不分的增殖状态。然而，如果让愈伤组织留在原培养基上继续培养而不继代，它们则不可避免地发生分化，产生新的结构。

（四）愈伤组织的类型

根据组织学观察、外观特征及其再生性、再生方式等，愈伤组织分成两大类：胚性愈伤组织（embryonic callus，EC）和非胚性愈伤组织（non - embryonic callus，NEC）。

1. 胚性愈伤组织

一般胚性愈伤组织质地较坚实，颜色有乳白色或黄色，表面具球形颗粒，其生长缓慢；从细胞学来看，胚性愈伤组织由等直径细胞组成，细胞较小，原生质浓厚，无液泡，常富含淀粉粒，核大，分裂活性强。胚性愈伤组织又可分为致密型胚性愈伤组织和易碎型胚性愈伤组织。这两类胚性愈伤组织都能在分化培养基上再生完整植株。

以黄瓜为例，如图3-2所示。

2. 非胚性愈伤组织

非胚性愈伤组织分为节瘤状组织、薄壁组织团、致密深层愈伤组织和表面疏松愈伤组织4种类型；在增殖培养基，非胚性愈伤组织通常只会生长出同类型的非胚性愈伤组织，但通过改变培养基配方等方法可使不同类型之间发生转换。同时，增殖继代过程中的器官发生现象很常见，通常是在薄壁愈伤组织表面细胞分化成具有分生能力的细胞，然后进行不定芽的分化。4类非胚性愈伤组织都可以通过不定芽的形式进行器官发生；也可以经胚性诱导由体细胞胚发生途径再生成植株。生长素及细胞分裂素对非胚性愈伤组织的形态结构、分化途径以及增殖能力有很大的影响。

图3-2　黄瓜子房组织经脱分化形成胚性愈伤组织

七、芽的分化

（一）植物体细胞胚胎发生

1. 植物体细胞胚胎发生的概念

植物离体培养的细胞、组织、器官分化出具胚芽、胚根、胚轴的类似胚的结构，其形成也经历一个类似合子胚胎发生和发育过程，这种现象称为植物体细胞胚胎发生，形成的类似胚的结构称为体细胞胚或胚状体。

2. 体胚发生的方式

（1）直接体胚发生（图3-3）。不经愈伤组织直接由外植体发育成体细胞胚的方式。香雪兰幼花、幼叶；向日葵下胚轴和花生等。通常多发生于表皮、亚表皮、幼胚等。

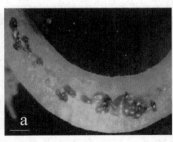

图3-3　甘蓝体细胞直接产生胚

（2）间接体胚发生。先由外植体形成胚性愈伤组织再于适当条件下形成体细胞胚的方式，是多数植物体胚发生的主要方式。有些植物既可直接发生体胚，又能经愈伤组织形成体胚。

3. 胚性与非胚性愈伤组织特点

体胚由胚性细胞发育而成，通常胚性细胞与分生组织细胞相似，较小、近圆形，具有较大核与核仁，高度染色，细胞质浓厚。

胚性愈伤组织，表面光滑白色或浅黄色，组成细胞较小；非胚性愈伤组织则显黄色或透明状，表面湿润而粗糙或呈结晶状，其组成细胞大而长。

胚性与非胚性愈伤组织存在代谢差异：如胡萝卜胚性愈伤组织淀粉含量高 15~40 倍，ADP 葡萄糖磷酸酶带有 100kD 的亚单位与胚胎发生相关；挪威云杉非胚性愈伤组织乙烯含量比胚性高 19~117 倍。玉米、小麦、胡萝卜等胚性与非胚性愈伤组织同工酶存在差异。

4. 胚状体与不定芽的区别

胚状体与不定芽的区别胚状体在组织学上具备以下与不定芽不同的 3 个特征：①最根本的特征是具有两极性，即在发育的早期阶段，从其方向相反的两端分化出茎端和根端，而不定芽或不定根都为单向极性；②胚状体的维管组织与外植体的维管组织无解剖结构上的联系，而不定芽或不定根往往总是与愈伤组织的维管组织相联系；③胚状体的维管组织的分布是独立的"V"字形，而不定芽的维管组织无此现象。

胚状体也是植物组织培养形态发生最常见而重要的方式，它较不定芽方式有更多的优点：如胚状体产生伪数量比不定芽多；胚状体可制成人工种子，便于运输和保存；胚状体的有性后代遗传性更接近母体植株。这些对组织培养应用于育种是十分有利而重要的。

5. 体胚发生的过程

（1）双子叶植物体胚发生的过程（图 3-4）。胡萝卜等双子叶植物体胚发生经历球形胚、心形胚、鱼雷胚、子叶胚等阶段。可以划分为胚性愈伤组织诱导、体胚诱导、体胚早期分化发育、体胚成熟及萌发成苗。

体胚的诱导：不需加任何激素，如柑橘、枸骨叶冬青等；需加入 2，4-D，禾本科植物的体胚诱导（图 3-5）；只须加入 CK 就足以诱导体胚发生，如红豆草，2ip（$1.0mg \cdot L^{-1}$）+BA（$1.0mg \cdot L^{-1}$）培养基体胚发生频率分别为 46.7%；要求 CK 和生长素结合使用，大多数植物体胚发生的诱导属于这种情况，如天竺葵、花椰菜（图 3-6）等。

体胚的早期发育：经体胚诱导阶段所形成的原胚或原胚团，需转入无激素或较低激素浓度的培养基中，使它进一步分化发育，通常经球形胚、心形胚、鱼雷形及子叶胚。体胚群体含有多种形态，单胚、双胚等较小的原胚较快发育。ABA 对形成单胚有利。

体胚的后期发育及成熟：早期体胚转入特定培养基后，就会像合子胚一样经历后期发育和成熟过程，组织进一步分化，子叶原基进一步发育和生长，贮藏物质合成与积累。通常会形成畸形胚，与发育顺序有关。正常情况下为细胞分裂、细胞增大和分化。

（2）单子叶植物体胚发生的过程

体胚诱导：由体细胞诱导脱分化形成胚性愈伤组织。以百合为例，如图 3-7 所示。

体胚发育：胚性愈伤组织进一步发育，经球形胚、心型胚及鱼雷胚等阶段发育成子叶胚。以花生为例，如图 3-8 所示。

体胚成熟萌发：子叶胚进一步发育并成熟萌发。以人参为例，如图 3-9 所示。

图 3 - 4 双子叶植物胚发生过程

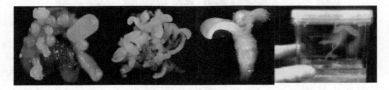

图 3 - 5 大豆体细胞胚胎发生过程

图 3 - 6 花椰菜体胚发育的不同阶段

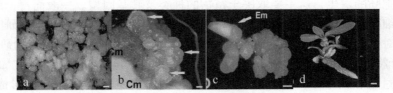

图 3 - 7 百合体胚发生过程

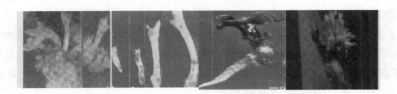

图 3 - 8 花生子叶外植体体细胞胚胎发生

6. 影响体细胞胚胎发生的因素

（1）生长调节物质

生长素类：我们以离体培养条件下胡萝卜的体细胞胚胎发生的诱导过程来进行分析，在离体条件下胡萝卜体细胞胚的发育是一个包括两个步骤的过程，每个步骤需要一种不同的培养基。愈伤组织的建立和增殖所需要的是一种含有生长素的培养（增殖培

图 3 - 9　人参子叶体细胞胚胎发生及植株再生

养基），通常所用的生长素是 2，4 - D，浓度范围 0.5 ~ 1.0mg · L^{-1}。在这样一种培养上，愈伤组织的若干部位分化形成分生细胞团，称作"胚性细胞团"。在增殖培养基上反复继代，胚性细胞团的数量不断增加，但并不出现成熟的胚。然而，如果把胚性细胞团转移到一种生长素含量很低或完全没有生长素的培养（成胚培养基）上，它们就能发育为成熟的胚。看来，在增殖培养基中生长素的存在，对于胚性细胞团后来在成胚培养基上发育为胚是必不可少的。边疆保存在无生长素培养基中的愈伤组织不能形成胚。在这个意义上，可把增殖培养基看成是体细胞胚胎发生的诱导培养基，而把每个胚性细胞团看成是一个无结构的胚。

细胞分裂素类：细胞分裂素对于体细胞胚胎发生的作用有相反的结论，既可促进也可抑制体细胞胚的发生，这主要取决于植物的种类及其基因型。一般而言，细胞分裂素对于促进体细胞胚的成熟有显著作用，特别有利于子叶的发育。另外，有研究表明，不同的外植体对于细胞分裂素的需要可能具有不同的专一性，如在胡萝卜的研究中发现，虽然 BAP 和激动素对胚胎发生过程表现抑制作用，但浓度为 0.1μmol · L^{-1} 的玉米素却能促进这个过程，而 BA 对胡萝卜则是促进其愈伤组织的增殖，但不形成胚性愈伤组织。

赤霉素类：赤霉素类能抑制体细胞胚胎发生，但对于许多植物而言，赤霉素对体细胞胚胎的成熟与萌发有促进作用。

脱落酸：抑制剂特别是 ABA，在体细胞胚胎发生过程中的作用正逐渐被提示出来，ABA 是一种天然产生的生长调节剂，当把无抑制作用剂量（通常是 0.1 ~ 1μmol · L^{-1}）的 ABA 用于荷兰芹属培养物时，可以允许胚成熟过程进行。但是其抑制异常增殖，包括不定胚的启动。另一方面抑制早熟萌发。

乙烯和多胺：乙烯抑制体胚发生，多胺促进部分植物的体胚发生。

（2）氮源。氮源的形态有还原态氮（NH$_4^+$）和氧化态氮（NO$_3^-$）两种。在以 KNO$_3$ 为唯一氮源（如 White 培养基）的培养上建立起来的愈伤组织，去掉生长素以后不能形成胚。然而是，若在培养基中加入少量 NH$_4$Cl 即可明显促进胚状体的发育，上述结论是否说明，胚胎发生过程中还原态氮是必需的。

7. 长期培养物形态发生潜力丧失的 3 种假说

有些愈伤组织或悬浮培养物起初具有器官发生或胚胎发生的潜力，但经过反复继代保存之后胚胎形态发生能力常常逐渐下降，有些甚至完全损失。为了解释这种现象，现在有 3 种假说。

（1）遗传说该假说。形态发生潜力的丧失是由于在培养细胞中的核的特性发生了改变，即细胞核内的遗传物质在培养继代过程中由于变异等原因而发生了改变或是突变。因此，可以推知，由这种原因所造成的形态发生潜力的丧失是不可逆的。

（2）生理假说。从前面体细胞胚胎发生中的甜橙的驯化组织的形成的实例中，不难分析，随着不断的培养继代的进行，培养组织或细胞中的内源激素平衡关系可能会发生改变，而导致不能形态发生。在这种情况下，细胞虽然停止了器官和胚胎的分化，但并不一定就丧失了这种分化能力。因而，在这种情况下，如果改变外部处理条件，应该有可能使细胞的这种内在潜力得到恢复。

（3）竞争假说。本质上是前两个假说的结合。按照这个假说的倡议者 Smith 和 Street（1974）的看法，在胡萝卜细胞长其连续继代培养基间，有两个过程可能与胚胎发生能力的下降以至最终的丧失有关。首先，细胞对于生长素（2，4 – D）抑制全能性表达的作用变得比较敏感；基次，随着时间的推移，由于培养细胞在细胞学上的不稳定性，出现了缺乏胚性潜力的新的细胞系，这些细胞学上的变化不一定是染色体数目的变化，而可能只是遗传信息的小的突变、丢失或易位，实际上，Jones（1974）已经证实，在胡萝卜培养物中，细胞群体在成胚能力上的不稳定性，可能是由用于建立该培养物的组织带来的。在复杂得多细胞外植体中，只有少数细胞能够产生胚性细胞团，其余细胞都是无法表达其全能性的。按照这种假说，如果非胚性的细胞类型在所用的培养基中具有生长上的选择优势，在反复的继代培养中，非胚性细胞的群体将会逐渐增加，而胚性成分则逐渐减少。到了一定时期之后，在培养物中已不再含有任何胚性细胞，这时若想再恢复它们的胚胎发生能力就不可能了。然而，如果在培养物中存在少量胚性细胞，只是由于处在支配地位的非胚性细胞的抑制作用，这些胚性细胞的全能性无法表达，在这种情况下，通过改变培养基成分，使之有选择地促进全能细胞的增殖，就应当有可能恢复该培养物的形态发生潜力。

8. 体胚发生的应用

（1）可以由体胚萌发成苗，进行快速种苗繁殖。

（2）包埋成人工种子作为繁殖材料。

（3）为植物种质保存、基因工程等提供良好的实验体系。

（4）用于植物发育理论的研究。

（二）器官的分化

1. 器官分化种类

长期以来，体细胞的全能性一直被用于植物的营养繁殖。在自然界，若干种植物的茎、叶和根段能分化出芽和根，形成新的植物体。离体条件下的研究表明，这种潜力并不只局限于某些园艺种。只要能得到适当的条件，多数植物都能由体细胞组织以及生殖组织分化出茎芽和根来，而不论这些组织的倍性如何。

培养体中发育的分生组织，最初出现高度细胞质的、局部染色深的细胞，形成芽时，在外植体或愈伤组织边缘，形成根时，常在愈伤组织内部。

通常器官原基的发生起始于一个细胞或一小团分化的细胞，经分裂后由它们产生类分生组织。在形态上这团类分生组织细胞具有稠密的原生质和显著增大的核。类分生组织的进一步活动使构成的器官在纵轴上出现单向极性及表现出器官的分化。不过，在组织培养中出现的细胞团（或类分生组织）也并不是总与器官形成有关，在很多情况下，它们也可继续形成愈伤组织。在组织培养中通过形成芽或根而再生植株的方式大致有 3 种：一是先产生芽，芽伸长后在其茎的基部直接长根而形成完整的小植株；二是先长根，再长芽；三是在愈伤组织的不同部位分别形成根和芽，或许二者亦可结合起来形成完整小植株。在第一种情况中，尤其是在木本植物的组织培养里较为普遍。它们常常是诱导芽与诱导生根要分两步进行。在把伸长的苗从基部切下后再转入含萘乙酸（NAA）或吲哚丁酸（IBA）的生长素培养基上生根。与根的发生情况类似，芽或苗也可以由植物体的不同部分诱导形成，它们可以经过愈伤组织，也可以不经过愈伤组织而直接从胚状体、茎尖或原球茎产生。所以，作为通过组织培养而获得无性繁殖系来说，可以概括为下列几种方式：

（1）短枝型。将待繁殖的材料剪成带叶和节间的茎段，转入培养基，一定时间后可成苗，再剪成带叶和节间茎段，继代又可成苗。例如：葡萄、马铃薯、满天星的繁殖就是采用这种方法。该方法能迅速获得一个或一丛苗，遗传性状稳定，培养过程简单，适用范围广，移栽容易成活。这是花卉试管苗繁殖最常用的，也是其他方法最后阶段的常用方法，但繁殖初期速度较慢。

（2）丛生芽型。茎尖培养的芽，在细胞分裂素和生长素的比例较高的培养基上诱导，这时，会不断形成丛生芽，然后切取较大的芽转入生根培养基中，诱导生根成苗，小的丛生芽切割后继续扩大繁殖。例如，海星、勿忘我、地被菊、草莓、矮牵牛等就是采用这种方法。这种方法从芽到芽，遗传性状稳定，繁殖速度快，是花卉组织培养中常用的方法。

（3）愈伤组织发生型。让植物叶片、子房、花药、胚珠、叶柄等成熟组织经过恢复分生能力，诱导出愈伤组织，再从愈伤组织诱导不定芽。这些不定芽通过上述两种类型扩大繁殖，再生植株。如香花槐、非洲菊的培养。这种分化类型可能会发生变异，用于良种繁殖时应注意。

（4）胚状体发生型。从植物叶片、子房、花药、未成熟胚等诱导体细胞胚胎发生，经原胚期、球形胚期、心形胚期、鱼雷形胚期及子叶期而发育成植株。其发生和成苗过程类似合子胚或种子。这种胚状体具有数量多、结构完整、易成苗和繁殖速度快的特点，是植物离体无性繁殖最快的方法，也是人工种子和细胞工程的前提，受到国内外的普遍重视。但能诱导胚状体的植物种类及品种还不多，其发生机理尚不清楚，有的还存在一定变异，应先要试验后才能在生产上大量应用。

（5）原球茎型。原球茎是一种类胚组织，由细胞或组织培养经原球茎途径再分化成小植株。培养百合、兰花类的茎尖或腋芽可直接产生原球茎，继而分化成植株，也可以继代增殖产生新的原球茎，这取决于培养条件和培养基。

（6）器官型。直接从离体茎、叶、花芽、鳞片等母体组织产生小植株。特别是一些具变态茎叶的器官（如鳞片、球茎、块茎等）的植物，在离体培养下很容易形成相应的变态器官而再生小植株，如百合、水仙等。

2. 器官的建成及影响因素

（1）维管组织的分化

早期研究发现（Wetmore，1955），丁香的芽可以诱导邻近的组织分化出维管束，后证明这是芽中 IAA 的作用。将一块含有 14C – IAA 和蔗糖的琼胶楔形物插入到愈伤组织切口中，14C – IAA 表明蔗糖和 IAA 通过琼胶扩散到愈伤组织，从而在愈伤组织中造成这两种物质的梯度，在楔形物一颇有同感形成维管束的瘤状物，瘤状物含有一形成层带，一面形成韧皮部，一面形成木质部，与正常的维管束有类似的排列。增加 IAA 的浓度，导致木质部形成，增加蔗糖浓度则导致韧皮部形成。生长素水平恒定时，2% 蔗糖则全部分化出木质部，4% 蔗糖几乎全部分化出韧皮部，3% 蔗糖则可以分化出二者。所以，生长素和蔗糖浓度决定愈伤组织中维管束的类型与数量。

Rier 和 Beslow 进一步报道，蔗糖不仅影响细胞的数目，而且影响其结构。低浓度蔗糖（0.5%）诱导出环纹和梯纹管胞，1.5% ~3.5% 蔗糖诱导出梯纹和网纹细胞。细胞分裂素类对促进木质部形成也有作用。它们使碳水化合物代谢趋向于五碳糖途径，促进木素前体苯丙烷的合成，不同的细胞分裂素作用不同。玉米素 > 激动素 >6 – BA（6 – 苄基腺嘌呤），NAA/激动素的比值为 0.5/20 时有木质部发生和根形成，而比值降为 0.025/0.4 时，只发生木质部而不发生根，赤霉素（GA）、乙烯、脱落酸对木质部发生有抑制作用。

（2）根和芽的分化

外植体诱导出愈伤组织后，经过继代培养，可以在愈伤组织内部形成一类分生组织（meristemoid），即具有分生能较往年小细胞团，然后，再分化成不同的器官原基。有些情况下，外植体不经愈伤组织而直接诱导出芽、根。所以器官发生有两种方式：直接和间接。

器官直接发生方式：外植体→器官发生（根、芽或胚状体）→再生植株。

器官间接发生方式：外植体→愈伤组织→类分生组织→根、芽→再生植株。

根是组织培养中易形成的器官，早在 20 世纪 30 年代，就看到以胡萝卜培养物中根的形成，以后又在多种植物中看到，同一植物不同器官可以诱导出根来：如棉花幼苗子叶、下胚轴切段、油菜叶片、叶柄、下胚轴等，多种植物愈伤组织也易生根。

形成芽的培养基条件常有不同，有时芽与根可以同时在组织培养中形成，一般说，培养物中形成的芽如胡萝卜悬浮培养，油菜愈伤组织等。在组织培养中通过根、芽诱导再生植株方式有 3 种：一种在芽产生之后，于芽形成的基部长根而形成小植株；一种是在根上生长出芽来；第三种是在愈伤组织的不同部位分别形成芽和根，然后两者结合起来形成一株植物。

除营养芽之外，在组织培养中有时也有花芽的形成，如烟草、花生等。也有变态器官的形成，如百合鳞片切块分化出的芽，形成小鳞茎，唐菖蒲茎端可诱导形成小球茎，马铃薯的茎切段可以形成块茎。

植物激素的成分影响着器官建成，Skoog 和 Miller 等所提出的生长素和激动素比例决定根和芽分化的观点，曾被大量的试验结果所证明。

很多禾谷类作物的组织培养中发现，用较高浓度的生长素（2，4－D）诱导形成的愈伤组织，当培养在除去生长素，或适当浓度的活性较低的生长素中时，就可以诱导芽的形成。Nitsch 等用 Linsmaier（LM）培养基附加 $1.0 \sim 5.0 mol \cdot L^{-1} 2，4 - D$ 培养水稻愈伤组织可以生根，一旦转入无生长素的培养基时就能产生芽。Rangan 将小米愈伤组织从含生长素的培养基转移到无生长素的培养基，一个星期内就形成了芽。

但在另一些例子中激素比例控制器官分化的问题则出现完全相反的情况。苜蓿在有 2，4－D 和细胞分裂素的培养基中，可以形成愈伤组织，转入不加以上两种激素的培养基中能分化，但分化的情况与原来的激素比例有关。如果愈伤组织是在高细胞分裂素/生长素比例的培养基中形成的，易于生根，而在高生长素/细胞分裂素比例的培养基中形成的，易于生根，而在高生长素/细胞分裂素比例的培养基中形成的愈伤组织，则易生芽。由此看来，分化与激素的关系同植物的遗传性有着密切的关系，用 5 个品种的烟草做实验，用相同的生长素/细胞分裂素比例，结果有的品种形成很多芽，有的形成很少芽，有的完全不生芽。

培养基的物理因素和外界条件对器官建成有一定影响。固体培养基有利于诱导愈伤组织，而液体培养基有利于细胞和胚状体增殖。蓝光有利于芽的分化，而红光、远红光对芽分化有抑制作用，但促进根分化，紫光对生芽有刺激作用。石刁柏、虎耳草属、凤梨科植物分化前期需要低光强（1 000lx），后期要求高光强（3 000~10 000lx），降低氧浓度促进胡萝卜愈伤组织芽的形成，增加氧浓度促进不定根形成。

3. 胚状体

胚状体是指在组织培养中从一个非合子细胞，通过合子胚相似的胚胎发生过程所形成的胚状结构。从胚状体可以形成完整的植株，这是植株细胞全能性的最强有力的一个证据。

20 世纪 50 年代末期，Steward 等从胡萝卜的韧皮部用液体培养基通过游离细胞的分化，获得了胚状体。据统计，在植物组织培养中具有胚状体分化能力的种子植物已达 117 种，分属 43 科、75 属。

在植物组织组织培养中，诱导胚状体与诱导芽相比较，具有显著的优点：一是数量多，二是速度快，三是成苗率高。由于胚状体具有这些优点，所以在育种工作及园艺工作中，可用胚状体作为特定的优良基因型个体的无性繁殖手段，同时在研究胚胎发育中也有很重要的理论意义。

培养基的激素成分和氮源影响胚状体的发生。有的植物可在无激素培养基上诱导出胚状体，如烟草、曼陀罗、水稻、小麦花药培养；有的植物需要生长素与细胞分裂素的一定比例诱导胚状体，如油茶、酸枣、桃等。石龙芮下胚轴，石刁柏愈伤组织，还有一些植物先在有激素的培养基上，然后转入无激素培养诱导胚状体。有研究证明培养基中还原态氮对胚状体有利，但我国使用的 N5 培养基硝酸盐含量高，也有很好的作用。水解酪蛋白或多种氨基酸对胚状体发生有促进效应。

胚状体的发生还与外植体来源和年龄、培养的时间、植物的遗传型等因素有关。

（三）影响芽分化的因素

1. 生理因素

采用健康、生长旺盛的植株作为外植体来源很重要。然而，有时芽的休眠状况和木本植株的年龄状况对培养基的反应比外植体的健康状况有更为明显的影响。

（1）芽的休眠状况的影响

所有温带的木本多年生植物都显示出芽的季节性活动。顶生芽在春天活动而产生叶；如果植物的顶端优势作用不是很强，腋芽也会产生叶片。晚夏，由于内部变化，芽开始休眠而使分生组织活性下降，这一阶段的休眠是暂时的，只要切下芽转到离体培养条件（如 12h 黑暗和连续 25℃ 恒温）下，休眠很容易解除。到了秋季，由于日照的缩短，植株上芽的休眠变为永久性的。要解除休眠，芽必须要在低温（低于 10℃）下放置一段时间（8 周左右）。因此，要取得良好的分化效果，最好从没有休眠的植株上选取组织或芽进行微繁。

许多热带树木和一些温带树木（如橡胶树），显示出萌发周期，因此，一年中，芽显示出周期性的活动和休眠循环。这一循环受内部机理的调节，因为将植物培养在温室中，也会发生这样的循环。离体节段和顶芽对培养基的反应依赖于芽所处的萌发阶段。在筛选顶芽或节段培养物生长的最佳培养基时，选取处于同一萌发阶段的芽很重要。当芽刚要处于暂时休眠时是取得最佳分化效果的阶段。

（2）幼年和成年的影响

木本植物成年期所处的阶段，也影响组织或芽对培养基的反应。这样，从幼苗或幼年植物上所得的外植体比从较老植物上取得的外植体更易于分化。幼苗或幼年树木作为外植体时，茎尖和节段也会比较容易形成不定芽或根。这种不同的反应是由于幼年和成年植物不同的生理反应而引起的。这一生理现象不利于森林树种的繁殖，因为在木本植物中选择的优良性状，只有当树木经过幼年生长阶段到成年，并生长良好时才能显示出来，而当树木进入到成年后，在这些个体中采集外植体进行组培繁殖就比较困难了。

为了克服这种问题，较老组织的成熟状况可以通过剧烈的修剪和不断地将成年植株幼枝的芽嫁接到幼苗的根茎而逆转。再次长出的芽比较年幼，可以作为愈伤组织培养或茎尖或节段的外植体。从成年组织上获得的腋生芽的不断转接也会提高腋生苗的生根能力。

另一种方法是为这些成年个体复杂的多基因性状建立分子标记，如抗疾病和抗虫害、高度、木材质量、生长率以及对环境胁迫的抗性等性状。而后，可以在年幼的子代个体中监测这些标记，携带有特定性状标记的幼年植株可以通过标准的微繁技术很容易地繁殖起来。分子标记利用由限制片断多态性（RFLP），随机扩增片断多态性（RAPD）和卫星分析得到的与特定性状相关的染色体带型。如果选择在苗期或幼年期，而不是在成年期进行优良单株的选择，可以节省许多年的时间。

由培养细胞再生完整的植株有两种不同的方式：或是通过茎芽的分化，或是通过体细胞胚胎的发生。根据可见的形态差异可把茎芽与体细胞胚区别开来。前者是一种单极性结构，里面长出原形成层束，与原先存在与愈伤组织或外植体中的维管组织连接在一起。与此相反，体细胞胚是一个双极性结构，胚根的顶端是封闭的。此外，一般认为，体细胞胚是由单细胞起源的，并且与母体愈伤组织或外植体无维管束相连。但对这种见解近来已有人提出异议，认为体细胞胚也可能起源于 1 个以上的细胞。

2. 化学因素

在有关组织培养的早期文献中，就已涉及了培养组织中茎芽分化问题。这里列出某些关于诱发器官方面的内容如下。

（1）生长素。在用生长素预培养之后，去除生长素或降低生长素浓度，有利于根的发生。

（2）生长素与细胞分裂素的比例。生长素与细胞分裂素的比例高时，利于根形成，反之，则有利于茎芽的发生。

（3）植物激素的绝对浓度。依据生长素和细胞分裂素的性质，不同种类生长素和分裂素的组合比例，对诱导茎芽或根发生的情况不一样。

（4）其他的植物激素对器官发生也有一定作用。在一些难以形成茎芽的组织中，可用脱落酸代替激素而诱发茎芽；有时因赤霉素影响了碳代谢反而会抑制器官形成。

（5）还原氮。Halperia 证实还原氮存在时利于胚的形成，不存在时利于根的形成，两者的发育途径迥然不同。

然而，有计划地在离体条件下进行芽和根的诱导，是通过调整培养基中 IAA 和腺嘌呤或激动素之间的平衡关系，在一定程度上随意诱导这两种器官的分化之后才开始的。器官形成是由参与生长和发育的物质之间在数量上的相互作用，即物质之间的比例关系决定的，而不是由这些物质的绝对浓度确定的。

激动素的效力比腺嘌呤大 3 万倍。腺嘌呤和激动素促进茎芽分化的作用可以被培养基中其他化合物，特别 IAA 和 NAA 所改变。生长素能抑制芽的形成，当与激动素或腺嘌呤结合使用时，生长素可以抵消它们促进茎芽形成的作用。要抵消 1 个分子 IAA 对茎芽的抑制作用，需要有 15 000 个分子的腺嘌呤或 2 个分子的激动素。在结合使用时，若 IAA 的浓度较高，则有利于细胞的增殖和根的分化；若腺嘌呤或激动素的相对浓度较高，则促进芽的发化。因此，根 – 芽的分化情况是 IAA 和激动素之间数量相互作用的一个函数。存在于这两类植物激素之间的这种互作关系可见于若干组织系统中。提高培养基中 PO_4^{3-} 的水平可以抵消 IAA 对芽分化的抑制作用。因此，无论腺嘌呤或激动素存在与否，都能促进芽的分化。水解酪蛋白能加强激动素诱导芽分化的作用，特别是当有高水平 IAA 存在时更是如此。当培养基中只有 IAA 一种激素单独存在时，水解酪蛋白也能促进根的生长。酪氨酸可以相当有效地代替酪蛋白的作用。

在许多物种中，细胞分裂素都能显示其促进芽分化的作用。然而，在这一过程中，对外源生长素和细胞分裂素的要求因组织种类而异。这取决于在该种组织中这两种激素的内生水平。旋花属观赏植物的单细胞组织无性系，虽然在完全不含生长激素的培养基中也能分化茎芽，但加入 IAA 或激动素则能促进茎芽的形成。不过 IAA 只有在浓度很低时（$10^{-7}\,mol \cdot L^{-1}$）才能表现这种促进作用，激动素则直到浓度为 $10^{-5}\,mol \cdot L^{-1}$ 时还能表现促进作用。当 IAA（$10^{-7}\,mol \cdot L^{-1}$）和激动素（$10^{-5}\,mol \cdot L^{-1}$）结合使用时，芽的分化频率最高。

与上述关于生长素和细胞分裂素的相对浓度决定器官分化的概念相反，Mayer

（1956）和 Stichel（1959）提出了这样的观点，认为不是腺嘌呤和生长素的比例，而是生长素（NAA）的浓度，在器官发生中是最为重要。他们发现在仙客来属植物块茎的组织培养中，是腺嘌呤的浓度决定了形成器官的数目，所形成的器官的类型（根或芽）完全是由生长素（NAA）的浓度决定的。

除激动素以外，其他几种细胞分裂素，即 BAP、2ip 和玉米素等在茎芽诱导中有着重要的作用，其中 2ip 在通常情况下是最为有效的。但是不能把这个结论普遍化。例如：对一种杂种柳树和白三叶草茎芽的增殖来说，2ip 被证明是完全无效的，而 BAP 的效果却很好。在三叶草中，无论是高压灭菌的还是过滤灭菌的 2ip，都不能诱导任何的茎芽增殖。

在大多数禾谷类植物中，当把愈伤组织由含有 2，4 – D 的培养基转移到不含 2，4 – D 的培养基或含有 IAA 或 NAA 的培养基上以后，就会出现器官发生的现象。然而，这些愈伤组织究竟是形成芽还是形成根，则取决于该组织的内在能力。这是一个两步的过程：第一步，在含有 2，4 – D 和激动素的培养基上建立和保存愈伤组织；第二步，把愈伤组织切成小块，转移到无激素培养基上，与禾本科植物不同的是，在苜蓿中，通过调节在第一种培养基，即"诱导培养基"或"分化培养基"，来决定形成的器官的类型；当 2，4 – D 对激动素的比例较高时，有利于茎的形成；而当激动素对 2，4 – D 的比例较高时，有利于根的形成。更有意思的是，对于决定当转移到再生培养基中以后形成器官的性质来说，在诱导培养基中最后 4d 之内的激动素比例是个关键。

在紫雪花、秋海棠中，赤霉素对于茎芽的分化有抑制作用，若把正在分化的愈伤组织在黑暗条件下以 GA3 处理，时间即使短至 30 ~ 60min，也会减少芽的分化，而且在处理之后 48h，所有的拟分生组织或茎芽全都不复存在。赤霉素的这种作用在拟分生组织形成时期最为明显，一旦茎已经形成，GA3 并不能抑制他们的进一步生长。GA3 的完全抑制作用只发生在黑暗条件下。

烟草组织含有赤霉素类似物质，并能代谢外源赤霉素。Thorpe（1978）认为，在烟草中赤霉素可能参与芽的形成过程，而外源赤霉素所表现抑制作用，可能是因愈伤组织本身合成的这种激素在数量上对于器官发生过程是最适宜的。按照这个理论，在菊属和拟南芥属植物中，加入赤霉素所以能促进分化，必然是由于这种激素的内生水平低于最适值。另一方面，在甘薯中脱落酸所以能促进芽的分化，可能是由于内生赤霉素的数量超过了最适水平。在一个无毒性的水平（10^{-6}mol · L^{-1}）上，脱落酸能部分地克服在烟草中由 GA_3 引起的对芽的抑制作用。

烟草燃烧时产生的烟中含有一些成分，如苯并芘等，据报道它们在单倍体烟草愈伤组织的茎芽分化过程中能取代激动素的作用。然而令人不解的是，这些化合物对于二倍体烟草组织茎芽的诱导却完全无效。

尽管在烟草中对器官形成能够进行有效地化学控制，而且这种方法对其他若干种植物也同样适用，但现在还难以提出一个对所有物种都普遍适用的公式。如前所述，不同组织在茎芽分化过程中对生长素和（或）细胞分裂素的要求是不同的，所要求的水平取决于这两种物质的内生水平。有很多种植物组织在培养中不能形成茎芽。那么是这些组织具有某些特殊的要求迄今还没有得到满足呢，还是它们缺少茎芽分化的遗传潜力？看来前一种可能性较大，因为在某些很难形成茎芽的组织中，如破例采用一些不常用的物质，如脱落酸、2，3，5 – 三碘苯甲酸（0.02μmol·L^{-1}）、卡那霉素（2.5 ~ 20μmol·L^{-1}）以及生长素合成抑制剂 7 – 氮 – 吲哚（或 5 – 羟基）硝基苯酰溴（0.01 ~ 0.1mg·L^{-1}）等，就有可能诱导或促进茎芽的形成。此外，在过去被认为不能诱导茎芽分化的单子叶植物中，现在已有越来越多的物种证明能够分化茎芽。

3. 物理因素

White（1939）报道，在固体培养基上，粉蓝烟草×南式烟草的组织培养物以一种完全无结构的状态生长，但在成分相同的液体培养基中，则能形成茂密的茎芽。这个报告后来虽然被 Skoog（1944）所证实，但 Dougall 和 Shimbayashi（1960）却观察到，在以 1% 琼脂固化的培养基上，烟草组织培养物形成了大量的茎芽，而生长成分相同的液体培养基上表现的组织却很少分化茎芽。在培养烟草组织薄层时，随着培养基中琼脂浓度的变化，形态发生的方式出现了令人惊异的改变。当琼脂为 1% 时，只能形成花；随着琼脂浓度的下降，花的形成频率减少，营养芽的分化出现。在液体培养基中，这种组织则只能愈伤化和分化营养芽。

在由一个双单倍体马铃薯品种叶肉原生质获得的愈伤组织中，只有在培养基里加入 0.2 ~ 0.3mol·L^{-1} 甘露醇以使渗透压保持在一定水平时，才能出现茎芽的分化。否则愈伤组织不能变绿，而愈伤组织变绿是芽分化的前提。

高强度的光照对烟草茎芽的形成有抑制作用。类似的反应也可见于三叶属植物组织培养中，天竺葵愈伤组织只有在光照和黑暗周期交替（15 ~ 16h 光照最好）条件下才能分化茎芽，培养在连续光照下的愈伤组织总是白色的，不表现器官发生现象。光的质量对器官分化也有影响。在烟草中蓝光能促进茎芽的分化，红光能刺激生根。

Skoog（1944）研究了在 5 ~ 33℃ 的范围内温度对烟草愈伤组织生长和分化的影响，发现直到 33℃ 时愈伤组织的生长都随温度的上升而增加，但只有在 18℃ 时最适合茎芽的分化，在 33℃ 时不能形成茎芽。然而，在亚麻下胚轴节段的培养中，较高的温度（30℃）对茎芽的分化更为理想。

在组织培养中对器官分化有明显影响的其他因子包括：培养材料的染色体组，供体植株和外植体的生理状态，外植体的细胞发育状态，培养物的历史以及内生激素水平。

八、生根培养

当材料增殖到一定数量后，就要使部分培养物分流到生根培养阶段。若不能及时将培养物转到生根培养基上去，就会使久不转移的苗子发黄老化，或因过分拥挤而使无效苗增多造成抛弃浪费。根培养是使无根苗生根的过程，这个过程目的是使生出的不定根浓密而粗壮。生根培养可采用 1/2 或者 1/4MS 培养基，全部去掉细胞分裂素，并加入适量的生长素（NAA、IBA 等）。诱导生根方法如下：

（1）将新梢基部浸入 50×10^{-6} 或 100×10^{-6} IBA 溶液中处理 4 ~ 8h。

（2）在含有生长素的培养基中培养 4 ~ 6d。

（3）直接移入含有生长素的生根培养基中。上述 3 种方法均能诱导新梢生根，但前两种方法对新生根的生长发育则更为有利。而第三种对幼根的生长有抑制作用。其原因是当根原始体形成后较高浓度生长素的继续存在，则不利于幼根的生长发育。不过这种方法比较可行。

（4）延长在增殖培养基中的培养时间。

（5）有意降低一些增殖倍率，减少细胞分裂素的用量（即将增殖与生根合并为一步）。

（6）切割粗壮的嫩枝在营养钵中直接生根，此方法则没有生根阶段。可以省去一次培养基制作，切割下的插穗可用生长素溶液浸蘸处理，但这种方法只适于一些容易生根的作物。

（7）少数植物生根比较困难时，则需要在培养基中放置滤纸桥，使其略高于液面，靠滤纸的吸水性供应水和营养，从而诱发生根。从胚状体发育成的小苗，常常有原先已分化的根，这种根可以不经诱导生根阶段而生长。但因经胚状体途径发育的苗数特别多，并且个体较小，所以也常需要一个低浓度或没有植物激素的培养基培养的阶段，以便壮苗生根。

九、试管苗移栽

驯化试管苗移栽是组织培养过程的重要环节，这个工作环节做不好，就会造成前功尽弃。为了做好试管苗的移栽，应选择合适的基质，并配合以相应的管理措施，才能确保整个组织培养工作的顺利完成。

试管苗由于是在无菌、有营养供给、适宜光照和温度近100%的相对湿度环境条件下生长的，因此，在生理、形态等方面都与自然条件生长的正常小苗有着很大的差异。所以必须通过炼苗，如通过控水、减肥、增光、降温等措施，使它们逐渐地适应外界环境，从而使生理、形态、组织上发生相应的变化，使之更适合于自然环境，只有这样才能保证试管苗顺利移栽成功从叶片上看，试管苗的角质层不发达，叶片通常没有表皮毛，或仅有较少表皮毛，甚至叶片上出现了大量的水孔，而且，气孔的数量、大小也往往超过普通苗。由此可知，试管苗更适合于高湿的环境生长，当将它们移栽到试管外环境时，试管苗失水率会很高，非常容易死亡。因此，为了改善试管苗的上述不良生理、形态特点，则必须经过与外界相适应的驯化处理另外，对栽培驯化基质要进行灭菌，因为试管苗在无菌的环境中生长，对外界细菌、真菌的抵御能力极差。为了提高其成活率，在培养基质中可掺入75%的百菌清可湿性粉200～500倍液，以进行灭菌处理。通常采取的措施有：对外界要增加湿度、减弱光照；对试管内要通透气体、增施二氧化碳肥料、逐步降低空气湿度等。

1. 移栽用基质

适合于栽种试管苗的基质要具备透气性、保湿性和一定的肥力，容易灭菌处理，并不利于杂菌滋生的特点，一般可选用珍珠岩、蛭石、沙子等。为了增加黏着力和一定的肥力可配合草炭土或腐殖土。配时需按比例搭配，一般用珍珠岩，蛭石，草炭土或腐殖土比例为1：1：0.5。也可用沙子：草炭土或腐殖土为1：1。这些介质在使用前应高压灭菌。或用至少3h烘烤来消灭其中的微生物。要根据不同植物的栽培习性来进行配制，这样才能获得满意的栽培效果。以下介绍几种常见的试管苗栽培基质。

（1）河沙。河沙分为粗沙、细沙两种类型。粗沙即平常所说的河沙，其颗粒直径为 $1 \sim 2$ mm。细沙即通常所说的面沙，其颗粒直径为 $0.1 \sim 0.2$ mm。河沙的特点是排水性强，但保水蓄肥能力较差，一般不单独用来直接栽种试管苗。

（2）草炭土。草炭土是由沉积在沼泽中的植物残骸经过长时间的腐烂所形成，其保水性好，蓄肥能力强，呈中性或微酸性反应，但通常不能单独用来栽种试管苗，宜与河沙等种类相互混合配成盆土而加以使用。

（3）腐殖土。腐殖土是由植物落叶经腐烂所形成。一种是自然形成，一种是人为造成，人工制造时可将秋季的落叶收集起来，然后埋入坑中，灌水压实令其腐烂。翌年春季将其取出置于空气中，在经常喷水保湿的条件下使其风化，然后过筛即可获得。腐叶上含有大量的矿质营养、有机物质，它通常不能单独使用。掺有腐殖土的栽培基质有助于植株发根。

2. 移栽前的炼苗

移栽前可将培养物不开口移到自然光照下锻炼 $2 \sim 3$ d，让试管苗接受强光的照射，使其长得壮实起来，然后再开口炼苗 $1 \sim 2$ d，经受较低移栽和幼苗的管理。

湿度的处理，以适应将来自然湿度的条件。从试管中取出发根的小苗，用自来水洗掉根部黏着的培养基，要全部除去，以防残留培养基滋生杂菌。但要轻轻除去，应避免造成伤根。栽植时用一个筷子粗的竹签在基质中插一小孔，然后将小苗插入，注意幼苗较嫩，防止弄伤，栽后把苗周围基质压实，栽前基质要浇透水。栽后轻浇薄水。再将苗移入高湿度的环境中。保证空气湿度达 90% 以上。

（1）保持小苗的水分供需平衡。在移栽后 $5 \sim 7$ d 内，应给予较高的空气湿度条件，使叶面的水分蒸发减少，尽量接近培养瓶的条件，让小苗始终保持挺拔的状态。保持小苗水分供需平衡首先营养钵的培养基质要浇透水，所放置的床面也要浇湿，然后搭设小拱棚，以减少水分的蒸发，并且初期要常喷雾处理，保持拱棚薄膜上有水珠出现。当 $5 \sim 7$ d 后，发现小苗有长趋势，可逐渐降低湿度，减少喷水次数，将拱棚两端打开通风，使小苗适应湿度较小的条件。约 15 d 以后揭去拱棚的薄膜，并给予水分控制，逐渐减少浇水，促进小苗长得粗壮。

（2）防止菌类滋生。由于试管苗原来的环境是无菌的，移出来以后难以保持完全无菌，因此，应尽量不使菌类大量滋生，以利成活。所以应对基质进行高压灭菌或烘烤灭菌。可以适当使用一定浓度的杀菌剂以便有效地保护幼苗，如多菌灵、托布津，浓度 $800 \sim 1\,000$ 倍，喷药宜 $7 \sim 10$ d 一次。在移苗时尽量少伤苗，伤口过多，根损伤过多，都是造成死苗的原因。喷水时可加入 0.1% 的尿素，或用 1/2MS 大量元素的水溶液作追肥，可加快苗的生长与成活。

（3）一定的温、光条件。试管苗移栽以后要保持一定的温光条件，适宜的生根温度是 $18 \sim 200$ ℃，冬春季地温较低时，可用电热线来加温。温度过低会使幼苗生长迟缓，或不易成活。温度过高会使水分蒸发，从而使水分平衡受到破坏，并会促使菌类滋生。

另外，在光照管理的初期可用较弱的光照，如在小拱棚上加盖遮阳网或报纸等，以防阳光灼伤小苗和增加水分的蒸发。当小植株有了新的生长时，逐渐加强光照，后期可直接利用自然光照。促进光合产物的积累，增强抗性，促其成活。

（4）保持基质适当的通气性。要选择适当的颗粒状基质，保证良好的通气作用。在管理过程中不要浇水过多，过多的水应迅速沥干，以利根系呼吸。

综上所述，试管苗在移栽的过程中，只要把水分平衡、适宜的介质、控制杂菌和适宜的光、温条件控制好，试管苗是很容易移栽的。

第三节　植物体细胞突变体技术

一、植物体细胞突变体的概念

Larkin 等（1981）提出"体细胞无性系"（Somaclones）一词来概括一切由植物的体细胞再生的植株，并把再生植株具有的与亲本植株不同特性的现象，称作"体细胞无性系变异"。体细胞无性系变异是除有性杂交和理化诱变之外的第三个变异来源，变异范围较广泛，单基因或少数基因变异的情况较多，因而具有稳定的遗传基础。植物组织及细胞培养过程中会出现广泛的变异，其变异频率远高于自然突变。在植物组织及细胞培养过程中，目的性的加入非生物因子的胁迫诱导，使体细胞发生各种可遗传的变异，将变异细胞系培养转化成完整植株，进而育成新的品种。

二、植物体细胞突变体的优点

与传统的育种方法相比，体细胞突变体筛选具有突出的优点，一是高效，在离体培养过程中进行选择，可以省去大量的田间工作，节约人力和土地，又不受生长季节限制，选择效率高。二是定向培育，由于可在培养过程中给予培养材料一定的选择压力，如盐类、病菌毒素、除草剂等，使非目标变异体在再培养过程中被淘汰，而符合人们要求的变异体得以保留和表现，起到定向培育作用。当前在植物上，体细胞突变体筛选技术研究主要集中在抗病、抗盐、抗除草剂、抗低温、高温等逆境胁迫的突变体筛选。

三、植物体细胞突变体国内外研究进展

关于植物体细胞抗寒突变体诱导、筛选及其遗传稳定性的研究已有报道。Lazar 等（1988）在没有选择压的前提下获得了更抗寒的冬小麦体细胞无性系变异体，增强的抗寒性能稳定遗传给后代；Kendall 等（1990）和 Galiba 等（1989）利用低温选择小麦愈伤组织获得抗寒变异植株，其抗寒性能通过有性杂交途径遗传给子代。金润洲等（1991）将水稻愈伤组织在 15℃下继代 3 个月，获得了耐冷突变体。翟国堂（1996）则以 4℃为选择温度，从 4 个水稻品种的 360 块愈伤组织中获得 4 个耐寒变异株系。Bertin 等（1997）也以 4℃低温为选择压，从 4 个水稻品种中获得了耐寒突变体。进一步研究表明，在 5～10℃低温下，所有的耐寒突变体的存活率均与原品种差异显著。

关于植物体细胞抗盐和抗病虫害突变体诱导、筛选的研究报道的较多。通过在富含 NaCl 或其他盐的培养基上的选择，已经在许多作物上获得了稳定表达耐盐性增强的体细胞无性系变异，如苜蓿（*Medica gosativa*）（Winicov，1991）、水稻（*Oryza sativa*）

（Winicov，1996；Oono 等，1987；Lutts 等，1999；贺道耀等，1995；李海民等，1987）、高粱（*Sorghum bicolar*）（Bhaskaran 等，1986）、结缕草（柴明良等，2005）。但在草坪草上研究体细胞无性系的报道也不多。许多病菌在侵染植物后除了摄取植物体营养外，分泌毒素对植物造成危害，因此在实践中常以病菌的活菌或病菌毒素作为选择剂，已获得多例抗细菌病细胞突变体。如胡含等（1990）以稻瘟病菌毒素为筛选压，从感病品种"原丰早"和"广陆矮"4 号种子愈伤组织中获得了抗稻瘟病突变体，其抗性可以稳定遗传。陈启锋等（1993）得到 12 个高抗和 1 个抗稻瘟病丰产稳定株系。孙立华等（1986）以活体白叶枯病病菌为筛选压从感病品种"南粳 34""中国 91"等品种的体细胞无性系变异后代中筛选到抗白叶枯病突变体。刘成运等（1994）以白叶枯病菌毒素为选择压，获得了抗白叶枯病突变体。Croughan 等（1994）在狗牙根栽培品种 Brazos 愈伤组织再生的植株中筛选出抗秋季黏虫的新的栽培品种 Brazos – R3。卢少云等（2003）从三倍体的狗牙根匍匐茎的愈伤组织再生的植株中筛选出矮化的变异。目前，体细胞无性系变异被认为是引起植物产生变异的一个新的重要来源。

四、植物体细胞突变体材料的选择

首先，应该选用再生能力强的材料；其次，选用优良的、仅少许性状需要改进的基因型；最后，选用染色体数稳定的细胞系。从理论上讲，单倍体材料是较理想的，它不仅对筛选隐性突变体有利，而且，对显性突变体的选择也具有意义；另外，单倍性材料还能通过加倍形成纯合二倍体，但其遗传不稳定也影响了它的使用。对只在细胞水平上表达的遗传变异表型，若为显性时，单倍性就没有什么意义，甚至，多倍性培养物更为有利，因为它可以几乎通过每个细胞相对基因扩增来提高筛选出突变性状的机会。此外，在离体条件下，比单倍体倍性高的细胞培养物具有更大的遗传稳定性，因此，实际上用这样的细胞系更为方便。

五、植物体细胞突变体材料的种类

目前，用于分离突变体细胞材料的种类有愈伤组织培养物、细胞培养物、原生质体培养物等。它们各有优缺点。愈伤组织是分离突变体的最简单的细胞材料，采用最初的新鲜愈伤组织，比培养周期较长的细胞培养物和原生质体培养物，也有其独特的优势，那就是由于培养周期短，可减少染色体遗传不稳定性以及发生遗传变异的频率。但是，愈伤组织培养物具有许多不利因素，如由于处于表面的少部分细胞材料能够直接接触到培养基中的选择压力，从而使大部分细胞可能逃避选择压力的作用；已死的或将死的组织块中的个别抗性细胞，可能由于周围生理生化障碍，限制了它分裂产生新细胞团的能力，由于交叉饲养作用，有可能出现抗性表型的假象，物理或化学诱变剂的作用同样也不可能达到均一。因此，用愈伤组织培养物进行筛选并不是一种适宜的细胞材料．但从育种实践角度看，细胞培养物在离体选择中也是十分有用的，这是因为它由少数细胞集合而成，而且在液体培养中常以单个细胞存在，因此，可以部分或基本弥补愈伤组织材料的不足。从理论上讲，原生质体培养物是用于筛选的最理想的细胞材料，其优点是，它们为严格的微生物体系，每个原生质体可以为植板，形成一个可供选择的克隆，而这些原生质体中产生的克隆是非嵌合的，它克服了愈伤组织和细胞培养物的不利因素，但对于需要大量细胞的选择性状，原生质体可能不适宜。另外，对于大多数物种来说，原生质体分离和培养技术尚不完善，不能普遍采用，因此，愈伤组织是目前普遍采用的分离突变体的细胞材料。

六、体细胞突变体的筛选方法

1. 抗低温突变体的筛选

耐低温方面，金润洲等（1991）将水稻愈伤组织在15℃下继代3个月，获得了耐冷突变体。翟国堂（1996）则以4℃为选择温度，从4个水稻品种的360块愈伤组织中获得4个耐寒变异株系。Bertin 和 Bouharmont（1997）也以4℃低温为选择压，从4个水稻品种中获得了耐寒突变体。进一步研究表明，在5～10℃低温下，所有的耐寒突变体的存活率均与原品种差异显著。

2. 抗病变体的筛选

许多病菌在侵染植物后除了摄取植物体营养外，分泌毒素对植物造成危害，因此在实践中常以病菌的活菌或病菌毒素作为选择剂，已获得多例抗细菌病细胞突变体。如胡含等（1990）以稻瘟病菌毒素为筛选压，从感病品种"原丰早"和"广陆矮"4号种子愈伤组织中获得了抗稻瘟病突变体，其抗性可以稳定遗传。陈启锋等（1993）得到12个高抗和1个抗稻瘟病丰产稳定株系。孙立华等（1986）以活体白叶枯病病菌为筛选压从感病品种"粳34""中国91"等品种的体细胞无性系变异后代中筛选到抗白叶枯病突变体。刘成运等（1994）以白叶枯病菌毒素为选择压，获得了抗白叶枯病突变体。

3. 抗盐突变体的筛选

抗盐突变体筛选时常以 NaCl 作为选择剂，选择的方法有两种，第一种是将愈伤组织直接置于含有高浓度 NaCl（1.5%～2.0%）的培养基上，筛选出少量存活的愈伤组织，在无 NaCl 的培养基中恢复1～2代后，再转入较高浓度 NaCl（1.0%）的培养基中培养数代，即可获得耐盐愈伤组织。第二种方法是从0.2%到2.5%逐级提高 NaCl 浓度，在每级培养基上培养一代至数代，最终获得不同抗盐水平的变异系。Oono 等（1978）获得了耐1% NaCl 的细胞系及耐性可以稳定遗传的再生水稻植株。Lutts 等（1999）从盐敏感水稻品种"Kong Pao"的再生植株中鉴定出耐盐突变体。利用氨基酸（脯氨酸）类似物为选择因子同样有可能获得耐盐突变体，如贺道耀等（1995）以羟基脯氨酸（Hyp）为选择压，通过多次选择，从水稻"双丰早"的体细胞无性系变异后代中获得耐盐突变体，其脯氨酸含量为原品种的2.6倍。耐金属离子方面，李海民等（1987）通过花药培养获得了3个水稻耐镉突变体，且耐性可以稳定遗传。Sint Jan 等（1997）通过在继代培养基上添加250～1 000 μmol·L^{-1} 铝离子的方法，获得耐铝突变体。

七、植物体细胞突变体的鉴定

在选择培养基上获得的细胞并不一定是突变细胞，其中某些可能是生理适应的细胞或组织，因此要进行突变系鉴定。常用的鉴定方法是让细胞或组织在没有选择剂的培养基上继代几次，再转至选择培养基上，如仍然表现抗性，则可认为是突变细胞或组织。对突变细胞再生植株，使其开花结实，进一步鉴定，其抗性是否可以遗传给后代。细胞学、酶学和分子生物学技术等为突变体的鉴定提供了更为快捷、有效的方法。陈受宜等（1991）、杨长登等（1996）用 RELP 技术对水稻耐盐突变体进行分析，检测到与耐盐相关的基因位点。

八、植物体细胞突变体的前景展望

1. 变异来源

组织培养产生的变异十分丰富，根据变异来源可能包括三类。第一类是染色体结构和数量的变异，在组织培养过程中，由于细胞分裂繁殖的速度快，导致异染色质复制落后，结果引起在分裂后期形成染色体桥及断裂，也可能由于染色体复制完成而不能及时分配到子细胞中而使染色体数目增加，形成多倍体。如张灵南等在组织培养水稻单倍体水稻幼穗过程中，发现后代出现了单倍体、二倍体和四倍体。第二类是基因突变，基因突变被认为是引起体细胞无性系变异的重要来源。根据变异性状的基因作用对数不同，可分为单基因、双基因和多基因变异。亦可据基因的显、隐性将无性系变异分为显性突变和隐性突变。除了核基因突变，细胞质基因也可能发生突变。第三类是反转录转座子的激活。转座子（transposon）是存在于染色体 DNA 上可自主复制和位移的基本单位，转座子的激活可能起源于染色体断裂和重排及碱基去甲基化等。转座子一被激活可能会使核及细胞质基因发生一系列明显变化，因此，转座子是引起体细胞无性系变异的另一重要原因。

2. 变异体中存在大量生理适应的细胞和组织

在低水平的选择压力下利于形成生理适应性细胞，而不利于突变细胞的产生，选择压力必须达到足以抑制绝大多数细胞分裂和生长的程度。在含盐培养基中正常细胞几乎不能生长、分裂的情况下，才有可能筛选出突变的细胞。一些研究证明经过系列浓度 NaCl 胁迫筛选到的耐盐植株大多属生理适应性，直接高盐胁迫下筛选到的耐盐植株才有可能为真正的耐盐突变体。Toyoda 等（1989）用番茄的叶片为外植体诱导愈伤组织，在培养基中接番茄细菌性枯萎病病菌（Pseudomomonas solanacearum），以病菌产生的毒素作为选择压力，成功地获得了番茄抗细菌性枯萎病的植株，植株的自交后代仍然保持抗性。但也有不同的结果，周荣仁等（1993）将能耐 2.0% NaCl 的愈伤组织在 2.0% NaCl 的培养基中继代 29 次后，再移入无盐培养基中，20 代后，发现它们不能保持提高了的耐盐性，分别退化到只能耐 1.5% NaCl 和 1.0% NaCl 的水平；而耐 2% NaCl 的愈伤组织产生的再生植株的自交后代，其萌发种子、幼苗及成长植株均未能表现出抗盐性，认为这种抗盐性的提高属于生理适应性。

3. 突变细胞系的分化能力下降

筛选体细胞突变体往往需要进行反复继代培养，而反复继代培养的结果使某些植物的细胞或组织的植株再生能力下降，因此，建立长期保持高频率分化能力的无性系成为体细胞突变体筛选育种的关键环节。总之，随着现代在细胞学、分子生物学技术手段不断提高，进一步搞清变异体表现型发生的原因、性质及其内在遗传传递规律基础上，突变体筛选在作物育种中才能发挥更大的作用。

第四节　植物脱毒技术

一、常见植物病毒及其引起的症状

很多植物体内都带有植物病毒，由于人类视觉所限，形体越小的生物就越不易被发现，所以病毒的发现比其他生物要晚得多。直到19世纪末期，德国的A. Mayer发现烟草上出现深浅相间的绿色条纹，称之为烟草花叶病，并证实其具有传染性；后经俄国植物病理学家D. Ivanowski对烟草花叶病病原进行研究，认为它是由一种极小的"细菌"引起的；最终由荷兰人M. W. Beijerinck首先提出烟草花叶病病原是一种"传染性的活性液体"或称"病毒"。此后，许多学者陆续发现了各种植物病毒。1935年美国人Stanley和Bawden揭示了烟草花叶病毒的化学本质不是纯蛋白而是核蛋白；1940年德国的Kausche等首次在电镜下视察到烟草花叶病毒的杆状外形。由此，病毒研究进入了更深入的领域。目前，人们不但能在实践生产中有效地防治病毒的侵染，而且能利用病毒作为遗传工程的载体改造植物。

1. 植物病毒的类型

植物病毒大部分属于单链RNA病毒，少数为DNA病毒。其基本形态有杆状、丝状和等轴对称的近球形二十面体。植物病毒虽是严格的细胞内寄生物，但专一性并不强，往往一种病毒可寄生在不同种、属甚至不同科的植物上。如烟草花叶病毒能侵染十多个科，200多种草本和木本植物。

已知的植物病毒种类有600多种，绝大多数种子植物易发生病毒病。植物被病毒感染后，一般表现出三类症状：①因寄主细胞的叶绿素或叶绿体被破坏，使植物出现花叶或黄化病症；②阻碍植株发育，使植株发生矮化、丛枝或畸形等；③杀死植物细胞使植株出现枯斑或坏死。

2. 植物病毒对植物的侵染途径

由于植物病毒一般无专门吸附结构，而且植物细胞表面至今也未发现有病毒特异性受体部位，因而植物病毒的侵染途径主要是通过伤口。如：①借昆虫刺吸式口器损伤植物而侵入细胞；②借带病汁液与植物伤口相接触而侵入；③借人工嫁接时的伤口而侵入。植物病毒侵入植物细胞后，病毒按其各自的核酸类型进行复制。其增殖过程因病毒类型不同其细节也很不相同，但步骤大致相似。

3. 病毒引起植物的症状

植物病毒引起植株的症状是各异的，在观赏植物上由病毒引起外部症状主要有以下几种：

（1）变色：褪绿、黄化、花叶、斑驳、红叶等，常见病毒有香石竹斑驳病毒、黄瓜花叶病毒、芋花叶病毒等。

（2）坏死：常见的坏死是病斑或斑点。有轮斑、环斑、条斑、条纹等。如香石竹坏死斑点病毒、凤仙花坏死斑点病毒草等。

（3）畸形：植株可出现矮缩、矮化或叶片皱缩、卷叶、蕨叶等病状。

（4）萎蔫：主要是指植物根或茎的维管束组织受到破坏而发生供水不足所出现的凋萎现象。

二、植物脱毒的理论依据

1. 茎尖脱毒的原理

植物病毒在寄主体内分布不均匀。怀特（1943）和利马塞特·科纽特（1949）发现，植物根尖和茎尖部分病毒含量极低或不能发现病毒。植物组织内的病毒含量随与茎尖相隔距离加大而增加。究其原因可能有4个方面：①一般病毒顺着植物的微管系统移动，而分生组织中无此系统；病毒通过胞间连丝移动极慢，难以追上茎尖分生组织的活跃生长；②活跃生长的茎尖分生组织代谢水平很高，致使病毒无法复制；③植物体内可能存在"病毒钝化系统"，而在茎尖分生组织内活性应最高，钝化病毒，使茎尖分生组织不受病毒侵染；④茎尖分生组织的生长素含量很高，足以抑制病毒增殖。

2. 高温脱毒原理

植物组织处于高于正常温度的环境中，组织内部的病毒受热以后部分或全部钝化，但寄主植物的组织很少或不会受到伤害。但每种植物都有其临界温度范围，超过这一临界范围或在此范围内处理时间过长，都会导致寄主植物组织受伤。

3. 超低温脱毒原理

含有病毒的顶端细胞的液泡较大，胞液中含有的水分也较多，在超低温保存过程中易被形成的冰晶破坏致死，而增殖速度较快的分生组织含的水分少，胞质浓，抗冻性强，不宜被冻死。光学显微镜观察显示，液氮中的超低温能杀死含较大液泡的细胞，而保存液泡小的顶端分生组织细胞。这样超低温处理过的植株再生后可能是无病毒的。

4. 化学疗法脱毒原理

许多化学药品（包括嘌呤、嘧啶类似物、氨基酸、抗菌素等）在植物体内和植物叶片内，进行其抑制病毒的增殖或使之不活化的测定，在某种程度上抑制了病毒的增殖或不活化。整株植物用化学疗法不能除去病毒，但离体培养和原质体培养效果明显。

5. 愈伤培养脱毒原理

从感染组织诱发的愈伤组织，不是所有的细胞都带有病毒，感染愈伤组织分化出的无病毒植株，也证明一些愈伤组织细胞实际上并不含有病毒。原因是病毒复制与细胞增殖不同步；同时发生变异的一些细胞获得对病毒感染的抗性，抗性细胞与敏感细胞共同存在于母体组织之中，由此分化出的植株也就有部分是无病毒植株。

6. 珠心胚培养原理

具有多胚性的种子（如柑橘）除了一个有性胚，其他的胚是来源于不含病毒的珠心细胞。通过培养珠心胚，可以得到除去病毒的新生系，然后嫁接繁殖成无病毒植株。

7. 花药脱毒原理

果树多为无性繁殖，长期种植后病毒积累较多，病毒病危害严重，花药培养也是一个很好的途径，目前已在草莓上广泛使用，脱毒率在90%以上。

三、脱毒方法

（一）植物茎尖脱毒

1. 剥取适当大小的茎尖

通常培养茎尖越小，产生幼苗的无毒率越高，而成活率越低。不同病毒种类去除的难易程度不同。因此需针对不同的病毒种类，培养适宜大小的茎尖。例如：剥离培养带一个叶原基的生长点产生的马铃薯植株，可去处全部马铃薯卷叶病毒，去除80% Y病毒和A病毒，去除0.2% X病毒。马铃薯病毒去除从易到难的顺序是马铃薯卷叶病毒、马铃薯A病毒、马铃薯Y病毒、奥古巴病毒、马铃薯M病毒、马铃薯X病毒、马铃薯S病毒和纺锤块茎类病毒。对于同一种病毒，剥离茎尖越小，脱毒率越高。剪切的茎尖愈小愈佳，但太小时不易成活，过大则不能保证完全除去病毒，不同种类植物和不同种类病毒在茎尖培养时切取的茎尖大小也不相同。方法：在解剖镜下，一手用镊子夹住无菌的茎尖，一手用锋利的无菌刀逐层剥去生长点周围的叶片，直到达到晶莹发亮的光滑圆顶为止，根据不同目的可取带2~3个叶原基的茎尖或大一点的带2~3片幼叶的茎尖。到底多大的生长点才合适，当然越小越好，比如用0.1mm以下的生长点，去病毒的效果就较好，但成活率低而且由于体积太小，常常使得培养时间延长到一年，甚至会更长，这不但历时过长而且也增加了转换培养基时材料污染的机会。一般说来，根据病毒种类不同切取0.1~1.0mm大小的生长点就可以去掉病毒。大部分都是切取0.2~0.5mm带1~2个叶原基的茎尖为培养材料。

2. 选用正确的培养基

培养基由大量元素（无机盐）、微量元素、有机成分、植物激素、糖和琼脂调配而成。一般铵盐及钾盐浓度高，有利于茎尖成活，反之则有利于生根或根生长，植物激素对茎尖的生长和发育有重要作用。植物细胞分裂素类如6-BA有利于长芽，而生长素类NAA有利于生根。不同品种对激素的反应不同。

3. 适宜的环境条件

大蒜、马铃薯、草莓接种后置温度23~25℃，光照1 000~3 000lx，每日照光13~16h。甘薯茎尖培养需温度较高，为26~32℃，光强和照光时间同马铃薯和大蒜。

4. 茎尖接种后的生长及调节方法

茎尖接种后的生长情况主要有4种：①生长正常，生长点伸长，基本无愈伤组织形成，1~3周内形成小芽，4~6周长成小植株；②生长停止，接种物不扩大，渐变褐色，至枯死。此情况多因剥离操作过程中茎尖受伤；③生长缓慢，接种物扩大缓慢，渐转绿，成一绿点。说明培养条件不适应，要迅速转入高激素浓度培养基，并适当提高培养温度；④生长过速，生长点不伸长或略伸长，大量疏松愈伤组织形成，需转入无激素培养基或采取降低培养温度等措施。

（二）热处理脱毒

带毒植株经高温处理后，病毒浓度会降低。通常处理方法是：把适当的材料移入一个热处理室或光照培养箱中，在35~40℃高温下，根据种类特征和材料情况处理数天到数周不等。如香石竹在38℃连续处理2个月，消除了茎尖内所有病毒。百合、郁金香、风信子等球根花卉，用休眠种球进行热处理，可大大降低种球生长点内的病毒含量。

热处理有一定的局限性，一方面热处理只能降低植株内病毒的含量，单独处理难以获得无毒材料；另一方面热处理时间过长，会造成植株代谢紊乱，加大品种变异的可能性。生产上通常采用热处理结合茎尖培养的脱毒方式，获得较高的脱毒率。

(三) 低温脱毒

(1) 植物材料的选择和预处理。要成功地进行超低温保存，植物材料的选择很重要，应选择最适生长阶段的材料。预处理方式和时间根据所用材料各异。对低温敏感的植物采用低温锻炼，通常将要保存的材料放0℃左右的条件下处理一段时间。有些材料需在高浓度蔗糖（$0.4mol \cdot L^{-1}$）的培养基上预培养一段时间。有些材料不需要预处理。预处理的目的是使材料脱水、增加含糖量和提高细胞膜在严重脱水条件下的稳定性。

(2) 装载（Loading）。为了减少冰冻保护剂的渗透压和毒性对抗脱水性较差的材料所造成的伤害，多数材料需要有一个装载的过程。即在室温条件下，材料用较高浓度的冰冻保护混合液（装载溶液）处理一段时间，进一步降低组织的含水量，这样，可以避免渗透压的剧烈变化对材料的伤害。装载溶液（Loading solution）的组成一般是$2.0mol \cdot L^{-1}$甘油$+0.4mol \cdot L^{-1}$蔗糖，有的是稀释的玻璃化溶液。

(3) 冰冻保护剂脱水。除一些对脱水极不敏感的材料外，几乎所有的植物材料都要经过冰冻保护剂的处理，以保证超低温保存后才能成活。常用的冰冻保护剂是PVS2溶液［2s3：30%（w/v）甘油$+15\%$（w/v）乙二醇$+15\%$（w/v）DMSO$+0.4mol \cdot L^{-1}$蔗糖的培养基。不同的材料用冰冻保护剂处理的时间也不同。在保证细胞充分脱水，防止保护剂的毒害和渗透压造成细胞损伤的原则上，冰冻前，一般将加入保护剂的材料先放入0℃处理30min左右。

(4) 冰冻方法。主要有慢冻、快冻、分步冰冻、干冻、玻璃化冰冻等，可根据材料选择冰冻的方法。无论是哪种方法，都是基于玻璃化理论。无论是保存植物材料，还是去除植物病毒，玻璃化法都简单、快速、有效，是目前最常用的一种冰冻方法。玻璃化冰冻是将材料经较高浓度的冰冻保护剂处理后快速投入液氮，使材料迅速进入玻璃化状态，避免了对组织产生机械损伤的冰晶的形成，能适用于多数材料。近年来新发展起来的包埋——玻璃化法（Encapsulation—virification）是将包埋—脱水和玻璃化法结合起来的一种方法，同时具有包埋—脱水法和玻璃化法的优点，且操作简便；材料存活率高，已经成功的保存了多种植物材料，具有较好的应用前景。

(5) 解冻及卸载。根据冷冻方法及材料来决定解冻的速度，一般采用快速解冻法：$35 \sim 45℃$，$1 \sim 3min$。从热力学上讲，冰融化过程中再形成的冰晶尺寸较大时，对材料的伤害更大，要避免这种伤害，解冻速度应尽可能的快。卸载的目的是清除细胞内的冰冻保护剂，即用洗液（一般为$1.2mol \cdot L^{-1}$蔗糖的培养基）洗涤3次，每次停留时间$10 \sim 15min$。高渗性的培养基有利于减轻细胞质壁分离恢复过程中造成的损伤。

(6) 材料恢复生长和病毒检测。材料经过以上处理后，立即转移到相应的培养基中恢复生长。有些材料需要在黑暗条件下培养几天，再放到光照条件下培养。试验表明，培养在黑暗条件下的愈伤组织能较快的恢复生长，生长速度较快，存活率较高。然后对材料进行病毒检测。

（四）抗病毒药剂处理脱毒

用于植物脱毒的抗病毒药剂主要包括嘌呤和嘧啶类似物、氨基酸、抗生素等。近年来，在脱毒生产中，经常采用且效果较好的抗病毒药剂是病毒唑。通常病毒唑在培养基内浓度为 $5.0mg \cdot L^{-1}$，处理时间 4 周后，生长锥中已无病毒，合适的茎尖大小是关键，1.0mm 长的茎尖，脱毒率为 80%。

（五）愈伤组织脱毒法

脱毒是将感染病毒的组织离体培养获得愈伤组织，再诱导愈伤组织分化成苗，从而获得无病害毒植株的方法，即愈伤组织培养脱毒法。

四、脱毒苗鉴定

（一）直接检查法

直接观察植株茎叶有无这一病毒可见的症状特征是一种最简便的方法。然而，在寄主植物上感染病毒后出现症状需要较长时间，还有的不使寄主植物表现可见症状，因此需要更敏感的测定方法。

（二）指示植物法

利用病毒在其他植物上出现的病毒特征作为鉴别病毒种类的标准，这种专用易产生病毒症状特征的寄主即为指示植物，又称鉴别寄主。症状分两种类型，一种是接种后产生系统的症状，并扩张到非接种的部位；一种是只在接种部位产生局部病斑，根据病毒的类型而出现坏死、褪绿或环状病斑。指示植物有荆芥、千日红、昆诺阿藜和各种烟草。

（三）抗血清鉴定法

植物病毒是由核酸与蛋白质组成的核蛋白，可作为一种抗原，注射到动物体内即产生抗体。抗体存在于血清之中称为抗血清。不同病毒产生的抗血清都有各自的特异性，用已知病毒的抗血清来鉴定未知病毒，这种抗血清就成为高度专一性的试剂，特异性高，是目前快速定量测定病毒的常规诊断。

（四）酶联免疫法

酶联免疫吸附法是有酶标记抗原或抗体的微量测定方法，将抗体固定在支持物上，加入待检植物组织提取液，然后加入酶（过氧化物酶或碱性磷酸酶）标记的抗体，再加入底物，底物经酶催化，吸收波长发生变化，因而可用分光光度计鉴定。此法灵敏度极高，检测大量样本时特别实用。

（五）电子显微镜观察法

人的眼睛不能观察小于 0.1mm 的微粒，借助于普通光学显微镜也只能看到小至 200μm 的微粒，只有通过电子显微镜才能分辨 0.5nm 大小的病毒颗粒。采用电子显微镜可以直接观察病毒，检查出有无病毒存在，并可得知病毒颗粒的大小、形状和结构，借以鉴定病毒的种类。这是一种较为先进的方法，但需一定的设备和技术。

由于电子的穿透力很低，制品必须薄到 10～100nm，通常制成厚 20nm 左右的薄片一，置于铀载网上，才能在电子显微镜下观察到。近代发展使电镜结合血清学检测病毒，称为免疫吸附电镜（ISEM）。新制备的电镜铀网用碳支持膜使漂浮膜到位，少量的稀释高血清孵育 30min，就可以把血清蛋白吸附在膜上，铀网漂浮在缓冲溶液中除去过量蛋白质，用滤纸吸干，加入一滴病毒悬浮液或感染组织的提取液，1～2h 后，以前吸附在铀网上的抗体陷入商源的病毒颗粒，在电镜下即要见到病毒的粒子。这一方的优点是灵敏度高和能在植物粗提取液中定量测定病毒。

（六）生物学鉴定法

双链 RNA 法（dsRNA）近年来研究发现，在受 RNA 病毒侵染的植物体内，有相应复制形式的双链 RNA（dsRNA）存在，而在健康植株中未发现病毒的 dsRNA。通过纯化待测植物 RNA，并对其进行电泳分析，可确定有无 dsRNA 存在，从而判断待检植物是否带病毒。

互补 DNA（cDNA）检测法：用互补 DNA（cDNA）检测病毒的方法又称 DNA 分子杂交法。根据碱基互补原理，人工合成能与病毒碱互补的 DNA（cDNA）即 cDNA 探针，用 cDNA 探针与从待检植物中提取的 RNA 进行 DNA－RNA 分子杂交，检测有无病毒 RNA 存在，从而确定植物体内有无该病毒。合成 cDNA 时，采用同位标记。因而检测结果可通过放射自显影显示在图像上，直观、准确。此外，还有聚合酶链反应（PCR）聚丙烯酰胺凝胶电泳银染色法等鉴定病毒的方法。

五、无病毒苗的保存和繁殖

（一）无病毒苗的保存

通过不同脱毒方法所获得的脱毒植株，经鉴定确系无特定病毒者，即是无病毒原种。无病毒植株并不是有额外的抗病性，它们有可能很快又被重新感染。所以一旦培育得到无病毒苗，就应很好保存，这些原原种或原种材料保管得好可以保存利用 5～10 年。

1. 隔离保存

通常无病毒苗应种植在隔虫网内，使用 300 目，即网眼为 0.4～0.5mm 大小的网纱，也可用盆栽钵，可以防止蚜虫、叶蝉、土壤线虫进入。栽培用的土壤也应进行消毒，周围环境也要整洁，并及时喷施农药防治虫害，以保证植物材料在与病毒严密隔离的条件下栽培。有条件的地方可以到海岛或高冷山地种植保存，那里气候凉爽，虫害少，有利于无病毒材料的生长，繁殖。另一种更便宜的方法，是把由茎尖得到的并已经过脱毒检验的植物通过离体培养进行繁殖和保存。

2. 长期保存

（1）低温保存。将无病毒苗原种的器官或幼小植株接种到培养基上，低温下离体保存，是长期保存无病毒苗及其他优良种质的方法。只需半年或一年更换培养基，也叫最小生长法。

（2）冷冻保存（超低温保存）。用液氮（－196℃）保存植物材料的方法。

材料选择：旺盛阶段的分生组织细胞存活高。

预培养：二甲亚砜（DMSO）、山梨糖醇、脱落酸、提高蔗糖浓度，短期预培养可提高抗冻力。

冷冻防护剂：冷冻期间，细胞脱水会导致细胞内溶质浓度在原生质体结冻之前增加，从而造成伤害。须采用冷冻保护剂处理。常用冷冻保护剂为 DMSO（5%～8%）、甘油、脯氨酸（10%）、各种可溶性糖、聚乙二醇等。

方法：冷冻保护剂 30～60min 内——加入冷冻混合物——保护剂渗透到材料中。

原理：降低细胞中盐浓度，防止冰晶大量形成，减少冷冻对细胞膜的伤害。

冷冻：快速冷冻法——降温速度 1 000℃·min^{-1}；慢速冷冻法——降温速度 0.1～10℃·min^{-1}；分步冷冻法——降温速度 0.5～4℃·min^{-1}；干燥冷冻法——降温速度 196℃。

解冻：迅速解冻方法，－196℃下贮藏的材料投入 37～40℃温水中 1.5min，使之快速解冻（500～750℃·min^{-1}）。已解冻材料洗涤后再培养，可重新恢复生长。

（二）无病毒苗的繁殖

（1）嫁接繁殖。无病毒母本植株上采集穗条，嫁接到实生砧木上。柑橘、苹果、桃多用扦插繁殖，冬季从无病毒母本株上剪取芽体饱满的成熟休眠枝，经沙藏后次年春季剪切扦插。

（2）压条繁殖。将无病毒母株上 1～2 年生枝条水平压条，土壤踩实压紧，保持湿润，压条的芽眼长出新梢。

（3）匍匐茎繁殖。一些植物的茎匍匐生长，易萌动生根长出小苗，草莓、红薯等。

（4）微型薯块繁殖。无病毒苗上剪下带叶的叶柄，扦插到育苗箱沙土中保持湿度，1～2 月后叶柄下长出微型薯块。可做种薯。

（三）无病毒苗的利用

无病毒苗在生产中的利用也要防止病毒的再感染。生产场所应隔离病毒感染途径，做好土壤消毒或防蚜等工作。在此种植区及种植规模小的地方，要较长时间才会感染。而在种植时间长、轮作及种植规模大的产地则在短期内就可感染。一旦感染，影响产量质量的，就应重新采用无病毒苗，以保证生产的质量。

复习与思考

1. 植物细胞的全能性及实现细胞全能性的 3 个途径？

2. 植物再生途径种类及特点？

3. 植物组织培养的基本步骤？

4. 愈伤组织的类型及其特点？

5. 影响芽分化的主要因素有哪些？

6. 植物体细胞突变体的概念及其优点？

7. 植物体细胞突变体筛选及鉴定方法？

8. 病毒引起植物的症状？

9. 植物脱毒的理论依据有哪些？

10. 植物脱毒的方法有哪些？

11. 植物脱毒苗鉴定的方法有哪些？

第四章　细胞培养

本章学习目标

1. 掌握单细胞分离的方法。
2. 熟悉单细胞悬浮培养的步骤。
3. 掌握单细胞固体培养的方法。
4. 了解影响单细胞固体培养的主要因子。

20 世纪初，Haberlandt 进行了分离和培养显花植物单个细胞的最早尝试。他当时就预见到，单细胞培养系统将有助于对植物细胞特性和潜力的研究，以及对多细胞发生分裂，但他在 1902 年发表的报告激励了其他几位学者继续了这方面的研究。到现在，这一领域的研究已经取得了巨大的进展，以致不光能够培养游离的细胞，还能使培养在完全隔离的环境中的单个细胞进行分裂，并产生完整的植株。

植物生理学家和植物生物化学家都已经意识到，在进行细胞代谢的研究以及各种不同物质对细胞反应影响的研究时，使用单细胞系统比使用完整的器官或植株有更大的优越性。使用游离细胞系统时，可以让各种化学药品和放射性物质很快地作用于细胞，又很快地停止这种作用。通过单细胞的克隆化，可以把微生物遗传学技术用于高等植物心进行农作物的改良。

一、单细胞分离的方法

（一）机械法

叶组织是分离单细胞的最好材料。Ball 等（1965）、Joshi 等（1967）和 Joshi 等（1968）曾先后由花生成熟叶片得到了离体细胞。他们所用的方法是，先撕去叶表皮，使叶肉细胞暴露，然后再用小解剖刀把细胞刮下来。这些离体细胞可直接在液体培养基中培养。在培养中很多游离细胞能在人工基里进行分裂的最早报道。不过，这些作者没能从报试验过的大多数其他植物的叶片中分离出活细胞。

现在广泛用于分离叶肉细胞的方法是先把叶片轻轻研碎，然后再通过过滤和离心把细胞净化。Cnanam 等（1969）由若干物种的成熟叶片中分离出具有光合活性和呼吸活性的叶肉细胞，做法是在研钵中放入 10g 叶片和 40mL 研磨介质（$20\mu mol \cdot L^{-1}$ 蔗糖，$10\mu mol \cdot L^{-1}MgCl_2$，$20\mu mol \cdot L^{-1}tris-HCl$ 缓冲液，pH 值 7.8），用研磨棒轻轻研磨。之后，将匀浆用两层细纱布过滤，在研磨介质中心低速离心将得到的细胞净化。除了双子叶植物，很多单子叶植物（其中可能包括禾本科植物，但尚未证明）也能通过这个方法产生完整的叶肉细胞。Eards 等（1971）应用类似方法由马唐（*Digitaria sanguina-*

lis）中分离出具有代谢活性的叶肉细胞和维管束鞘细胞，由菠菜中分离出叶肉细胞。

Rossini（1969）介绍了一种由篱天剑（*Calystegia sepium*）叶片中大量分离游离薄壁细胞的机械方法，这一方法后来被 Harada 等（1972）成功地用于石刁柏和一种番薯植物（*Ipomoea hederifolia*）中。与酶解法相比，用机械法分离细胞至少有两个明显的优点：

①细胞不至受到酶的伤害作用；

②无须质壁分离，这点对生理和生化研究来说是很理想的。Schwenk（1980）用机械方法在蒸馏水中由大豆子叶分离出了活细胞。据报道，在若干例子中用机械方法分离的细胞能够分裂并形成愈伤组织。

虽然 Gnanam 等（1969）曾由若干物种的叶片中把细胞分离出来，但这种机械分离细胞的方法并不普遍适用。Rossini（1972）指出，只有在薄壁组织排列松散，细胞间接触点很少时，用机械法分离叶肉细胞才能取行成功。

（二）酶解法

植物生理学家和生物化学家用酶解法分离单细胞已有相当一段历史。在烟草中，通过果胶酶处理大量分离具有代谢活性的叶肉细胞的方法是由 Takebe 等（1968）最早报道的，后来 Otsuki 等（1969）又把这种方法用到了 18 种其他草本植物上。

Takebe 等（1968）证明，在离析混合液中加入硫酸葡聚糖钾能提高游离细胞的产量。用于分离细胞的离析酶不光能降解中胶层，而且还能软化细胞壁，因此，在用酶解法分离细胞的时候，必须对细胞给予渗透压保护。如果所用的甘露醇的浓度低于 $0.3\text{mol} \cdot \text{L}^{-1}$，烟草矿原生质将会在细胞壁内崩解。

用酶解法分离细胞的特点是，在某些情况下，有可能得到海绵薄壁细胞或栅栏薄壁细胞的纯材料。不过，在有些物种中，特别是在大麦、小麦和玉米中，实难通过酶解法使细胞分离。按照 Evans 等（1975）的看法，在这些禾谷类植物中，由于叶肉细胞伸长，并在若干地方发生收缩，因而细胞间可能形成一种互锁结构，阻止了它们的分离。

酶解法的具体做法如下。

（1）果胶酶的制备：0.5% 果胶酶 + 0.5% 葡聚糖硫酸钾 + 0.8% 甘露醇，配成 20mL，调节 pH 为 5.8，用孔径为 $0.2 \sim 0.4\mu\text{m}$ 的滤膜过滤灭菌。

（2）取刚长成的嫩叶用 70% 乙醇漂洗数秒，用饱和漂白粉上清液浸泡 15min，无菌水冲洗 4~5 次。吸干表面的水分，用消过毒的镊子撕去叶的下表皮。

（3）用消过毒的解剖刀将叶片切成 3cm 见方的小块，取 2g 切好的叶片放入装有果胶酶液的三角瓶中。

（4）用真空泵抽气 1~2min，使酶液渗入细胞间隙。

（5）将三角瓶置于低速转床上，转速为 $120\text{r} \cdot \text{min}^{-1}$，温度 $25 \sim 28\text{℃}$，30min 后，吸去酶液、碎片。

（6）再放入上述果胶酶液 20mL，保温振荡 30min，吸出酶液，此酶液主要含有海绵组织细胞。

（7）再次放入上述果胶酶液 20mL，保温振荡 30min，用纱布或尼龙网过滤除去被消化的叶脉和表皮。

（8）在 100g 条件下离心 2min，吸去上清液，底层即为均一的栅栏组织单细胞。

（三）愈伤组织中单细胞的分离

由愈伤组织获得游离细胞的具体做法是，把未分化的和易散碎的愈伤组织约2g转移到装有30～50mL液体培养基的三角瓶中，在（25±1）℃，弱光或黑暗中，将三角瓶置于摇床上不断振荡（120r·min⁻¹）。初期每10d左右用新鲜培养液更换掉三角瓶中大约4/5的旧液，同时将飘浮在原培养液上层的细胞碎片和长弯衰败细胞淘汰。几个周期之后，培养液由浊变清，开始出现胞质浓密的单细胞和小细胞团。此后按下节所介绍的方法继续继代培养，直至建成良好的悬浮培养物。在这里，振荡至少有两种作用。首先，它可对细胞团施加一种缓和的压力，使它们破碎成小细胞团和单细胞；其次，振荡可以使细胞和小细胞团在培养基中保持均匀地分布。此外，培养基的运动还会促进培养基和容器内空气之间的气体交换。

二、单细胞培养方法

（一）单细胞液体培养（悬浮培养）

悬浮培养（suspension culture）指的是一种在受到不断搅动或摇动的液体培养基里，培养单细胞及小细胞团的组织培养系统。悬浮培养基本上可以分为两种类型，即分批培养和连续培养。

1. 悬浮培养的方法

（1）分批培养。分批培养（batch culture）是指把细胞分散在一定容积的培养基中进行培养，目的是建立单细胞培养物。在培养过程中除了气体和挥发性代谢产物可以同外界空气交换外，一切都是密闭的，当培养基中的主要营养耗尽时，细胞的分裂和生长即行停止。分批培养所用的容器一般是100～250mL三角瓶，每瓶中装有20～75mL培养基。为了使分批培养的细胞能不断增殖，必须进行继代，方法是取出培养瓶中的一小部分悬浮液，转移到成分相同的新鲜培养基中（大约稀释5倍）。

在分批培养中，细胞数目增长的变化情况表现为一条S形曲线。其中一开始是滞后期（lag phase），细胞很少分裂，接着是对数生长期（exponential phase），细胞分裂活跃，数目迅速增加。经过3～4个细胞世代之后，由于培养基中某些营养物质已经耗尽，或是由于有毒代谢产物的积累，增长逐渐缓慢，由直线生长期（linear phase）经减慢期（progressive deceleration phase），增长完全停止。滞后期的长短主要取决于在继代时原种培养细胞所处的生长期和转入细胞数量的多少。当转入的细胞数量较少时，不但滞后期较长，而且在一个培养周期中细胞增殖的数量也少，例如当继代后的细胞密度是$9×10^3～15×10^3$个·mL⁻¹。如果转入的细胞密度很低，则在加入培养单细胞或小群体细胞所必需的营养物质之前，细胞将不能生长。另外，如果缩短两次继代的时间间隔，例如，每2～3d即继代一次，则可使悬浮培养的细胞一直保持对数生长。如果使处在静止期的细胞悬浮液保存时间太长，则会引起细胞的大量死亡和解体。因此十分重要的一点是，当细胞悬浮液达到最大干重产量之后，即在刚进入静止期的时候，须尽快进行继代。据报道，加入条件培养基（即在其中曾培养过一段时间植物组织的培养基，可以生长期中细胞数目加倍所需的时间，因物种的不同而异：烟草，48h；假挪威槭，40h；蔷薇，36h；菜豆，24h）。一般来讲，这些时间都长于在整体植株上分生组织中细胞数目加倍所需的时间。

在对悬浮培养细胞进行继代时可使用吸管或注射器，但其进液口的孔径必须小到只能通过单细胞和小细胞团（2~4个细胞），而不能通过大的细胞聚集体。继代前应先使三角瓶静置数秒，以便让大的细胞团沉降下去，然后再由上层吸取悬浮液。如果每次继代都依这个办法操作，就有可能建立起理想的细胞悬浮培养物。

愈伤组织的结构是受遗传因子控制的，因而有时无论采用什么办法也难于使细胞充分分散。一般来说，如果培养基的成分和继代方法选用得当，总有可能埋设细胞的分散程度。已知加入2，4-D，少量水解酶（如纤维素酶和果胶酶），或加入酵母浸出液一类的物质，都能促进细胞的分散。Negrutiu等（1977）报道，如果每隔1d加一次新鲜培养基，使生物量与培养基容积之比保持为2，这样，悬浮培养细胞即可长期保持在对数生长晚期，于是就有可能使细胞最大程度分散。然而，为了获得充分分散的细胞悬浮液，最重要的还是一开始就尽可能使用易散碎的愈伤组织。如前所述，如果把愈伤组织在半固体培养基上保存2~3个继代周期，其松散性常会增加。但是必须记住，即使在分散程度最好的悬浮液中也存在着细胞团，每个细胞团由几个或几十个细胞组成，只含有游离细胞的悬浮液是没有的。这是因为植物细胞具有集聚在一起的特性，由一个初始细胞经过分裂产生的若干个子细胞，不能像子代细菌那样各自分散在培养液中。

由于若干内在的缺点，分批培养对于研究细胞的生长和代谢并不是一种理想的培养方式。在分批培养中细胞生长和代谢方式以及培养基的成分不断改变。虽然在短暂的对数生长期内细胞数目加倍的时间可保持恒定，但细胞没有一个稳态生长期，所以，相对于细胞数目的代谢物和酶的尝试也就不能保持恒定。这些问题在某种程度上可通过连续培养加以解决。

（2）连续培养。连续培养（continuous culture）是利用特制的培养容器进行大规模细胞培养的一种培养方式。在连续培养中，由于不断注入新鲜培养基，排掉用过的培养基，故在培养物的容积保持恒定的情况下，培养液中的营养物质不断得到补充。连续培养有封闭型和开放型之分。在封闭型中，排出的旧培养基由加入的新培养基进行补充，进出数量保持平衡。悬浮在排出液中的细胞经机械方法收集起来之后，又被放回到培养系统中。因此，在这种"封闭型连续培养"中，随着培养时间的延长，细胞数目不断增加。与此相反，在"开放型连续培养"中，注入的新鲜培养液的容积与流出的原有培养液及其中细胞的容积相等地，并通过调节流入与流出的速度，使培养物的生长速度永远保持在一个接近最高值的恒定水平上。开放型培养又可分为两种主要方式：一是化学恒定式；二是浊度恒定式。在化学恒定式培养中，以固定速度注入的新鲜培养基内的某种选定营养成分（如氮、磷或葡萄糖）的浓度被调节为一种生长限制浓度，从而使细胞的增殖保持在一种稳定态之中。在这样一种培养条件下，除生长限制成分以外的所有其他成分的浓度，皆高于维持所要求的细胞生长速率的需要，而生长限制因子则被调节在这样一种水平上：它的任何增减都可由相应的细胞增长速率的增减反映出来。在浊度恒定培养中，新鲜培养基是间断注入的，受由细胞密度增长所引起的培养液混浊度的增加所控制，可以选定一种细胞密度，当超过这个密度时使细胞随培养液一起排出，因此就能保持细胞密度的恒定。

连续培养是植物细胞培养技术中的一项重要进展，它对植物细胞代谢调节的研究，对决定各个生长限制因子对细胞生长的影响，以及对次生物质的大量生产等都有一定意义。然而，连续培养并未被植物组织培养工作者广泛利用，原因可能在于它所需要的设备比较复杂，需要投入的精力也太多。

2. 细胞悬浮培养条件

一个成功的悬浮细胞培养体系必须满足 3 个基本条件：一是愈伤化的细胞分散性良好；二是细胞均一性好，细胞有用成分含量高；三是增殖速度迅速。

一般优先选择游离细胞和小的细胞聚集体（小于 10 个细胞）进行再培养，可有限度地提高细胞的分散度，也可选择颗粒细小、疏松易碎、外观湿润、鲜艳的白色或淡黄色的愈伤组织用于诱导细胞系。悬浮培养用的培养基可参考培养愈伤组织的培养基，只是琼脂要从中去掉．但为了提高细胞的分散程度，一般使用的激素是 $2mg \cdot L^{-1}$，2，4 – D，或附加少量 $0.5mg \cdot L^{-1}$ 的 BA 和 NAA。同时，蔗糖浓度较低时（$10 \sim 30g \cdot L^{-1}$）也有利于疏松愈伤组织的形成，附加有机物质如水解酪蛋白、椰乳、L – 脯氨酸等对诱导疏松愈伤组织有利。N_6、MS、B_5 培养基较适合于单子叶植物的培养，而 MS、B_5、LS 等培养基适合于双子叶植物。在悬浮培养中，为了使培养基能不停运动，要以将培养基放在摇床上，摇床的转速是可调的，对大多数植物来说，以 $30 \sim 150r \cdot min^{-1}$ 为宜（不要超过 $150r \cdot min^{-1}$），冲程范围应在 $2 \sim 3cm$。

3. 悬浮细胞液的制备

将分散好的，或者经酶处理过的组织，置于液体培养基中，在摇床或转床上进行振荡培养以 $80 \sim 90$ 次 $\cdot min^{-1}$ 的速度。经过一段时间培养后，液体培养基中就会出现游离的单细胞和几个或十几个细胞的聚集体以及大的细胞团和组织块。

用孔径为 $200 \sim 300$ 目的不锈钢网过滤，除去大的细胞团和组织块；再以 $4000r \cdot min^{-1}$ 速度进行离沉降，除去比单细胞体积小的残渣碎片，获得纯净的细胞悬浮液。

4. 指标的测定

在植物细胞悬浮培养中，细胞的增长一般可用以下方法进行计量：细胞计数，确定细胞总体积（细胞密实体积，PCV），或细胞和细胞团干鲜重的增加。

（1）细胞计数。由于在悬浮培养中总存在着大小不同的细胞团，因而通过由培养瓶中直接取样很难进行可靠的细胞计数。如果先用铬酸（$5\% \sim 8\%$）或果胶酶（0.25%）对细胞和细胞团进行处理，使其分散，则要提高细胞计数的准确性。Street 及其同时用以计数假挪威槭细胞的方法是：把 1 份培养物加入到 2 份 8% 三氧化铬溶液中，在 70℃加热 $2 \sim 15min$，然后将混合物冷却，用力振荡 $10min$，用血球计数板进行细胞计数。

（2）细胞密实体积（PCV）。为了确定细胞密实体积，须将一已知体积的均匀分散的悬浮液放入一个 $15mL$ 刻度离心管中，在 $2\,000g$ 下离心 $5min$。细胞密实体积是以每毫升培养液中细胞总体积的毫升数表示的。

（3）细胞鲜重。把悬浮培养物倒在下面架有漏斗的已知重量的湿尼龙网上，用水洗去培养基，真空抽滤以除去细胞上沾着的多余水分，再称重，即可求得细胞鲜重。

（4）细胞干重。用已知重量的干尼龙丝网依上法收集细胞，在 60℃下干燥 $12h$，再称重。细胞的干重是以每毫升培养物或每 10^6 个细胞的重量表示的。

（5）培养细胞活力的测定。相差显微法：在显微镜下，根据细胞质环流和正常细胞核的存在与否，即可鉴别出细胞的死活。虽然利用相差显微镜可以得到更明显的图像，但在亮视野显微镜下常常也不难进行这样的观察。

四唑盐还原法：在这个检验方法中，通过 2，3，5 – 氯化三苯基四唑（TTC）还原成红色染料甲月替，可以测定细胞的呼吸效率。甲月替可以提取出来用分光光度计进行测定，这个方法虽然可使观察结果定量化，但单独使用时在有些情况下不能得到可靠的结果。

荧光素双醋（FDA）法：应用这个方法可以对活细胞百分数进行快速的目测，首先用丙酮制备 0.5% 的 FDA 贮备液，置 0℃ 下保存。当要测定细胞活力时，将贮备液加到细胞或原生质体悬浮中（在后一种情况下须在 FDA 溶液中加入一种适当的渗透压稳定剂），加入的数量心使最终浓度为 0.01% 为准。保温 5min 后，用一台带有适当的激发片和吸收片的水银蒸气灯对细胞进行检查。FDA 既不发荧光也不具极性，能自由地穿越细胞质膜。在活细胞内 FDA 被酯酶裂解，将能发荧光的极性部分（荧光素）释放出来。由于荧光素不能自由穿越质膜，因而就在完整的活细胞的细胞质中积累起来，但在死细胞和破损细胞中则不能积累。当以紫外光照射时荧光素产生绿色荧光，据此可以鉴别细胞的死活。

伊凡蓝染色法：这种方法可用做 FDA 的互补法。当心伊凡蓝的稀薄溶液（0.025%）对细胞进行处理时，只有活力已受损的细胞能够摄取这种染料，而完整的活细胞不能摄取这种染料。因此，凡不染色的细胞皆为活细胞。

（6）单细胞培养。在 Haberlandt（1902）所做的开拓性研究中，他试图培养用机械方法分离的叶肉细胞，成功地将细胞的活力保持了约 10d 之久，在这期间细胞的体积变大，壁增厚，只是没能分裂。后来，据 Schmucker（1929）报道，有机械方法由博落回叶片分离出来的叶肉细胞，在同种叶片经过过滤灭菌的汁液中能反复分裂。Kohlenbach（1959，1965）证实了培养中的叶肉细胞具有进行持续分裂的能力。此后在这一研究领域中不断取得新的进展。

BallJoshi（1965）使用连续显微摄影术，研究了在液体培养基中花生单个叶肉细胞的发育过程。他们注意到，经 3～5d 培养之后，叶肉细胞增大了体积，看起来已不再像是一个栅栏细胞。在实际发生细胞分裂之前，核的周围先累积质体。根据这两位作者的观察，只有栅栏细胞能进行分裂，而海绵薄壁细胞都死掉了。后来，Jullien（1970）证实，只要分离细胞的方法适当，花生海绵组织的细胞也能进行分裂。同样，Rossini（1972）通过对培养的篱天剑叶肉细胞的电影记录的研究，也观察到栅栏组织和海绵组织的薄壁细胞都能进行分裂。在适当的条件下，发生分裂的细胞可占全部培养细胞的60%，只是海绵细胞的分裂略迟于栅栏细胞。

5. 悬浮细胞培养的同步化

同步培养是指在培养中大多数细胞都能同时通过细胞周期的各个阶段（G_1、S、G_2 和 M）。同步性程度以同步百分数表示。

在悬浮培养中，为了形容细胞分裂和细胞代谢，最好使用同步培养物或部分同步培养物，因为和非同步培养相比，在同步或部分同步培养中，细胞周期内的每个事件都表现得更为明显。在一般情况下，悬浮培养细胞都是不同步的，为了取得一定程度的同步性，研究者已经进行了各种尝试。要使非同步培养物实现同步化，就要改变细胞周期中各个事件的频率分布。King 等（1977）以及 King（1980）强调指出，同步性程度不应只由有丝分裂指数来确定，而应根据若干彼此独立的参数来确定，这些参数包括：①在某一时刻细胞周期某一点上的细胞的百分数；②在一个短暂的具体时间内通过细胞周期中某一点的细胞的百分数；③全部细胞通过细胞周期中某一点所需的总时间占细胞周期时间的长度的百分数。

用于实现悬浮培养细胞同步化的方法有两类，即物理方法和化学方法。物理方法主要是通过对细胞物理特性（细胞或小细胞团的大小）或生长环境条件（光照、温度等）的控制，实现高度同步化，其中包括按细胞团的大小进行选择的方法和低温休克法等。化学方法的原理是使细胞遭受某种营养饥饿，或是通过加入某种生化抑制剂阻止细胞完成其分裂周期。化学方法中常用的有饥饿法和抑制法两种。

（1）饥饿法。在这种方法中，先对细胞断绝供应一种进行细胞分裂所必需的营养成分或激素，使细胞停滞在 G_1 期或 G_2 期，经过一段时间的饥饿之后，当重新在培养基中加入这种限制因子时，静止细胞就会同步进入分裂。

当把在低强度绿色光下切取下来的菊芋块茎组织作为外植体，于黑暗中培养在一种含有 2，4 – D 的培养基上时，多达 80% ~ 90% 的细胞发生了同步分裂。在把假挪威槭悬浮培养物以低密度接种到新鲜培养基中硝酸根离子的枯竭，所在处在静止期的细胞都被阻止在细胞周期中的 G_1 期的缘故。在一项大规模的假挪威槭细胞培养研究中，高水平的细胞同步性曾保持了 5 个细胞周期，随着每一次相继的细胞分裂，细胞数逐步增加。Komamine 等（1978）在长春花悬浮培养中先使细胞受到磷酸盐饥饿 4d，然后把它们转入到含有磷酸盐的培养基中，结果获得了同步性。

另外，一些研究者通过使烟草品种 Wisconsin – 38 悬浮培养细胞受到细胞分裂素饥饿，使胡萝卜细胞受到生长素饥饿，也取得了同步化的效果。

（2）抑制法。使用 DNA 合成抑制剂如 5 – 氨基尿嘧啶、FudR、羟基脲和胸腺嘧啶脱氧核苷等，也可使培养细胞同步化。当细胞受到这些化学药物的处理之后，细胞周期只能进行到 G_1 期为止，细胞都滞留在 G_1 期和 S 期的边界上。当把这些抑制剂去掉之后，细胞即进入同步分裂。应用这种方法取得的细胞同步性只限于一个细胞周期。根据报道，以氮或乙烯定期注入大豆的化学恒定式培养物中，也能诱导细胞的同步性。然而，在所有这些例子中，产生同步性的唯一证据是有丝分裂指数的波动，而这是不能令人完全信服的。

6. 悬浮细胞植株再生

由悬浮细胞再生植株通常有 2 条途径。一是我们在胡萝卜细胞悬浮培养中所看到的那样，由悬浮细胞直接形成体细胞胚；二是先将悬浮细胞在半固体培养基上诱导形成愈伤组织，然后再由愈伤组织分化植株。在后一种情况下，如果悬浮培养中的细胞团较大，则可将培养瓶短时间静置使得细胞团自然沉降后，用吸管细胞团转到半固体培养基上培养。这种培养基的组成基本上与继代培养基一致，但也须视情况做些调整，特别是在激素组成方面做些调整。不过，对于单细胞、低密度悬浮细胞或是过于细小的细胞团，则不宜直接把它们进行液体浅层培养或看护培养，待形成较大的细胞团后，再转到半固体培养基上诱导愈伤组织。

（二）单细胞固体培养

1. 单细胞培养方法

（1）平板培养法。最常用的单细胞培养法是 Bergmann 的平板培养法，具体做法是，先将含有游离细胞和细胞团的悬浮培养物过滤，弃去大的细胞团，只留下游离细胞和小细胞团。进行细胞计数。根据细胞的实际密度，或是加入液体培养基进行稀释，或是通过低速离心使细胞沉降后，再加入液体培养基进行浓缩，以使悬浮培养液达到最终所要求的植板细胞密度的 2 倍。把与上述液体培养基成分相同但加入了 0.6% ~ 1.0% 琼脂的培养基加热，使琼脂融化，然后冷却到 35℃，置于恒温水浴中保持这个温度不变。将这种培养基和上述细胞悬浮培养液等量混合，迅速注入并使之铺展在培养皿中。在这个过程中要做到：当培养基凝固之后，细胞能均匀分布并固定在很薄一层（约 1mm）培养基中，然后用封口膜把培养皿封严，置培养皿于倒置显微镜下观察，对其中的各个单细胞，在培养皿外的相应位置上用细记号笔做上标记，以保证以后能分离出纯单细胞无性系，最后将培养皿置于 25℃ 下在黑暗中培养。根据一般经验，若在培养期间频繁地在光下对培养物进行显微镜检，对细胞团的生长将会产生有害作用。因此，镜检的次数越少越好。

如在原生质体培养中所用的方法一样，游离的单细胞也可培养在一薄层液体培养基中。直接由植物器官分离出来的细胞党在液体培养基中培养。使用液体培养基的缺点是，由于细胞不是处在一个固定的位置上，若要追寻个别细胞及其繁衍的后代是极困难的。

用平板法培养单细胞或原生质体时，学以植板效率来表示能长出细胞团的细胞占接种细胞总数的百分数。植板效率的求算公式如下：

其中每个平板上接种的细胞总数，等于铺板时加入的细胞悬浮液的容积，和每单位容积悬浮液中的细胞数的乘积。每个平板上形成的细胞团数，则须在实验末期直接测定。

如果在琼脂培养基或液体培养基中，植板细胞的初始密度是 1×10^5 个·mL^{-1}，植板后由相邻细胞形成的细胞群落常常混在一起。由于这种现象出现得很早，不可能在此之前进行分植或稀释，因而给分离纯单细胞无性系的工作带平很大困难。若能把植板细胞密度减小，或能在完全孤立的情况下培养单个细胞，这个问题则可减轻。但是，就像在悬浮培养中一样，在正常条件下，每个物种都有一个最适的植板密度，同时也有一个临界密度时，细胞就不能分裂。因此，为了在低密度下进行细胞培养，或是培养完全孤立的单个细胞，必须采用一些特殊的方法。在过去几十年间，为了培养单细胞已经设计了几种不同的方法。

（2）看护培养法。这个方法最初是由 Muir 等（1954）设计的，当时是为了由烟草和金盏花细胞悬浮液和易散碎的愈伤组织中取单细胞进行培养。这个方法的主要特点，是把单个细胞置于一块活跃生长的愈伤组织上进行培养，在愈伤组织和培养的细胞之间，有一片滤纸相隔。具体做法是，借助于一个微型移液管或微型刮刀，由细胞悬浮液中或由易散碎的愈伤组织上分离得到细胞。但在此之前数天，须先把一块 8mm 见方的来过菌的滤纸，在无菌条件下置于一块早已长成的愈伤组织上。愈伤组织和所要培养的细胞可以属于同一个物种，也可以是不同的物种。滤纸铺上之后，逐渐被下面的看护组织块所湿润。这时，将分离出来的单细胞置于湿滤纸的表面。这项操作应敏捷迅速，以免细胞和滤纸失水变干。当这个培养的细胞长出了微小的细胞团之后，将它转至琼脂培养基上，以便进一步促进它的生长并保持这个单细胞无性系。

一个直接接种在愈伤组织培养基上一般有能分裂离体细胞，在看护愈伤组织的影响下则可能发生分裂。由此可见，看护愈伤组织有公给这个细胞提供了培养基中的营养成分，而且还提供了能促进细胞分裂的其他物质。这种细胞分裂因素可通过滤纸而扩散。愈伤组织刺激离体细胞分裂的效应，还可通过另一种方式来证实：把两块愈伤组织置于琼脂培养基上，在它们的周围接种若干个单细胞，结果可以看到，首先发生分裂的都是靠近这两块愈伤组织的细胞。条件培养基有助于在低密度下进行的单细胞培养的成功，也说明了活跃生长的愈伤组织所释放的代谢产物，对于促进细胞分裂是十分必要的。

（3）微室培养法。这个方法是由 Jones 等（1960）设计的，其中用条件培养基代替了看护组织，将细胞置于微室中进行培养。这个方法的主要优点，是在培养过程中可以连续进行显微观察，把一个细胞的生长、分裂和形成细胞团的全部过程记录下来。具体做法是，先由悬浮培养物中取出 1 滴只含有一个单细胞的培养液，置于一张无菌载片上，在这滴培养液的四周与之隔一定距离加上一圈石蜡油，构成微室的"围墙"，在"围墙"左右两侧再各加一滴石蜡油，每滴之上置一张盖片作为微室的"支柱"，然后将第三张盖片架在微室之中。构成"围墙"的石蜡油能阻止微室中水分的丢失，但不妨碍气体的交换，最后把上面筑有微室的整张载片置于培养皿中进行培养。当细胞团长到一定大小以后，揭掉盖片，把组织转到新鲜的液体或半固体培养基上培养。

Vasil 等（1965）证明，应用微室培养法，可以由一个离体的烟草单细胞开始，获得一个完整的开花植株。但与 Jones 等不同。Vasil 等在进行单细胞培养时所使用的是新鲜培养基，里面含有无机盐、蔗糖、维生素、泛酸钙和椰子汁等。

2. 影响单细胞固体培养的因子

培养基的成分和初始植板细胞密度是单细胞培养成败的关键。这两个因子地相互依赖的。当细胞的植板密度较高时（10^4 个·mL^{-1} 或 10^5 个·mL^{-1}），使用和在悬浮培养中或愈伤组织培养中成分相似的纯合成培养即可成功。

随着植板细胞密度的减小，细胞对培养基的要求就变得越加复杂。但若在基本培养基中加入一些化学成分不明确的物质，如椰子汁、水解酪蛋白或酵母浸出液等，则可有效地取代影响细胞分裂的这种群体效应。为了设计适用低植板密度细胞培养的培养基已经进行了很多尝试。以低密度植板的旋花属植物细胞，要求一种细胞分裂素和几种氨基酸，而这些物质对于该物种的愈伤组织培养并不必要。同样，当以低密度植板假挪威槭细胞时，必须在基本培养基中加入一种成分十分丰富的合成培养基，里面含有无机盐、蔗糖、葡萄糖、14 种维生素、谷氨酰胺、丙氨酸、谷氨酸、半胱氨酸、6 种核酸碱和 4 种三羟酸循环中的有机酸。在这种培养基上，密度低到 25～50 个细胞/mL 的植板细胞也能分裂。若以水解酪蛋白（250mg·L^{-1}）和椰子汁（20mg·L^{-1}）取代各种氨基酸和核酸碱，有效植板细胞密度则可进一步下降到 1～2 个·mL^{-1}。

　　有关细胞密度对细胞分裂的影响的解释是建立在这样一种基础上，即细胞能够合成某些对进行分裂所必需的化合物。只有当这些化合物的内生浓度达到一个临界值以后，细胞才能进行分裂。而且，细胞在培养中会不断地把它们所合成的这些化合物散布到培养基中，直到这些化合物在细胞和培养基之间达到平衡时，这种散布过程方才停止。结果是，当细胞密度较高时达到平衡的时间比细胞密度较低时要早得多，因此在后一种情况下，延迟期就会拖得很长。当细胞密度处于临界密度以下时，永远达不到这种平衡状态，因此细胞也就不能分裂。然而，使用含有这些必需代谢产物的条件培养基，则能在相当低的细胞密度下使细胞发生分裂。在纯合成培养基中所以不能培养单个细胞，正是由于我们对于和细胞分裂有半的这些物质的精确性质缺乏了解所致。对条件培养基进行分析或许能为我们提供一些这方面的线索。Stuart 等（1971）的工作表明，在低密度细胞培养中，CO_2对于诱导细胞分裂也可能具有重要意义。在假挪威槭和其他一些植物的悬浮培养中，若在培养瓶内的空气中保持一定的 CO_2 分压，可使有效细胞密度由大约 1×10^4个·mL^{-1}下降到 600 个·mL^{-1}。

复习与思考

1. 单细胞分离的方法有哪些？
2. 单细胞悬浮培养的步骤？
3. 单细胞固体培养的方法有哪些？
4. 影响单细胞固体培养的主要因子有哪些？

第五章　花药培养和花粉培养技术

本章学习目标
1. 熟悉花药花粉培养的意义。
2. 掌握花药培养的方法。
3. 掌握花粉粒分离及培养方法。
4. 了解花药和花粉培养的应用。

第一节　花药培养和花粉培养

一、概念

指离体培养花药和花粉，使小孢子改变原有的配子体发育途径，转向孢子体发育途径，形成花粉胚或花粉愈伤组织，最后形成花粉植株，并从中鉴定出单倍体植株并使之二倍化的技术。

二、花药花粉培养的意义

（1）使植物学研究可在活细胞水平上进行。

（2）可研究植物细胞间生理、生化及遗传上的差异，通过各种筛选技术，选出具有人们需要的某种特性的细胞（如细胞中含有对人类有用的成分或细胞具有抗逆性和抗病性及其他优良性状等），诱导形成植株，育成新的品种。

（3）可对培养的活体细胞变化进行直接观察，以便研究分化和脱分化过程中胞质环流的变化，核分裂过程的差异等。

（4）可连续活体观察和研究控制第一次细胞分裂的方向。研究控制形态发生的手段，同时了解核内染色体变化，以便解释细胞和组培中倍性变化的情况。

（5）研究花粉的生物学特性及高等植物的单倍体育种。

（6）单花粉培养是在脱离花药壁、药隔和花药等体细胞的影响下启动分化的，使研究单倍体育种倍性混乱现象因子简单化。

（7）花粉培养兼有单倍性、单细胞和天然分散性等特点，这是任何细胞培养所不具备的。

（8）在遗传突变研究中，花粉植株的任何突变性状第一代就能表现。

（9）研究植物性状的显隐性遗传规律。

三、花药培养

首先报道通过花药培养获得单倍体植株成功的是印度学者 Guha、Maheshwari（1964，1966）。目前已有 250 多种植物花药培养成功。目前，花药培养获得单倍体的技术途径已在禾本科作物、茄科作物、十字花科作物的育种中广泛应用。花药培养可诱导花粉发育形成单倍体，快速获得纯系；缩短育种周期，利于隐性突变体筛选、提高选择效率；与二倍体融合成体—配杂种。

花药培养的基本程序是外植体选择 – 外植体（花蕾）预处理—外植体消毒—剥取花药—接种—诱导培养—分化培养。

（一）花药培养方法

1. 材料的选取

大多数植物的花药培养，成功率最高的是单核期或单核中晚期。花粉发育时期的检测一般将植物的花药置于载玻片上压碎，加醋酸洋红 1~2 滴染色，再进行镜检以确定花粉发育时期。水稻等植物的花粉，处于单核期时尚未积累淀粉，在进入三核期后的花粉开始积累淀粉，因此可用碘—碘化钾染色鉴定。花粉发育时期与花蕾或幼穗大小、颜色等特征之间有一定的对应关系。花药培养的成功与供试材料的遗传背景、供试材料的生理状态、花粉的发育时期有关。花粉发育时期如下：

$$\text{四分体—小孢子} \underset{\text{最适期}}{\underline{\text{单核花粉—双核花粉}}}$$

2. 材料与处理与灭菌

3~5℃低温处理 3~10d 后，将大花蕾萼片剥掉，先用酒精消毒 10s，在用 0.1% 升汞消毒 10min，最后用无菌水冲洗 4 次。

3. 接种培养

镊子剥去花瓣—花药均匀接种于培养基上，常用培养基 MS、N6 和马铃薯培养基。蔗糖 5%~10%，20~30℃，光照 12h。可固体培养或液体培养。

（二）花药培养下花粉的发育与发育

1. 花粉离体培养的发育途径

（1）花粉进行不对称分裂，形成一个大的营养细胞和小的生殖细胞，接着分裂形成胚或愈伤组织。

（2）花粉进行对称分裂，细胞相似于营养细胞，发育成胚状体或愈伤组织。

（3）生殖细胞与营养细胞同时发育，核融合形成胚状体。

2. 植株的分化再生

（1）愈伤组织—植株，降低生长素与蔗糖浓度，提高细胞分裂素。

（2）胚状体—植株，降低无机盐浓度，蔗糖浓度。高的是单核期或单核中晚期。

四、花粉培养

花粉培养比花药培养优越：从较少的花药得到大量的花粉植株；便于生理生化研究。

（一）花药预培养

适合的花蕾—浸有滤纸的培养皿中 –5℃培养几天——灭菌——取出花药——接种于培养基中数天——将花粉分离——悬浮培养。

（二）花粉培养

1. 取材时期的确定

花粉培养以及花药培养取材时期如下：

四分体—单核早期—单核晚期—双核早期—双核晚期—三核期

小孢子　　　　　　　　　　花粉粒

花粉培养　　　　　　　　　花药培养

2. 花粉预处理

低温处理花蕾，或单核后期离心预处理。

3. 花粉分离

花粉分离步骤：适合的花蕾——消毒——取出花药——烧杯壁中挤压花药——尼龙网滤——花粉液离心——花粉粒沉淀——培养基稀释——纯净花粉群体。

花粉分离方法有以下两种。

（1）机械分离方法。挤压法、磁搅拌法，对花粉粒有一定程度损伤，分离彻底。挤压法是用平头玻棒将置于液体培养基中的花药挤压破碎后去掉残片，或将经过预培养的花药放入一定浓度的蔗糖液中，压碎、用孔径大小适合的尼龙网筛过滤、$500 \sim 1\,000$ $r \cdot min^{-1}$离心 $1 \sim 2min$、收集沉淀，重复 2 次，最后，将花粉与培养基混合，密度为 $10^3 \sim 10^5 \cdot mL^{-1}$。

（2）漂浮释放法。对花粉无损伤，分离不彻底。将低温处理后的花药接种于液体培养基上，进行漂浮培养。数天后花药开裂，花粉散落到液体培养基中，$1\,000 r \cdot min^{-1}$离心 $1 \sim 2min$，收集沉淀。

4. 花粉培养方法

（1）固体培养。根据培养目的和琼脂的质量不同，在培养基中加入 $0.4\% \sim 0.7\%$ 的琼脂，使培养基呈半固体状态，一般使花药浸入培养基中 1/3 为宜。

（2）液体培养。液体培养法是培养基中不加琼脂的培养方法。花药能直接漂浮在液体培养基上最好，若不能，则需在液体培养基里放入消毒过的滤纸，滤纸制成桥状的支持物，使其正好贴在液面上，然后把花药放在滤纸上即可。

五、影响花药和花粉培养的因素

提高花药或花粉培养获得单倍体植株的诱导率，是获得足够数量以供选择的单倍体植株的前提。影响花药和花粉培养的因素很多，主要有以下几个方面。

（一）供体植株的基因型

供体植株的基因型不同，在花药或花粉培养过程中，诱导其形成花粉植株的难易程度有较大差异。

（二）供体植株的生理状态和栽培条件

通常从生长旺盛的植株上取早期现蕾的花药或花粉进行培养，较易形成花粉植株；

取蕾前，供体植株的栽培条件的好坏也影响花粉植株的诱导率。

（三）花粉发育时期

大多数植物通常以单核中期至单核晚期的花粉容易形成花粉胚或花粉愈伤组织。花粉发育时期可以用醋酸—洋红将花粉染色后，显微镜观察确定；也可以结合显微镜观察，用花瓣、花药和萼片的长度，以及相互之间的比例来确定。

（四）培养前和培养初期的预处理

有报道称低温（如4℃）预处理一定时间（如48h）可以明显促进胚状体的形成，有的经短期高温（30~40℃）处理也能够促进胚状体的形成，但是不同作物对所需的最适处理温度和时间要求不同。

（五）培养基

不同的作物种类或品种的花药和花粉培养所要求的培养基成分不同，因此要选用合适的培养基。常用的基本培养基主要有 MS、Nitsch、Millor 和 B5 等，可以从有关专著或论文中找出一般适用的培养基配方。除培养基的种类外，在培养基的其他添加成分中，植物激素（种类和浓度等）对花药和花粉培养的影响较大。蔗糖是很好的碳源和调节渗透压的物质，但不同作物种类对蔗糖的浓度要求不同。此外，氨基酸、维生素、活性炭和硝酸银等对花药和花粉培养的效果也有一定的影响。

（六）培养条件

培养温度通常保持在25℃左右，光照因作物种类不同而异。在花粉培养的早期，黑暗或弱光条件可能更有利于花粉分裂的启动。

第二节　花药和花粉培养的应用

花药和花粉培养所得单倍体植株，不能开花结实，本身无利用价值。应用于植物品种改良和新品种选育，形成了单倍体育种，有重要作用。

现代农业用杂种优势的有效途径是杂交制种，目前应用最广泛地为"三系配套"：雄性不育系、雄性不育同型保持系和雄性不育恢复系。

雄性不育系：指自身雄蕊不正常，不能产生正常的花粉或花粉败育，雌蕊正常，接受外来花粉能正常结实的品系。一般用作杂交母本。

雄性不育同型保持系：自身雌雄蕊正常，能自交繁殖，用它的花粉给不育系授粉，使不育系结实，并保持雄性不育系的后代仍是不育的品系。

雄性不育恢复系：自身雌雄蕊正常，能自交繁殖，它的花粉给不育系授粉，能使不育系当代结实并在 F_1 代恢复育性正常的品系。用作杂交种子的父本。

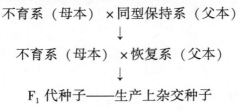

不育系（母本）×同型保持系（父本）

↓

不育系（母本）×恢复系（父本）

↓

F_1 代种子——生产上杂交种子

一、单倍体植物在育种中的作用

（1）克服后代分离、缩短育种年限：常规育种中，杂交 F_2 代起会出现性状分离，到 F_6 代才开始选择，育成一个品种需 8~10 年。单倍体育种将 F_1 或 F_2 代花药进行培养，对所获得的单倍体植株进行加倍处理，获得稳定的纯合二倍体，下一代植株性状基本稳定，育种只需 3~5 年。

（2）选择效率高：为常规育种的 2n 倍。

（3）有利于隐性基因控制性状的选择：杂交育种中等位基因的隐性基因被显性基因掩盖，不宜显现出来，单倍体育种中隐性基因都被加倍而纯合，利于选择。

（4）快速获得自交系的超雄株：利于异花授粉植物杂种优势的利用。

（5）其他：提纯复壮、远缘杂交。

二、单倍体植株染色体加倍方法

（1）自然加倍：通过花粉细胞核有丝分裂或核融合染色体可自然加倍，从而获得一定数量的纯合二倍体。

（2）人工加倍：用秋水仙素处理单倍体植物，使染色体加倍的方法。处理方式有秋水仙素溶液浸苗、处理愈伤组织，0.4% 秋水仙素的羊毛脂涂抹田间单倍体植株的顶芽、腋芽等。

（3）从愈伤组织再生：将单倍体植株的茎段、叶柄等作为材料，在适宜的培养基上诱导愈伤组织产生，经反复继代后再将其转移到分化培养基，可以得到较多的二倍体植株（需进行倍性鉴定）。

复习与思考

1. 花药花粉培养的意义？
2. 花药培养的方法？
3. 花粉粒分离及培养方法？
4. 花药和花粉培养的应用？

第六章　原生质体的培养

本章学习目标

1. 了解原生质体培养的意义。
2. 掌握原生质体（protoplast）的分离方法。
3. 掌握原生质体培养的步骤。
4. 熟悉原生质体融合的方法。

第一节　原生质体的分离与纯化

一、原生质体培养的意义

（一）植株再生

由原生质体再生生成植株，不论在进行有关细胞生物学或生物合成和代谢的实验研究上，还是在组织培养实践中，都有一定的优点。

（1）可利用均一的分化细胞群体。

（2）因无细胞壁，试剂对细胞作用更为直接，其反应能直接测量，以使反应产物能较快的分离出来。

（3）在理论和实践中，可极大节省空间，如在一个三角瓶就能培养 210 个细胞，但在大田种植需要 4 亩地。

（4）可缩短实验周期，如悬浮培养时仅需 1~2h。

原生质体培养可在遗传学方面进行基因互补，不亲和性，连锁群和基因鉴定，分析基因的激活和失活水平的研究。在研究分化问题时，用一个均一的原生质体群体可以筛选数以千计的不同营养和激素条件，探索诱导单细胞的分化条件等。

（二）用于远缘体细胞融合，进行体细胞杂交

这是一种新的远缘杂交方法，为人们提供新的育种方法。两个亲缘关系较远的植株用一般杂交方法是不容易成功的，而用细胞融合的方法却成为可能。首先，两个原生质体融合形成异核体，异核体再生细胞壁，进行有丝分裂，发生核融合，产生杂种细胞，由此可培养新的杂种。

二、原生质体（protoplast）的分离

（一）材料来源

原生质体是通过质壁分离与细胞壁分开的部分，是能存活的植物细胞的最小单位。

自从 1960 年用酶法制备大量植物原生质体首次获得成功以来，原生质体培养成为生物技术最重要的进展之一。通过大量的试验表明，没有细胞壁的原生质体仍然具有"全能性"，可以经过离体培养得到再生植株。原生质体的分离研究较早，1892 年 Klereker 首先用机械的方法分离得到了原生质体，但数量少且易受损伤。1960 年，英国植物生理学家 Cocking 首先用酶解法从番茄幼苗的根分离原生质体获得成功。他使用一种由疣孢漆斑菌培养物制备的高浓度的纤维素酶溶液降解细胞壁。然而，直至 1960 年纤维素酶和离析酶成为商品酶投入市场以后，植物原生质体研究才成为一个热门的领域。至今从植物体的几乎每一部分都可分离得到原生质体，并且能从烟草、胡萝卜、矮牵牛、茄子、番茄等 70 种植物的原生质体再生成完整的植株。此外，原生质体融合，体细胞杂交的技术也得到广泛的应用。

（二）分离方法

1. 机械分离法

1982 年，Klercker 第一次用机械方法从 Stratiots aloides 中获得原生质体。他们的做法是首先使细胞发生质壁分离，然后切开细胞壁释放出原生质体。

2. 酶法分离

（1）优缺点。酶解法可以获得大量的原生质体，而且几乎所有植物或它们的器官、组织或细胞均可用酶解法获得原生质体。但是，这些酶制剂均含有核酸酶、蛋白酶、过氧化物酶以及酚类物质。用酶法降解细胞壁，会影响所获原生质体的活力。酶解法分离原生质体要注意根据植物种和该种类植物细胞壁的结构，选择酶种类和酶浓度。

（2）酶的种类及特点。构成植物细胞壁的 3 个主要成分：a. 纤维素类，占细胞壁干重的 25% ~ 50%；b. 半纤维素类，平均约占细胞壁干重的 53%；c. 果胶类，一般占细胞壁的 5%。常用细胞壁降解酶的种类：纤维素酶、半纤维素酶、果胶酶、复合酶（R - 10）、蜗牛酶、胼胝质酶、EA_3 - 867 酶等。

（3）分离原生质体方法。两步分离法：日本产的 Onozuka 纤维素酶常和果胶酶结合使用，可先用果胶酶降解果胶，使分开细胞，再用纤维素酶处理降解细胞壁。

一步分离法：分离原生质体时，首先要让酶制剂大量地吸附到细胞壁的纤维素上去，因此，一般先将材料分离成单细胞，然后分解细胞壁。采用将酶液减压渗入组织，或将组织切成薄片等方法，都可增加酶液与纤维素分子接触的机会。

酶处理目前常用的多是"一步法"，即把一定量的纤维素酶，果胶酶和半纤维素酶组成混合酶溶液，材料在其中处理一次即可得到分离的原生质体。植物材料须按比例和酶液混合才能有效地游离原生质体，一般去表皮的叶片需酶量较少，而悬浮细胞则用酶量较大。每克材料用酶液 10 ~ 30mL。

（4）影响酶分离的主要因素。渗透稳定剂：植物细胞壁对细胞有良好的保护作用。去除细胞壁之后如果溶液中的渗透压和细胞内的渗透压不同，原生质体有可能胀破或收缩。因此，在酶液、洗液和培养液中渗透压应大致和原生质体内的相同，或者比细胞内渗透压略大些。渗透压大些有利于原生质体的稳定，但也有可能阻碍原生质体的分裂。

因此，在分离原生质体的酶溶液内，需加入一定量的渗透稳定剂，其作用是保持原生质体膜的稳定，避免破裂。常用的两种系统：①糖溶液系统，包括甘露醇、山梨醇、蔗糖和葡萄糖等，浓度在 $0.40 \sim 0.80 mol \cdot L^{-1}$。本系统还可促进分离的原生质体再生细胞壁并继续分裂；②盐溶液系统，包括 KCl、$MgSO_4$ 和 KH_2PO_4 等。其优点是获得的原生质体不受生理状态的影响，因而材料不必在严格的控制条件下栽培，不受植株年龄的影响，使某些酶有较大的活性使原生质体稳定。另外，添加牛血清蛋白可减少或防止降解壁过程中对细胞器的破坏。近年来多采用在盐溶液内进行原生质体分离，然后再用糖溶液作渗透稳定剂的培养基中培养。此外，酶溶液里还可加入适量的葡聚糖硫酸钾，它可提高原生质体的稳定性。这种物质可使 RNA 酶不活化，并使离子稳定。

　　pH：酶溶液的 pH 对原生质体的产量和生活力影响很大。用菜豆叶片作培养材料时，发现原始 pH 为 5.0 时，原生质体产生得很快，但损坏较严重，并且培养后大量破裂。当 pH 提高到 6.0 时，最初原生质体却产生少，但与 pH 为 5.0 时处理同样时间后相比，原生质体数量显著增加。原始 pH 提高到 7.0 时生活的原生质体数量进一步增加，损伤的原生质体也少得多。

（三）原生质体分离注意的问题

　　由于不同材料的生理特点不同，在研究游离条件时，必须试验不同渗透压浓度的细胞，找出适宜的渗透浓度。例如，游离小麦悬浮细胞的原生质体的酶液中须加入 $0.55 mol \cdot L^{-1}$ 甘露醇，游离水稻悬浮细胞的原生质体的酶液中只加 $0.4 \sim 0.45 mol \cdot L^{-1}$ 的甘露醇，两者差别较大。

　　酶解处理时把灭菌的叶片或子叶等材料下表皮撕掉，将去表皮的一面朝下放入酶液中。去表皮的方法：在无菌条件下将叶面晾干、沿着叶脉轻轻撕下表皮。如果去表皮很困难，也可直接将材料切成小细条，放入酶液中。对于悬浮细胞等材料，如果细胞团的大小很不均一，在酶解前最好先用尼龙网筛过滤一次，将原细胞团去掉，留下较均匀的小细胞团时再进行酶解。

　　酶解处理一般地在黑暗中静止进行，在处理过程中偶尔轻轻摇晃几下。对于悬浮细胞，愈伤组织等难游离原生质体的材料，可置于摇床上，低速振荡以促进酶解。酶解时间几小时至几十小时不等、以原生质体游离下来为准。但是，时间过长对原生质体有害，所以一般不应超过 24h。酶解温度要从原生质体和酶的活性两方面考虑。对这几种酶来说，最佳处理温度在 $40 \sim 150℃$，但这个温度对植物细胞来说太高，所以一般都在 25℃ 左右进行酶解。

　　若用叶片作为材料，取已展开的生活叶片，用 0.53% 次氯酸钠和 70% 酒精进行表面灭菌，然后切成 2cm 见方。把 4g 叶组织置于含有 200mL 不加蔗糖和琼脂的培养基 500mL 三角瓶中。在 4℃ 黑暗条件下培养 $16 \sim 24h$，以后叶片转入含有纤维素酶、果胶酶、无机盐和缓冲液的混合液中，pH 为 5.6，通常在酶液中使用的等渗剂为 $0.55 \sim 0.6 mol$ 甘露醇。然后，酶液真空渗入叶片组织。在 28℃ 条件下，$40 r \cdot min^{-1}$ 转的旋转式转床上培养 4h 后，叶片组织可完全分离。若用悬浮培养细胞，可不经过果胶酶处理，因为悬浮细胞液主要由单细胞和小细胞团组成。取悬浮细胞放入 10mL 的酶液中（3% 纤维素酶，14% 蔗糖，pH 值 $5.0 \sim 6.0$），在 $25 \sim 33℃$ 条件下酶解 24h。原生质体—酶混合液用 $30 \mu m$ 的尼龙网过滤，通过低速离心收集原生质体。

在分离原生质体时，渗透稳定剂有保护原生质体结构及其活力的作用。糖溶液系统可使分离的原生质体能再生细胞壁，并使之能继续分裂，其缺点是有抑制某些多糖降解酶的作用。盐溶液系作渗透稳定剂时对材料要求较严格，且使原生质体稳定，使某些酶有较大活性。但是易使原生质体形成假壁，同时使分裂后细胞是分散的。

三、原生质体的纯化和活力测定

(一) 原生质体的纯化

1. 离心沉淀法

在分离的原生质体中，常常混杂有亚细胞碎片，维管束成分，未解离细胞，破碎的原生质体以及微生物等。这些混杂物的存在会对原生质体产生不良影响。此外，还需去掉酶溶液。以净化原生质体。原生质体纯化常用过滤和离心相结合的方法，步骤大致如下：

(1) 将原生质体混合液经筛孔大小为 $40\sim100t\cdot m^{-1}$ 的滤网过滤，以除去未消化的细胞团块和筛管、导管等杂质，收集滤液。

(2) 将收集到的滤液离心，转速以将原生质体沉淀而碎片等仍悬浮在上清液中为准，一般以 $500r\cdot min^{-1}$ 离心 15min。用吸管谨慎地吸去上清液。

(3) 将离心下来的原生质体重新悬浮在洗液中（除不含酶外，其他成分和酶液相同），再次离心，去上清液，如此重复 3 次。

(4) 用培养基清洗一次，最后用培养基将原生质调到一定密度进行培养。一般原生质体的培养密度为 $10^4\sim10^6$ 个/mL。

2. 漂浮法

应用渗透剂含量较高的洗涤液使原生质体漂浮于液体表面。

3. 界面法

选用两种不同渗透浓度的溶液，其中一种溶液的密度大于原生质体密度，一种溶液的密度小于原生质体密度。

(二) 原生质体提活力的测定

1. 形态识别

形态上完整，含有饱满的细胞质，颜色新鲜的原生质体即为存活的。

2. 染色识别

在原生质体培养前，常常先对原生质体的活性进行检测。测定原生质体活性有多种方法，如观察胞质环流、活性染料染色、荧光素双醋酸酯（FDA）染色等。这些方法各有特点，但现在一般用的是 FDA 染色法。FDA 本身无荧光，无极性，可透过完整的原生质体膜。一旦进入原生质体后，由于受到脂酶分解而产生有荧光的极性物质荧光素。它不能自由出入原生质体膜，因此有活力的细胞便产生荧光，而无活力的原生质体不能分解 FDA，因此无荧光产生。FDA 染色测活性的方法如下：

取洗涤过的原生质体悬浮液 0.5mL，置于 10mm×100mm 的小试管中，加入 FDA 溶液使其最终浓度为 0.01%，混匀、置于室温 5min 后用荧光显微镜观察。激发光滤光片用 QB24，压制滤光片用 JB8。发绿色荧光的原生质体为有活力的，不产生荧光的为无活力的。由于叶绿素的关系，叶肉原生质发黄绿色荧光的为有活力的，发红色荧光的为无活力的。

第二节 原生质体培养

将有生活力的原生质体在适当的培养基和培养条件下培养，很快就开始出现细胞壁再生和细胞分裂的过程。1～2个月后，通过细胞的持续分裂，在培养基上出现肉眼可见的细胞团。细胞团长到2～4mm，即可转移到分化培养基上，诱导芽和根长成完整的植株。

一、培养方法

（一）液体浅层培养

液体培养法是在培养基中不加凝胶剂，原生质体悬浮在液体培养基中，常用的是液体浅层培养法，即含有原生质体的培养液在培养皿底部铺一薄层。这种方法操作简便，对原生质体伤害较小，也便于添加培养基和转移培养物，是目前原生质体培养工作中广泛应用的方法之一。其缺点是原生质体在培养基中分布不均匀，容易造成局部密度过高或原生质互相粘连而影响进一步的生长发育，并且难以定点观察，很难监视单个原生质体的发育过程。在固体培养法中提到的饲养培养和共培养，也可以用于液体培养的方法。

微滴培养法是液体培养的一种方式。将悬浮有原生质体的培养液用滴管以0.1mL左右的小滴接种在无菌且清洁干燥的培养皿内。由于表面张力的作用，小滴以半球形保持在培养皿表面，然后用Parafilm封口，防止干燥和污染。如果把培养皿翻转过来，则成为悬滴培养。由于小滴的体积小，在一个培养皿中可以做很多种培养基的对照实验。如果其中一滴或几滴发生污染，也不会殃及整个实验。同时也容易添加新鲜培养基。其缺点也是原生质体分布不均匀，容易集中在小滴中央。此外，由于液滴与空气接触面大，液体容易蒸发，造成培养基成分浓度的提高。解决蒸发问题最简单的办法就是在液滴上覆盖矿物油。

有些研究工作需要进行单个原生质体培养。如选择出特定的原生质体和经融合处理后数量很少的融合体等。已有实验证实，单个原生质体的单独培养的关键在于培养基原体积要特别小。如油菜单个的原生质体必须培养在50mL的培养基中，这种比例相当于每毫升培养基有2×10^4个原生质体，在这种条件下，原生质体的再生细胞可以持续分裂直到形成愈伤组织。这样小体积的微滴，是极易蒸发的，为此，Koopt设计了一个特殊的装置：首先，在一个长度为3 350μm。并绝对洁净的盖玻片上滴50滴2.0mol·L^{-1}蔗糖小滴，每滴1μL，分布成10行，每行的距离为3.4μm。然后把盖玻片在硅溶液中浸一下，使得蔗糖小滴占领的圆点外的全部盖玻片被硅化。硅化的目的是防止以后的矿物油滴相互连通。硅化后，用水小心地把蔗糖液滴洗去，然后使盖玻片干燥并灭菌。在原来蔗糖液滴占领的圆点区域加上1μm的矿物油滴，再把已悬浮有原生质体的培养液用注射器注到矿物油滴中。这样制备好的盖玻片放到一个双环培养皿中，培养皿的外环加满 0.2mol·L^{-1} 的甘露醇溶液，最后封口。由于有矿物油并且盖玻片相当于保持在一个湿润的小室中，保证了微小培养基不会蒸发，从而可以达到单个原生质体培养的目的。

（二）平板法培养

取 1mL 原生质体密度为 4×10^5 个/mL 悬浮液，与等体积已溶解的含有 1.4% 低熔点（40℃）琼脂糖的培养基均匀混合后，置于直径为 6cm 培养皿中，此时密度为 2×10^5 个/mL，待凝固后，将培养皿翻转，置于四周垫有保湿材料的直径为 9cm 培养皿内。

（三）悬滴法培养

将含有一定密度原生质的悬浮液，用滴管或定量加液器，滴在培养皿的内侧上，一般直径为 6cm 培养皿盖滴 6~7 滴，皿底加入培养液或渗透剂等液体以保湿，轻而快的将皿盖盖在培养皿上，此时培养小滴悬挂在皿盖内。

（四）双层培养法

三角瓶内先注入适于细胞团增殖的固体培养基，然后在固体培养基上，加入适宜原生质体细胞壁再生和细胞分裂的液体培养基，再按一定的细胞密度注入原生质体制备液。以液体培养和固体培养相结合的方法培养原生质体并使其植株再生的方法。

（五）饲喂层培养

培养方法是将饲喂层的细胞用培养基制作平板，此平板即为"饲喂层"。

二、培养条件

培养温度保持在 25~27℃，光照为 16h·d^{-1} 左右，静置为主。但为了不使细胞集聚，最初几天需经常轻轻摇动，以助通气。

三、原生质体存活率、密度及产量的测定

（一）原生质体存活率

1. FDA 活性染色

在 20mL 原生质体的悬浮介质中加入 10μLFDA 母液，混匀后即为 FDA 活性染色液。

2. 测定原生质体存活率

存活率（%）＝存活原生质体数/总原生质体数×100

（二）测定原生质体的密度

原生质体的密度（个/mL）＝（原生质体数/1 区域）×10^4×稀释倍数

（三）原生质体产量的测定

原生质体产量指每克鲜重材料制备所得存活原生质体量（个）之值。

第三节　原生质体融合

通过原生质体融合可实现体细胞的杂交，这是 20 世纪 70 年代兴起的一项新技术。

因为应用植物的根、茎、叶等营养器官及其愈伤组织或悬浮细胞的原生质体进行融合，所以称之为体细胞杂交。体细胞杂交育种克服了远缘杂交中某些障碍，如杂交不亲和性等，从而更广泛地组合各种植物的遗传性状，为有效地培育新品种，开辟了一条崭新的途径。

一、原生质体的选择

采用既能方便融合、杂种筛选，又能形成稳定遗传重组体，并能再生的原生质体亲本组合，才能期望获得有效的研究结果。

二、原生质体融合的方法及过程

（一）无机盐诱导融合

原生质体的融合方式分自发融合和诱导融合两类。自发融合是在植物原生质体分离过程中，用酶法分解细胞壁后进行融合。这类融合是种内融合，与胞间连丝有关，融合的个体一般不能进一步发育。诱导融合是指制备出原生质体后，加入诱导剂或用其他方法促使两个亲本原生质体融合，诱导融合可以是种内的，也可以是种间的，甚至是属间、科间的融合。

诱导融合的方法大体可以分为物理的和化学的两类。前者是利用显微操作、灌流吸管、离心或振动等机械以促使原生质体融合，这种方法目前多与诱导剂结合起来使用，化学融合法是用不同的试剂作诱导剂，促使原生质体融合。目前，常用的比较有效的是高 pH—高钙法和聚二乙醇法。

（二）聚乙二醇（PEG）法

1. 细胞融合过程（图 3 - 11）

PEG 诱导融合的特点：其优点是融合成本低，无需特殊设备；融合产生的异核率较高；融合过程不受物种限制。其缺点是融合过程繁琐，PEG 可能对细胞有毒害。

PEG 的作用机理：Kao 等认为，由于 PEG 分子具有轻微的负极性，故可以与具有正极性基团的水、蛋白质和碳水化合物等形成 H 键，从而在质膜之间形成分子桥，其结果是使细胞质膜发生粘连进而促使质膜的融合；另外，PEG 能增加类脂膜的流动性，也使细胞的核、细胞器发生融合成为可能。

2. 细胞融合步骤

（1）将两种不同亲本细胞各 5×10^6 混匀。

（2）离心沉淀，吸去上清液。

（3）加 1mL 50% PEG 溶液，用吸管吹打，使之与细胞接触 1min。

（4）加 9mL 培养液，离心沉淀，吸去上清液。

（5）加 5mL 培养液，分别接种 5 个直径 60mm 平皿，每个平皿加培养液至 5mL，37℃ 的 CO_2 培养箱中培养。

（6）6～24h 后，换成选择培养液筛选杂交细胞。

（三）聚乙二醇与高 pH—高钙相结合的诱导融合

聚乙二醇法为我国学者高国楠首创。聚乙二醇（PEG）分子式为 $HOCH_2$（CH_2 -

$O-CH_2)_nCH_2OH$，分子量 $1\,500\sim6\,000$，水溶性，pH 值为 $4.6\sim6.8$，因多聚程度而异。由于 PEG 分子中醚键的存在使其分子末端带有微弱电荷，能与水、蛋白质、糖等极性物质的正极形成氢键。PEG 在相邻原生质体表面间作为分子桥，直接或间接地通过钙而起作用。当 PEG 分子被洗脱时，可能由于电荷紊乱和再分布，或使膜表面局部脱水，或改变构型使类脂"液态"化而引起融合。具体操作过程如下：取等量、密度相近的两种不同原生质体悬浮液，在玻璃容器内混合均匀，取 $150\mu L$ 左右的原生质体悬浮液滴在盖玻片上。然后，缓慢加入 $450\mu L$ 左右的 PEG 溶液，放在 $20\sim30℃$ 条件下保温培养 $0.5\sim1.0h$，后用原生质体培养液洗净融合剂。

1. PEG 诱导剂溶液的配制

每 100mL PEG 融合诱导液中含 $30\sim50$ g PEG，150g $CaCl_2\cdot2H_2O$，10 mg KH_2PO_4，3g 甘露醇。

2. 高 pH—高钙法

高 pH—高钙法是受动物细胞融合研究的启发而产生的。用 pH 值 $9.5\sim10.5$ 大于 $0.03mol\cdot L^{-1}$ 浓度 Ca^{2+} 处理原生质体，融合效果较好。具体处理方法：在原生质体沉淀中加入含有 $0.05mol\cdot L^{-1}CaCl_2$ 和 $0.4mol\cdot L^{-1}$ 甘露醇，pH 调整到 10.5，在 37℃ 下保温 0.5h，可使原生质体融合率达到 10% 左右。高 pH 能导致质膜表面离子特性的改变，有利于原生质体的融合。钙能稳定原生质体，也起联系融合的作用。

3. 原生质体培养基

与原生质体培养再生植株所用培养基相同。

4. 融合过程

异种原生质体先经膜融合形成共同的质膜，然后经胞质融合，产生细胞壁，最后是核融合。细胞核的融合是异种原生质体融合的关键。融合体只有成为单核细胞后才能继续生长，才能合成 DNA、RNA，并进行细胞分裂，这就要求两个核必须同步分裂，如果两个核所处时期不同，一个开始合成 DNA，另一个还处于合成的中途或已完成了复制，它们之间就会相互影响，导致最终不能进行细胞分裂。

（四）仙台病毒法（图 6-2）

仙台病毒诱导细胞融合经 4 个阶段：①两种细胞在一起培养，加入病毒，在 4℃ 条件下病毒附着在细胞膜上。并使两细胞相互凝聚；②在 37℃ 中，病毒与细胞膜发生反应，细胞膜受到破坏，此时需要 Ca^{2+} 和 Mg^{2+}，最适 pH 值为 $8.0\sim8.2$；③细胞膜连接部穿通，周边连接部修复，此时需 Ca^{2+} 和 ATP；④融合成巨大细胞，仍需 ATP。

病毒促使细胞融合的主要步骤如下：①两个原生质体或细胞在病毒黏结作用下彼此靠近；②通过病毒与原生质体或细胞膜的作用使两个细胞膜间互相渗透，胞质互相渗透；③两个原生质体的细胞核互相融合，两个细胞融为一体；④进入正常的细胞分裂途径，分裂成含有两种染色体的杂种细胞。

（五）电融合法

电融合法是 20 世纪 80 年代出现的细胞融合技术，在直流电脉冲的诱导下，细胞膜表面的氧化还原电位发生改变，使异种细胞粘合并发生质膜瞬间破裂，进而质膜开始连

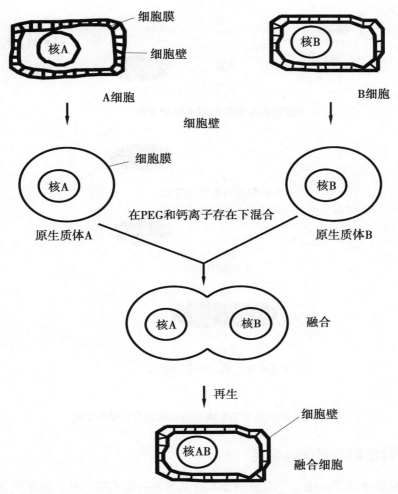

图6-1　聚乙二醇（PEG）法细胞融合过程

接，直到闭和成完整的膜，形成融合体，其原理如图6-3所示。电融合法的优点：融合率高、重复性强、对细胞伤害小；装置精巧、方法简单、可在显微镜下观察或录像观察融合过程；PEG诱导后的洗涤过程、诱导过程可控性强。

电融合的基本过程如下。

1. 膜的接触

当原生质体置于电导率很低的溶液中时，电场通电后，电流即通过原生质体而不是通过溶液，其结果是原生质体在电场作用下极化而产生偶极子，从而使原生质体紧密接触排列成串。

2. 膜的击穿

原生质体成串排列后，立即给予高频直流脉冲就可以使原生质膜击穿，从而导致两个紧密接触的细胞融合在一起。

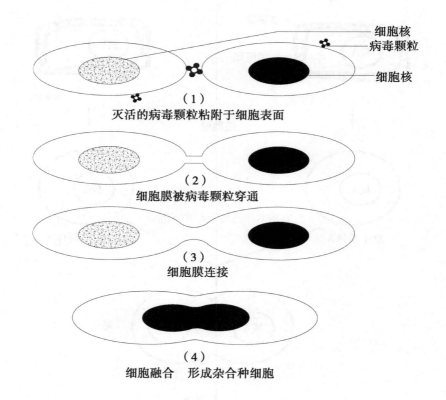

（1）
灭活的病毒颗粒粘附于细胞表面

（2）
细胞膜被病毒颗粒穿通

（3）
细胞膜连接

（4）
细胞融合　形成杂合种细胞

图 6－2　用灭活的病毒诱导的细胞融合过程示意图

三、杂种细胞的筛选与鉴定

并非所有的细胞都能融合。细胞融合本身又带有一定的随机性，除不同亲本细胞间的融合外，还伴有各亲本细胞的自身融合，需设法把含两亲本细胞染色体的杂种细胞分离或筛选出来。最简便的办法无疑是应用选择培养基，使亲本细胞死亡，而仅让杂种细胞存活下来。为此，已先后利用亲本细胞的药物抗体、营养缺陷型和温度敏感性等遗传标记，建立了许多选择系统，并成功地利用于杂种细胞的筛选。现在已分离得到的突变型主要有药物抗性突变型、营养缺陷突变型、温度敏感突变型、紫外线敏感突变型等。

1. 药物抗性突变型

药物抗性突变型：细胞突变后对某一种药物的抗性显著增加而形成的一种突变型。某一种药物在达到一定浓度时，可以杀死野生型细胞。当把正常的野生型细胞培养在含有这一药物的培养基上，逐渐增加药物浓度，便可得到一条存活曲线。但是存在一些自发突变，这一细胞在药物的致死浓度中仍能生长。

在培养细胞药物抗性突变型中研究得最为广泛的药物抗性是氮鸟嘌呤抗性。氮鸟嘌呤是一种鸟嘌呤类似物，当培养基中含有这一药物时，细胞就会由于其结构与鸟嘌呤类似而利用这一药物，将它掺入到细胞自身的 DNA 中，最终导致细胞死亡。细胞内参与这一反应的一个重要酶称为次黄嘌呤鸟嘌呤磷酸核糖转移酶（简称 HGPRT）。HGPRT 是细胞内嘌呤合成应急途径中的一种酶，它的作用是将次黄嘌呤和鸟嘌呤转变成次黄嘌呤核苷酸或鸟嘌呤核苷酸，从而使后者参与 DNA 合成过程。哺乳动物细胞中核苷酸合成的不同途径，氮鸟嘌呤抗性突变缺失 HPRT 酶，因而不能通过补救途径掺入 DNA。从头合成途径利用 HGPRT 与嘌呤类似物之间的这种特殊关系，可以通过嘌呤类似物来筛选 HPRT－细胞，这种选择方法称为正向选择。相反，如果 HPRT－细胞发生回复突变，恢复为 HPRT＋。对于这类回复突变型的选择可在 HAT 选择培养基上进行的。HAT 选择培养基含次黄嘌呤、氨基蝶呤和胸腺嘧啶三种重要成分。氨基蝶呤可阻止从头合成途径的过程，所以细胞内 HPRT 活性必须恢复，细胞才能存活。对于这类回复突变型的选择称为反向选择。胸苷酸激酶（TK）也可成为选择标志。5－嗅尿嘧啶（BrdU）为嘧啶类似物，掺入 DNA 可导致细胞致死。而 TK－细胞中因 BrdU 不被利用，故可在含高 BrdU 的培养基中生长。这类抗性细胞称为 BrdU 抗性细胞（如 LMTK－细胞系）。

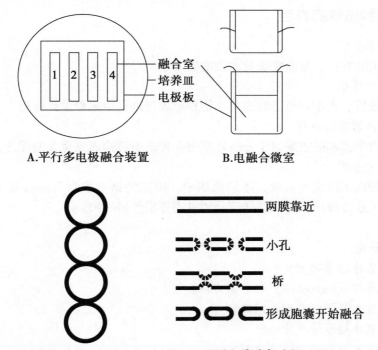

A.平行多电极融合装置　　　B.电融合微室

C.交流电场中排列的原生质体　　D.两原生质融合过程

图 6－3　电融合诱导法原理示意图

2. 营养缺陷突变型

营养缺陷突变型是培养细胞突变型中的另一种重要突变类型。这些突变型表现在合成低分子量代谢物（如氨基酸，嘌呤、嘧啶等）的能力发生了改变，以致这些细胞所产生的生物量不能满足正常生长的需要，如氨基酸依赖型、嘌呤代谢缺陷型、嘧啶生物合成营养突变型、嗜糖性突变型等。目前，已分离得到许多与氨基酸、嘌呤、嘧啶等生物合成代谢有关的酶缺陷营养突变型。这些突变型的发现，不仅可用于研究不同生化途径中的生物合成过程和代谢调节作用，而且还能用来作为体细胞遗传学分析中的遗传标记。

3. 营养缺陷变异型反选

杂种的选择：营养缺陷型是指在一些营养物（如氨基酸、碳水化合物、嘌呤、嘧啶或其他代谢产物）的合成能力上出现缺陷，而难以在缺乏这些营养物的培养基中存活的变异型细胞。可按反选择法分离所需细胞。由不同营养缺陷变异型细胞生成的杂种，像抗药性细胞的杂种一样，可用适当的选择培养基来进行筛选。

4. 由温度敏感突变型细胞组成的杂种的筛选：

培养的哺乳类细胞，均可在 32～40℃ 的范围内生长，其最适温度则为 37℃。但用筛选营养突变型细胞的类似方法，也可分离得到不能在 38～39℃（非许可温度）生长的温度敏感突变型细胞。要尽可能快地鉴定处带有所需表型的细胞克隆。最长用的方法就是根据所需的特点来鉴定或选择细胞克隆。

四、杂种植株的鉴定

1. 形态学鉴定

这种传统的方法，是鉴定杂种的最准确方法。

2. 细胞学观察

染色体数目、大小与形态的变化在物种形成与进化中起着重要作用。

3. DNA 内切图谱分析

分子生物学技术的进展对于分析体细胞杂种的遗传构成是重大的促进。

4. 同工酶分析

由于植物在不同发育阶段，不同组织中，同工酶谱带本身可以有较大的差异，因此，进行有关这方面比较时，取样部分和时间要求严格一致。

复习与思考

1. 原生质体培养的意义？

2. 原生质体（protoplast）的分离方法？

3. 原生质体分离注意哪些问题？

4. 原生质体培养培养方法？

5. 原生质体融合的方法及过程？

6. 杂种细胞的筛选与鉴定方法

7. 杂种植株的鉴定方法？

第七章　种质保存

本章学习目标

1. 掌握种质资源的概念。
2. 了解种质保存的意义。
3. 掌握种质资源的不存方法。
4. 熟悉提高冷冻后细胞或组织存活率的方法。

第一节　种质资源保存的概念

种质资源又称遗传资源，习惯上也称品种资源。它包括栽培、野生及人工创造的粮食作物、经济作物、园艺作物的品种或品系。但现代农业生产中，一般只种植少数几种高产品种，而其他的品种或农家种则因为不适应目前的农业需要，以及科学水平所限或人们还未发现它们的用途而极少种植。但这些资源一旦丢失就永远无法找回。

种质保存，是利用天然或人工创造的适宜环境，保存种质资源，使个体中所含有的遗传物质保持其完整性，有高的活力，能通过繁殖将其遗传特性传递下去。要保存足够的群体，减少繁殖过程中遗传漂移，使繁殖前后保持有最大的遗传相似性。在贮藏过程中，要求表现最低程度的遗传变异。

种质保存分为原地保存和异地保存两种方式。原地保存，指在自然生态环境下，就地保存，自我繁殖种质。这种方式不仅可以保存种质还可以保护不同的生态系统。如各类保护区的建立。世界第一个保护区是 1872 年美国建立的黄石公园；异地保存是将种子、植物体保存于该植物原产地以外的地方，主要形式有植物园、种质圃、种子库、组织培养物的试管保存（离体保存）等。其中，种子保存所占空间小并能保存多年，且易于干燥和包装便于运输。但处子易受病虫害侵害；遗传性状不稳定有些种子含水量高难于脱水保存。离体保存是将单细胞、原生质体、愈伤组织、悬浮细胞、体细胞胚、试管苗等植物组织培养物储存在使其抑制生长或无生长条件下，达到保存目的的方法。该法具有省时省力，不受自然生态因素影响，便于交流运输等优点。主要有低温保存和超低温保存两种方式。

第二节　种质保存的意义

种质保存的根本目的是保持遗传基因的稳定及其所控制的遗传性状不发生改变。其用途如下：①长期保持种质的遗传稳定性；②长期保存去病毒的种质；③保持稀有珍贵及濒危植物的种质资源；④保持不稳定性的培养物，如单倍体；⑤保持培养细胞形态发生的能力；⑥防止种质衰老；⑦延长花粉的寿命，解决不同开花期和异地植物杂交上的困难；⑧冷冻解冻过程可能起着离休筛选作用，将那些生命力强、抗逆性强的细胞系选择下来，再生植株可能成为抗逆（抗寒）的新品种；⑨便于国际间的种质交换。

第三节　低温保存

低温保存是在低于正常培养温度下保存植物组织培养物的技术，该方法常结合改变培养基成分、控制光照等措施，以减缓保存材料的生长速度，延长继代时间，故又称小生长法。该法简单易行，需要设备少，投资小，技术成熟，可以作为植物种质资源的中长期保存方法。

低温保存的基本特征是保存材料的定期继代培养，不断繁殖更新。保存过程中要选用遗传上稳定的外植体作为起始培养材料，以尽可能地减少遗传变异的机会。所以具有器官分化能力的体细胞胚和植物茎尖分生组织，能够保持发育的完整性，在遗传上也较稳定，适于用做低温保存的起始材料。

低温保存的基本措施是控制保存材料所处的温度和光照。在一定温度范围内材料的寿命随保存温度的降低而延长，一般 5～10℃ 适宜保存温带起源植物的试管苗，15～18℃ 可用于热带植物试管苗的保存。适当缩短光照时间，降低光照强度，也能减缓材料的生长速度，延长保存时间。但也要防止光照过弱使材料生长纤细，形成弱苗。导致生长不维持。

改变培养基成分，在其中添加脱落酸、矮壮素和甘露醇等生长延缓剂和渗透剂。其中以对材料遗传稳定性影响小的甘露醇为最好，培养基中加入较低含量的甘露醇可以明显提高材料的存活率。

低温保存的技术操作简单。以魔芋为例，选取茎尖分生组织为外植体，建立试管苗无性系；选取生长健壮的、芽大小为 1.5cm 的材料移入保存培养基，于 25℃、光照度 1 000lx、12h 条件下培养一周；转入 4℃ 黑暗中保存。材料每 6 个月继代培养一次，继代培养时，从形态、经济性状、生理生化等方面进行遗传稳定性鉴定。

第四节　超低温保存

超低保存也叫冷冻保存，一般以液态氮（-196℃）为冷源，使温度维持在 -196℃。在如此低温下，新陈代谢活动基本停止，处于"生机停顿"（suspended animation）状态。在此状态下材料不可能产生遗传变异。可对材料进行长期保存。

超低温保存 1949 年成功地应用于动物细胞的保存。20 世纪 70 年代以来，应用于植物材料保存，目前已经有不少成功的例子。在超低温保存中茎尖和幼胚等较为合适。这些材料遗传稳定，再生能力强，解冻后易于成活和种植，对于冷冻和解冻过程中所产生的胁迫忍受能力也强。

一、冷冻的方法

（一）快速冷冻法

该法是将植物从0℃或其他预处理温度直接投入液氮。其降温速度在每分钟1 000℃以上。在降温冷冻过程中，从−10℃到−140℃是植物体内冰晶形成和增长的危险温度区，在此以下冰晶不再增生。因此，快速冷冻成功的关键在于利用超速冷冻，使细胞内的水迅速越过冰晶生长的危险温度区。细胞内的水形成"玻璃化"状态。采用快速冷冻方法，要求细胞体积小，细胞质浓厚，含水量低，液泡化程度低的材料，如高度脱水的种子、花粉、球茎或块根以及茎尖分生组织等。

（二）慢速冷冻法

该法是以每分钟0.1~10℃的降温速度（一般1~2℃·min^{-1}）使材料从0℃降至−10℃左右，随即浸入液氮，或者降至−196℃。在此条件下可以使细胞内的水有充足的时间不断地转移到细胞外结冰，从而使细胞内的水分减少到最低限度，避免在细胞内结冰。该法适用于成熟的、含有大液泡和含水量高的细胞，对于保存在悬浮培养中的细胞特别有效。

（三）分步冷冻法

此法是指植物的组织和细胞在放入液氮前，经过一个短时间的低温锻炼。可分为两步冷冻法和逐级冷冻法两种。

1. 两步冷冻法

此法实际是慢速冷冻法和快速冷冻法的结合。它的第一步是采用0.5~4℃·min^{-1}的慢速降温使温度从0℃降至−40℃；第二步是投入液氮迅速冷冻。植物材料在第一步冷冻后，必须停留一段时间，使材料充分脱水。材料悬浮培养细胞和愈伤组织的冷冻保存多使用此法。

2. 逐级冷冻法

此法是在程序降温仪或连续降温冷冻设备的条件下采用的一种冷冻保存方法，一般先制备不同等级温度的溶液，如−10℃、−15℃、−23℃、−35℃、−40℃等。植物材料经冷冻保护剂在0℃处理后，逐级通过这些温度。在每一级别温度中停留一定时间（4~6min）后浸入液氮。这种方法使细胞在解冻后呈现较高的活力。

（四）干燥冷冻法

此法是将植物材料置于27~29℃烘箱内，使其含水量由72%~77%降至27%~40%后，再浸入液氮，可以使植物材料免遭冻死。用真空干燥法使细胞脱水则效果更好。

二、提高冷冻后细胞或组织存活率的方法

（一）植物材料的性质

冷冻前材料材料的性质，包括物种、基因型、抗寒性、年龄、形态结构和生理状态等，都会对冷冻效果产生很大影响。一般来说，小而细胞质浓厚的分生组织或细胞，比

大而高度液泡化的细胞容易存活。因此，应当选用频繁继代的愈伤组织材料。胚状体也以幼龄的球形胚存活率最高，心形胚次之，子叶胚最低。而较大的组织材料则仅有分生细胞可能重新生长。

（二）冷冻前的预处理

1. 悬浮培养或继代培养

在悬浮培养中，可采用饥饿法使细胞分裂处于同步。增加指数生长期的细胞，能有效在提高保存存活率。方法是先使细胞在不含磷酸盐的培养基中饥饿 4d。再转入正常培养基中进行同步化。另外在培养基中加入细胞分裂抑制剂如 5 - 氨基尿嘧啶、羟基脲和胸腺嘧啶核苷等。使细胞滞留在 G_1 期和 S 期的边界上，去除抑制剂后，细胞即达成同步化。

2. 预培养

冷冻前对材料进行短暂培养可以提高冷冻处理后的存活率。一般加入 5% 二甲基亚砜（DMSO）预培养 48h。将细胞适度脱水，也可提高存活率。

3. 低温锻炼

将植物茎尖在冷冻之前，放在 4℃ 下处理 3d。可提高存活率。

4. 冷冻防护剂

冷冻防护剂可以防止细胞的溶液效应的毒害。它具备以下作用：降低冰点，促进过冷却和玻璃态化的形成；提高溶液的黏滞性，阻止冰晶形成；DMSO 可以使膜物质分子重新分布，增加细胞膜的透性，在温度降低时，加速细胞内的水流往细胞外结冰；稳定细胞内的大分子正常结构，特别是膜结构，阻止低温对膜的伤害。甘油、糖、糖醇类也是冷冻防护剂。DMSO 应当在 30 ~ 60min 的一段时间内逐渐加入以免对细胞产生毒害作用。脯氨酸是植物体内天然的防护剂。

（三）解冻方法

1. 快速解冻法

把冷冻材料直接投入 37 ~ 40℃ 的温水中。解冻速度为 500 ~ 700℃·min^{-1}。化冻后转入冰槽中保存。材料解冻时的再次结冰危险区域是 -50 ~ -10℃，该法可尽快通过这一区域。

2. 慢速解冻法

把冷冻材料先置于 0℃ 下，然后逐渐升至室温，让其慢慢解冻。适用于细胞含水量较低的物种或材料，如木本植物的冬芽等。

解冻方法的选择不仅与材料特性有关，还与冷冻时采用的方法有关。快速冷冻的材料也应快速解冻。同时还要注意材料的避免机械损伤；一旦解冻，就应把试管转至 20℃ 水浴中，并尽快洗涤材料和再培养，以免热伤害。

（四）重新培养

将解冻的材料，重新置于培养基上使其恢复生长。如加了防护剂，则应当先将材料洗涤几次。以去除防护剂的毒害作用。但此过程中也将一些冷冻过程中细胞渗漏出来的对于培养有利的物质去除掉了，因此有时不去除防护剂也可。

此外，在再培养早期，一般有一个生长停滞期。它的长短取决于细胞的损伤程度、保护剂的浓度，也与植物材料和基因型有关。

三、冷冻保存后细胞和器官活力的检测

最基本的活力检测方法是再培养法。根据组织细胞的复活程度、存活率、生长速度、组织块的大小和重量的变化，以及分化产生植株的能力和各种遗传性状来表达。

$$存活率（\%）= \frac{重新生长细胞（或器官）数目}{解冻的细胞（或器官）的数目} \times 100$$

在冷冻和化冻期间受过不同程度损伤的细胞或器官也可能再生出完整的植株。这是由于培养材料再生出了次级的分生组织的缘故。

复习与思考

1. 种质资源的概念？
2. 保存种质的意义？
3. 种质资源的不存方法？
4. 提高冷冻后细胞或组织存活率的方法？

第八章　植物胚胎培养和人工种子

本章学习目标

1. 了解植物胚胎培养的意义。
2. 掌握植物胚胎培养的方法。
3. 熟悉人工种子的结构。
4. 掌握人工种子的制作技术。

第一节　植物胚胎培养

一、胚胎培养（embryo culture）

胚胎培养是植物组织培养的一个主要领域。植物胚胎培养是指对植物的胚（种胚）及胚器官（如子房、胚珠）进行人工离体无菌培养，使其发育成幼苗的技术。

二、植物胚胎培养的意义

（1）克服杂种胚的败育，获得稀有杂种

（2）获得单倍体和多倍体植株

（3）打破种子休眠，促进胚萌发

（4）快速繁殖良种，缩短育种周期

（5）克服种子生活力低下和自然不育性，提高种子发芽率

（6）提高后代抗性，改良品质

（7）种子活力的快速测定

（8）种质资源的搜集和保存

（9）研究胚胎发育的过程和控制机制

三、胚培养

根据胚胎的成熟度分为幼胚（子房形成之前）培养和成熟胚培养；根据具胚器官的不同，分为胚珠培养、子房培养、胚乳培养等。

（一）成熟胚培养

成熟胚一般指子叶期后至发育完全的胚。它培养较易成功，在含有无机大量元素和糖的培养基上，就能正常生长成幼苗。由于种子外部有较厚的种皮包裹，不易造成损伤，易于进行消毒，因此，将成熟或未成熟种子用 70% 酒精进行几秒钟的表面消毒，

再用无菌水冲洗 3～4 次，然后在无菌条件下进行解剖，取出胚并接种在适当的培养基上培养。

（二）幼胚培养

幼胚完全是异养的，离体条件下培养要求培养基成分复杂，培养不易成功。幼胚培养时，其发育过程有以下几种发育方式：a. 胚性发育，此种方式不能萌发成苗；b. 早熟萌发，长成的苗十分瘦弱；c. 产生愈伤组织，再由愈伤组织分化形成胚或不定芽。

幼胚培养是指对子叶期以前的幼小胚的离体培养。由于幼胚培养在远缘杂交育种上有极大的利用价值，因此其研究和应用越来越深入和广泛。随着幼胚培养技术的进步，现在可使心形期胚或更早期的长度仅 0.1～0.2mm 的胚生长发育成植株。由于胚越小就越难培养，所以尽可能采用较大的胚进行培养。

幼胚培养的操作方法与成熟胚的培养基本相同。应该注意的是切取幼胚时，必须在高倍解剖镜下进行，尽量取出完整的胚。常见的幼胚培养有 3 种生长方式：①继续进行正常的胚胎发育，维持"胚性生长"；②在培养后迅速萌发成幼苗，而不继续进行胚性生长，通常称为"早熟萌发"；③在多数情况下胚在培养基中能发生细胞增殖，形成愈伤组织，并由此再分化形成多个胚状体或芽原基，特别是加有激素时，就更是如此。

（三）影响幼胚培养的因素

1. 培养基

成熟胚对培养基的要求不高，而幼胚要求较高。常用的基本培养基有 Tukey、Randolph、White、Norstog、MS、1/2MS、Nitsch 等培养基。其中，前 3 种培养基用于成熟胚培养，其他培养基主要适用于未成熟胚和幼胚的培养。而禾谷类的幼胚培养有时也采用 B5 和 N6 培养基。培养基具有高无机盐、高渗透压和高糖、高氨基酸的特点，才能满足离体幼胚发育的需要。一般液体培养基适合于幼胚培养，而固体培养基适合于成熟胚的培养。

在培养基的有机附加物中，维生素 B_1 和生物素对胚胎培养有重要作用，而抗坏血酸则不重要。添加氨基酸对不同植物和不同时期的幼胚的培养效果是不同的，几种不同的氨基酸以适当配比加入，往往可获得较好的效果。

天然有机物由于其成分复杂，对幼胚的生长有不同程度的影响。如番茄汁或大麦胚乳提取物能够促进大麦胚的生长；成熟度达八成的椰乳有促进幼胚生长和分化的作用（如番茄胚在含有 50% 椰乳的培养基中可维持生长，对胡萝卜幼小子叶阶段的离体胚培养也有促进作用），而成熟椰子中的椰子乳则表现抑制作用；马铃薯的提取物和蜂王浆对离体胚的培养也有良好的作用。

2. 激素

不同植物的胚胎培养所需的激素不同。如 IAA 可明显促进向日葵幼胚的生长，IAA 与 KT 的共同作用可促进荠菜幼胚的生长。一般认为 IAA 可使胚的长度增加，加入 6-BA 可提高胚的生存机会。内外源激素间或与其他生长因子之间保持某种平衡是确保激素促进幼胚发育的关键问题。

3. 温光条件

对大多数植物的胚来说，温度以 25～30℃ 为宜，但是有些则需要较低或较高的温度。如早熟桃的种胚必须经过一定的低温春化阶段（2～5℃下低温处理60～70d），才能正常萌发生长，而马铃薯胚以20℃为宜，香子兰属的胚在32～34℃下生长最好。

通常胚培养是在弱光下进行的。幼胚在光下和黑暗中培养都可以，但达到萌发时期则需要光照。光照可以促进某些植物的胚转绿，利于胚芽生长，而黑暗利于胚根生长。因此，以光暗交替培养较为有利。

四、胚乳培养

胚乳是由两个单倍的极核和一个单倍的精子结合而成的三倍体组织。由它可获得无子结实的三倍体植株，进而可将它加倍成六倍体植株。不同胚乳发育类型及发育时期直接影响外植体取材时期以及胚乳细胞产生愈伤组织频率。胚乳培养的后代，常发生细胞染色体数目变化，形成多倍体、非整倍体等。

（一）胚乳的发育类型及特点

1. 核型胚乳的特点

（1）被子植物中普遍的胚乳发育形式。

（2）初生胚乳核的第一次分裂和以后的多次分裂，都不伴随壁的形成。

（3）各个胚乳核呈游离状态分布在胚囊中。

（4）发育到一定阶段后，常在胚囊外围的胚乳核之间出现细胞壁。

（5）为单子叶植物和具有离瓣花的双子叶植物中普遍存在，如小麦、水稻、玉米、棉花、油菜、苹果等。

2. 细胞型胚乳特点

（1）初生胚乳核的分裂开始，即产生细胞壁，形成胚乳细胞。

（2）无游离核时期。大多数双子叶合瓣花植物是这样的胚乳，如番茄、烟草、芝麻等。

3. 细胞型胚乳的特点

（1）核型胚乳与细胞型胚乳的中间类型。

（2）初生胚乳核的第一次分裂将胚囊分隔为两室，其中珠孔端室比合点端室宽大。

（3）核进行分裂形成状态的游离核，最后形成细胞。

（二）胚乳的培养方法

取授粉4～8d后的幼果，常规消毒后，在无菌条件下切开果实，取出种子，小心分离出胚乳。接种在培养基上，可用MS、White等，加入2，4－D或NAA0.5～2.0mg·L^{-1}，BA0.1～1.0mg·L^{-1}。在25～27℃和黑暗条件或散射光下培养，6～10d胚乳开始膨大，再培养形成愈伤组织．这时应转到分化培养基上培养，分化培养基可加入0.5～3.0mg·L^{-1}的BA及少量的NAA。待愈伤组织长出芽后，切下不定芽，插入生根培养基中，光下培养10～15d，切口处可长出白色的不定根。

五、胚珠和子房的培养

胚珠培养是将授粉的子房在无菌的条件下解剖后，取出胚珠置于培养基培养的过程。有时也把胚珠连同胎座一起取下来培养。胚珠培养可以解决类似于兰科植物成熟胚较小不易培养的问题。另外在未受精的胚珠培养中，可诱发大孢子发育成单倍体，用于单倍体育种。对胚珠进行培养时，首先从花中取出子房进行表面消毒，然后在无菌的条件下进行解剖，取出胚珠，放在培养基上进行培养，基本培养基一般均用 Nistch 培养基，不过诸如 MS、N6、B5 等培养基也可采用。将胚珠培养成植株的关键是选择胚的发育时期，实验证明发育到球形胚期的胚珠较易培养成功。另外，为了培养成功，可取用带胎座甚至带部分子房的胚珠进行培养。

第二节　人工种子

一、人工种子的概念

人工种子是指植物离体培养中产生的胚状体或不定芽包裹在含有养分和保护功能的人工胚乳和人工种皮中所形成的能发芽出苗的颗粒体。

二、人工种子的类型及结构

1. 人工种子

人工种子主要有以下几种。

（1）裸露的或休眠的、经过或未经过干燥处理的繁殖体。

（2）用聚氧乙烯等多聚体包裹的繁殖体。

（3）用水凝胶包裹的繁殖体。

（4）液胶包埋的、用流质播种法播种的体细胞胚。

2. 人工种子的结构

（1）胚状体（或芽）。人工种子的胚主要是指体细胞胚，它的质量是制作人工种子的关键。此外还有顶芽、腋芽、小鳞茎等也可以作为人工种子的胚。

（2）人工种皮。人工种皮应具备的特点：对胚状体或芽无毒害，柔软且有一定机械抗压能力，能保持一定水分及营养物，允许种皮内外气体交换通畅，不影响胚萌发突破，播种后易于化解。目前，人工种皮常选用的材料有藻酸盐等水凝胶、琼脂糖、角叉胶等。

（3）人工胚乳。胚乳是胚胎发育的营养条件，因此人工胚乳的基本成分仍是胚发育所需各类营养成分。此外，还可根据需要添加激素、抗生素、农药等成分，以提高人工种子的抗性与品质。

三、人工种子的意义

（1）人工种子结构完整，体积小，便于贮藏与运输，可直接播种，易于机械化操作。

（2）不受季节限制，不受环境制约，胚状体数量多、繁殖快、有利于工厂化生产。

（3）有利于繁殖生育周期长、自交不亲和、珍贵稀有的一些植物，也可大量繁殖无病毒材料。

（4）可在人工种子中加入抗生素、农药、菌肥等成分，提高种子活力和品质。

（5）体细胞胚由无性繁殖体系产生，可以固定杂种优势。

四、人工种子技术

1. 胚状体诱导

控制体细胞胚状体同步发育是制备人工种子的核心问题，可采取抑制剂法、低温法、渗透压法、通气法、分离过筛法等方法促进胚状体同步生长。

2. 人工种皮制作

早期的材料是聚氧乙烯，但有一定的毒性且遇水易溶解。后来采用藻酸盐较多，但易粘连、失水干缩，现在普遍采用在其外面加一层包裹剂如滑石粉、5% $CaCO_3$ 等的方法来克服。

3. 人工胚乳的研制

人工胚乳主要包括无机盐、糖（或淀粉）、蛋白质等成分。对于无胚乳植物的人工种子制作必须加入糖分。但因糖分容易导致微生物感染而腐烂，所以同时也要加入防腐剂、抗生素、农药等。这些添加剂对操作人员的健康和环境是有害的，目前正处在研究之中。

4. 包埋技术

采用干燥法、液胶法、水凝胶法等进行人工种子的包埋。

（1）干燥法是最早采用的方法，主要依据聚氧乙烯，在23℃、相对湿度70%左右的黑暗条件下将胚状体逐渐干燥，包埋。如胡萝卜人工种子。

（2）液胶法是不经干燥胚状体，而是直接与流体混合后播入土壤中。不适于人工胚的包埋，且做成的人工种子成活率低，易死亡。

（3）水凝胶法是最常用的一种方法。用褐藻酸钠等水溶性凝胶经与 Ca^{2+} 进行离子交换后凝固，用于包埋单个胚状体。

5. 贮藏与发芽

一般将人工种子贮藏在 4~7℃ 低温、相对湿度小于67%的条件下。实际上，随贮藏时间的延长，人工种子的萌发率会显著下降。

人工种子取得了很大的进展，但至今仍有一些问题没有解决，如人工种皮尚不尽如人意，生产成本高，流程复杂等，都限制了人工种子的推广。现在已有胡萝卜、芹菜、柑橘、咖啡、棉花、玉米、水稻、橡胶等几十种植物的人工种子试种成功，但由于成本较高，中国尚未应用于生产。

复习与思考

1. 胚胎培养、人工种子的概念

2. 植物胚胎培养的意义？

3. 人工种子的类型及结构？

4. 人工种子制作过程？

第九章　组织培养技术在生产中的应用

本章学习目标

掌握常见植物的组织培养方法。

第一节　草坪草快繁技术

一、假俭草组织快繁技术

假俭草［*Eremochloa ophiuroidea*（Munro.）Hack.］是禾本科蜈蚣草属多年生草本植物，也是蜈蚣草属中唯一可用作草坪草的物种（Bouton 等，1983；Hanna，1995）。它具有强壮的匍匐茎，蔓延力强而迅速，茎秆斜伸，其叶形优美，植株低矮，养护水平低，耐贫瘠，病虫害少，可广泛用于庭院草坪、休憩草坪以及水土保持草坪建设中（Hanso 等，1969；Beard，1973；Yuan 等，2009）。

采用常规杂交技术选育新品种，不仅周期长，工作量大，而且受育种材料自身变异的限制，改良幅度有限。随着生物技术的发展，转基因技术日趋成熟，可以把目的基因直接导入材料，提高育种效率。

（一）种子组培（袁学军等，2008）

1. 材料为假俭草种子

2. 材料消毒

选择饱满的种子，用5%的NaOH溶液浸泡15min，流水冲洗40min，0.1% HgCl消毒10min，75%酒精处理50秒，最后再用无菌水冲洗4~5次。

3. 种子愈伤诱导

种子愈伤诱导培养基为 MS + 2, 4 - D 1.0mg · L^{-1}，同时在培养基中添加甘氨酸30mg · L^{-1}和椰子汁50mL · L^{-1}。培养基在灭菌之前将pH调至6.5，再装入240mL的塑料瓶中，每瓶33mL，然后121℃灭菌20min。消过毒的种子接种在愈伤组织诱导培养基上培养5周，培养条为温度（25±1）℃、光照强度50μmol m^{-2}s^{-1}和光照12h · d^{-1}。

4. 芽的分化培养

根据愈伤组织块的大小切割成2~8块（0.5cm见方），转接到分化培养基上，分化培养基中激素浓度设置为 KT2.00mg · L^{-1}，在光照强度100μmol · m^{-2} · s^{-1}下培养4周，其他条件同上。将小芽转接到壮苗培养基 MS + BA 2.0mg · L^{-1} + NAA 0.8 mg · L^{-1}上，继代培养2次。

5. 试管苗的生根和移栽

3～4cm 高的试管苗转接到添加激素 NAA 的生根培养基 MS +0.6 上，培养 24d，其他培养条件同上。生根的试管苗移栽到直径 6cm、园土消毒的塑料营养钵中，在温室中进行培养。温室的温度为（25±1）℃，相对湿度为 80%～85%，光照为自然光。2 周后苗移栽到装有园土的土盆中。

（二）侧芽组培（袁学军等，2008）

1. 侧芽无菌系建立

用假俭草匍匐茎进行自然繁殖，常规管理。选择无病虫害、健壮的嫩茎，冲洗干净，剪成每段都含有节、节间和侧芽的小段，去掉老的叶鞘和叶片，用 0.2% 洗衣粉浸泡 20min，流水冲洗 1h，75% 的酒精消毒 50s，0.2% 升汞消毒 15min，最后再用无菌水冲洗 5 次。

2. 侧芽生长

侧芽生长培养基为 MS + BAP2.0mg·L^{-1} + NAA0.8mg·L^{-1}。培养室温度为（25±1）℃，光照强度 100μmol·m^{-2}·s^{-1}，光照 12h·d^{-1}。所有的培养基在灭菌之前将 pH 调至 6.5，121℃灭菌 20min。侧芽接种到培养基上 5～6d 后开始长出新叶，在 15～18d 时侧芽质量最佳。

3. 愈伤组织诱导

侧芽接种到愈伤组织诱导培养基 MS + 2,4 - D 1.0 mg·L^{-1} + BAP 0.1mg·L^{-1}上，侧芽在温度为（25±1）℃、光照强度 100μmol·m^{-2}·s^{-1}、光照 12h·d^{-1}光的条件下培养，11～12d 后侧芽就开始产生愈伤组织，28d 后愈伤组织覆盖侧芽的基部。通过微检发现，愈伤组织的细胞具细胞壁薄、汁浓、核大等分生能力的特点。结果还显示：只有侧芽基部诱导产生愈伤组织，而茎的截面、节、节间和叶片都没有愈伤组织发生。随着继代次数的增多，黄色愈伤组织逐渐变为白色、黏状愈伤组织。

4. 愈伤组织分化

愈伤组织转接到分化培养基：MS + KT 2.0mg·L^{-1}上，28d 时黄色愈伤组织的绿苗分化率达到 12.6%，但白色、粘状愈伤组织未能分化出任何器官，但能继续增大。

5. 绿芽的生长

将绿芽转接到绿苗生长培养基 MS + BAP 2.0mg·L^{-1} + NAA 0.8mg·L^{-1}上，产生大量的丛生芽的增殖，再通过一次继代培养试管苗可达 3～4cm，并且绿芽可大量增殖。

6. 试管苗生根和移栽

选择 3～4cm 高的试管苗转接到生根培养基 5～7d 后在最适培养基 MS + NAA 0.6mg·L^{-1}上试管苗开始生根，2 周后平均每株生根 7～8 条，根长 0.6cm，根粗 2.0mm。将株生根的试管苗移栽到内含消毒园土、直径 6cm 的塑料营养钵中，然后放在温室中培养。温室的温度为（25±1）℃，相对湿度为 80%～85%。2 周后苗转移到带有菜园土的土盆中，在自然光下进行培养，其他条件同上。

二、狗牙根

狗牙根又名行义芝、绊根草（上海）、爬根草（南京）。禾本科，狗牙根属。广布于温带地区。喜光稍耐阴，较抗寒，浅根系，少须根，遇旱，易出现匍匐茎嫩尖成片枯头。耐践踏，喜肥沃排水良好的土壤，在轻盐碱地上生长也较快，且侵占力强，常侵入其他草坪地生长。极耐践踏，再生力强，也是很好的固土护坡草坪材料。建立高效的狗牙根再生体系将有助于其转基因研究和分子育种的开展。

（一）种子组培（谢海燕等，2004）

1. 材料

狗牙根成熟种子。

2. 种子表面消毒及愈伤组织诱导

种子首先用70%酒精浸泡15min，然后用20%的次氯酸钠浸泡20min，最后用无菌水冲洗。用解剖刀横切一刀，播于诱导培养基 MS + 4.0mg · L^{-1}2，4 - D 中，在（25 ± 0.1）℃的黑暗中培养。接种后2～7d，培养基能够陆续诱导出愈伤组织，首先都是柔软的半透明或者水渍状非胚性愈伤组织，几天后在此基础上出现略带黄色、致密有一定硬度的、具有黏性物质的颗粒状胚性愈伤组织。白色非胚性愈伤组织生长很快，颗粒状的胚性愈伤组织分散于其中或者集中在愈伤组织块中心，相对增殖缓慢。

3. 愈伤继代培养

接种后25d 的愈伤组织，剥取浅黄色且有相当硬度颗粒状部分转接到 MS + 4.0mg · L^{-1}2，4 - D 上，在（25 ± 0.1）℃黑暗中继代培养，每2周继代一次。待浅黄色愈伤组织长至直径0.3cm 以上，转入光照分化培养，16h · d^{-1}。

4. 愈伤分化

将直径为0.3cm 的黄色愈伤先转接到分化培养基 MS + 4.0mg · L^{-1}2，4 - D 中，继代2次；然后转接到1/2 MS + 2.0mg · L^{-1}2，4 - D 中，继代2次；再转入无激素的1/2MS 中，光照培养10d；最后在 MS + 6 - BA 3.0mg · L^{-1}中诱导分化。

5. 生根壮苗及移栽

再生小苗接于1/2 MS 培养基中，3d 后即可长出新根，2周后打开瓶盖，洗去培养基，室内炼苗2d 再移栽至盆中或土壤中。

（二）茎段组培（卢少云等，2003）

1. 材料和方法

取生长健壮的杂交狗牙根'Tifeagle'的匍匐茎，用自来水冲洗，剥去叶片，切成带3个节的切段，浸于0.1%升汞溶液中8～10min，无菌水冲洗5～6次后，用无菌吸水纸吸干水分，放在无菌培养皿上切取茎节，将茎节接种在愈伤组织诱导培养基中黑暗培养。愈伤组织诱导培养基含 N6 大量元素，B5 微量元素，MS 铁盐，Gamborg's vitamin（Sigma），0.5mg · L^{-1}的谷氨酰胺、脯氨酸和水解乳蛋白，0.1mg · L^{-1}肌醇，2.0mg · L^{-1}2，4 - D 以及0.02mg · L^{-1}6 - BA。分化培养基在诱导培养基基础上去除2，4 - D，将6 - BA 浓度增大至2.5mg · L^{-1}。生根培养基为 MS 培养基。上述培养基均加入0.7%琼脂，3.0%蔗糖，pH 值为5.8～6.2。

2. 结果

狗牙根匍匐茎诱导培养5～6d 后，在茎节处开始出现膨大，随后膨大逐渐明显，形成愈伤组织，愈伤组织诱导率达80%以上。挑出长得较结实的愈伤组织用于继代培养。继代后的愈伤组织转入分化培养基中光照培养。2～5d愈伤组织逐渐转绿，7～10d后出现绿色小芽，随后小芽逐渐长大成苗，分化率95%以上。将上述小苗转移到生根培养基上生根。约7周后，打开瓶盖炼苗3～4d，然后取出小植株，用水洗去附着在根上的培养基后移栽，于温室自然光照条件下培养。

三、结缕草（张俊卫等，2005）

结缕草（*Zoysia japonica*）是一种重要的草坪草，抗性强，在我国分布范围较广，在城市绿化、运动场草坪建设、水土保持中均占有重要地位。然而，较短的绿色期、较少的改良品种成为其广泛应用的限制因子，因而，美国、韩国、日本等国已尝试用遗传转化方法对其进行遗传改良。

（一）培养基配方

愈伤诱导培养基 MS + 2，4 – D 3.0mg · L^{-1} + NAA 0.2mg · L^{-1} + L – Pro 500mg · L^{-1}；愈伤继代培养基 MS + 2，4 – D 1.0mg · L^{-1}；分化培养基 MS + + NAA 0.3mg · L^{-1} + KT0.5mg · L^{-1} + BA 0.05mg · L^{-1}；生根培养基为至 1/2 MS 无植物生长调节剂的培养基。

（二）培养程序

1. 材料

采用结缕草种子。

2. 材料消毒

种子先用自来水冲洗 1h 左右，然后用 50%（V/V）硫酸在 30℃ 条件下水浴 10min，自来水冲洗 5min 后用研钵研磨 5min，清水冲洗去皮。消毒用 75%（V/V）酒精溶液处理 20s，再用 0.1% 升汞溶液消毒 8min，无菌水漂洗 5 遍，每次 3min。

3. 种子愈伤诱导

结缕草种子在接种后 15～18d 开始出现少量愈伤组织，以后逐渐增多，20～25d 达到高峰期，愈伤组织多从芽与种子相接处产生。光培养与暗培养对结缕草种子愈伤组织诱导差异不大，暗培养条件下愈伤组织诱导率稍高于光培养。

4. 愈伤继代培养

当愈伤在继代培养基上生长时，虽然长势一般，但含水量进一步降低、色泽鲜艳、表面干燥、颗粒性、致密性进一步增强，有利于下一步芽的分化。

5. 芽的分化培养

将直径 3～5mm 的愈伤组织置于分化培养上，20～25d 后，部分分化培养基上的愈伤组织出现绿色小芽点，再转接于相同的培养基上后，再生出丛生状的绿色植株。

6. 试管苗的生根和移栽

分化植株呈丛生簇状，将其转移至 1/2MS 无植物生长调节剂的培养基上进行增殖、壮苗。30d 后，移入光照培养箱培养 1 个星期，然后生根的试管苗移栽到直径 6cm、园土消毒的塑料营养钵中，在温室中进行培养。温室的温度为（25 ± 1）℃，相对湿度为

80% ~85%，光照为自然光。2 周后苗移栽到装有园土的土盆中，培养条件同上。

四、野牛草

野牛草属于禾本科野牛草属，又名水牛草，原产北美中部温带和亚热带半干旱地区，是一种耐寒、耐热、抗旱且在低等护养水平下仍保持优良品质的暖季型多年生低矮草坪草。极具抗旱性是其最突出的特征之一，它能在极端干旱时进入休眠状态，一旦条件适宜又迅速恢复生长。在我国华北、西北和东北等地作为草坪草都有大面积成功引种。但是，野牛草作为草坪草的明显不足是绿期短，尽管通过刈割和水肥管理等措施，可以适当延长绿期，但对于大面积粗放管理的草坪来说，利用现代生物技术进行品种改良是解决这一问题更经济、有效的方法，且可大大缩短育种时间。

（一）种子组培（钱永强等，2004）

1. 材料

成熟的种子。

2. 培养条件

（1）愈伤组织诱导培养基：MS + 2，4 – D 1.5 ~6.0mg·L^{-1} +6 – BA 0.1mg·L^{-1} + 脯氨酸 1 000 mg·L^{-1} + 水解酪蛋白（CH）500mg·L^{-1} + 谷氨酰胺 500mg·L^{-1} + a – 酮戊二酸 100mg·L^{-1} + 硫代硫酸银（STS）5mg·L^{-1}；

（2）愈伤组织继代培养基：MS + 3/2MS（有机）+2，4 – D2.5mg·L^{-1} +6 – BA 0.1mg·L^{-1} + CH1 000mg·L^{-1} + 聚乙烯吡咯烷酮（PVP）200mg·L^{-1}或维生素 C（VC）200 mg·L^{-1}；

（3）再生培养基：不附加任何植物生长调节物质的 MS 基本培养基（MS0）。

所有培养基中均添加 3% 蔗糖、0.56% 琼脂，pH 值为 5.8。愈伤组织诱导及继代培养为暗培养，不定芽分化及植株再生过程中光照 12h·d^{-1}，光照度为 1500lx，培养温度为（25 ±1）℃。

3. 生长与分化情况

（1）无菌材料的获得。以成熟种子为外植体，剥除颖后，用洗涤剂将种子洗刷干净，70% 酒精浸泡 60s 后，无菌水冲洗，再用 75% NaClO 原溶液（含有效氯 7% ~10%）浸泡 15 ~30min，无菌水冲洗 5 ~6 次，接种到愈伤组织诱导培养基中。

（2）愈伤组织的诱导与继代培养。在诱导培养基中培养 3d 后，种子发芽，将芽切成长约 3mm 的组织块，转接到原诱导培养基中。暗培养 10d 后，各组织块两端形成暗白色、结构疏松的愈伤组织。培养 15d 后，愈伤组织明显增大，并有部分愈伤组织开始褐化。将愈伤组织转移到添加 PVP 200 或 VC 200 的继代培养基中暗培养 20d 后，添加 STS 所诱导的愈伤组织表面长出淡黄色松脆的新愈伤组织。

（3）愈伤组织分化及植株再生。将继代培养 20d 后的愈伤组织转入再生培养基 MS 中，光下培养 30d 后发现，有 10% 的愈伤组织形成芽点，单块愈伤组织形成芽点数平均为 15 个。继续培养至第 40d，芽点发育成健壮的不定芽，并均有少量不定根形成。

（4）生根与移栽。将丛生芽转入新鲜 MS0 培养基中，培养 10d 左右，每个不定芽基部长出 3 ~4 条长约 2cm 的白色根。生根再生植株炼苗 7d 后，将小苗移出，洗净再生苗根部残留培养基，栽植到珍珠岩、蛭石、草炭土各 1/3 的基质中，适当遮阴，保持湿度为 80%~90%，温度控制在 25℃左右。20d 后即可成活，成活率达 92%。

五、马蹄金（田志宏等，2003）

马蹄金（*Dichondra repens* Forst.）俗称马蹄草、黄胆草、九连环、荷包草、螺丕草、月亮草、小金钱草等，属于旋花科马蹄金属的多年生匍匐草本植物，为优良的地被兼观赏植物。马蹄金是除禾本科、豆科、莎草科以外用得较多的草坪草种之一，主要适于温暖潮湿气候较温暖的地区，尤其在长江流域及其以南地区城市草坪的阔叶、观赏草类中。但在冬季较低温度下，马蹄金叶片有部分枯黄；在夏季易感染白绢病和叶斑病，以及害虫造成严重危害，而马蹄金有性繁殖较难，制约了品种改良工作的进行。采用组织培养技术，利用愈伤组织筛选突变体，建立植株再生体系，为进行马蹄金体细胞突变体的筛选、外源基因的导入等遗传操作奠定基础。

1. 材料类别

下胚轴（hypocotyl）、子叶（cotyle don）、叶片（leaf）和叶柄（petiole）。

2. 培养条件

培养基均附加 3% 蔗糖和 0.8% 琼脂，pH 值为 5.8。培养温度为（26±1）℃，光照 16h·d^{-1}，光照度 2 000lx。

3. 生长与分化情况

（1）无菌苗的获得。取适量的马蹄金种子，用自来水洗净表面的包衣剂，至露出褐色表皮，再用洗洁精清洗 1 次后于流水中冲洗 10min，而后用 70% 酒精消毒 30s，再以 0.1% HgCl$_2$ 浸泡 12min，最后用无菌水冲洗 3~5 次后，接种于 MS 培养基中，置于黑暗处萌芽和生长，3d 后大部分种子开始萌发。

（2）愈伤组织的诱导。待种子萌芽后，将其转入光照条件下进行培养生长，取种子萌芽 7d 后无菌苗的下胚轴、10d 后无菌苗的子叶及 30d 后无菌苗的叶片和叶柄作为外植体。下胚轴切成 5mm 长，子叶、叶片及叶柄以整块分别接种于不同的愈伤组织诱导培养基上，置于黑暗中培养诱导愈伤组织。4~5d 时，在 4 种外植体的切口处都可观察到膨大现象，随后形成愈伤组织。外植体越幼嫩，则愈伤组织发生越早，其始愈时间为 6~12d。下胚轴愈伤组织诱导的适宜培养基是 MS + 2, 4 - D 1.0mg·L^{-1} + 6 - BA 0.2mg·L^{-1}；子叶是 MS + 2, 4 - D 1.0mg·L^{-1} + 6 - BA0.5mg·L^{-1}；叶片是 MS + NAA 0.5mg·L^{-1} + ZT 0.2mg·L^{-1}，叶柄是 MS + 2, 4 - D 1.0mg·L^{-1} + 6 - BA 0.2mg·L^{-1}。30d 时出愈率全部达到 90% 以上，部分达到 100%，愈伤组织质地疏松、淡黄色、生长旺盛。

（3）愈伤组织的分化与植株再生。将生长状况良好的愈伤组织转入到分化培养基上进行光照培养以诱导植株分化。20d 时可见到部分愈伤组织分化出苗，30~40d 后愈伤组织分化已稳定下来。在整个外植体离体培养过程中，有少数不定芽和不定根的现象发生。下胚轴愈伤组织分化培养基为 MS + NAA 0.1mg·L^{-1} + 6 - BA 3.0mg·L^{-1}，子叶愈伤组织分化培养基为 MS + 2, 4 - D 0.1mg·L^{-1} + 6 - BA 2.0mg·L^{-1}，叶片和叶柄愈伤组织分化培养基为 MS + NAA 0.2mg·L^{-1} + 6 - BA 1.5mg·L^{-1} + ZT 0.5mg·L^{-1}，分化出苗频率为 20% 左右。

（4）生根与移栽。将高约 2cm 的苗切下，插入到 MS + NAA 0.05mg·L^{-1} 培养基中诱导生根，7d 左右可生根，15d 时可产生 8～10 条根，生根率达 96%。将高 3～4cm、具 4～5 片叶及根系发达的再生植株洗去根部附着的培养基后移入到带土的营养钵中生长，移栽前期要注意保持一定的湿度，成活率达 95% 以上，15d 后再将成活的苗移入试验地中。

六、雀稗

雀稗又名水竹节草、叉仔草。禾本科，雀稗属。分布于我国华东、华南、西南、华中等地。多年生草本。秆高 8～30cm，具匍匐茎，气温高时，匍匐茎蔓延迅速，上部直立或斜倚，侵占力极强，叶片扁平，披针形，色泽淡绿，长 8～20cm，宽 5～15mm，属阔叶型草类。极耐阴湿，匍匐茎具强的趋水性，节在水中能生根，在肥沃湿地中生长茂盛，也能在树下生长。种子和无性繁殖均可。栽培管理容易，较粗放。雨季生长迅速，应适当增加修剪次数，病虫害较少。为优良的湿地建坪草种。生活力强，生长快，极易形成单一的自然群落。园林工人多喜把它混入假俭草、结缕草中，作混合草坪，极适地势低洼、排水欠佳处建立单纯草坪。

1. 材料类别

成熟种子。

2. 培养条件

基本培养基为改良的 MS 培养基 MS 无机盐 + 维生素 B$_1$ 9.0mg·L^{-1}（单位下同）+ 维生素 B$_6$ 9.5mg·L^{-1} + 烟酸 4.5mg·L^{-1} + 水解酪蛋白 1.0mg·L^{-1} + 蔗糖 30.0g·L^{-1} + 琼脂 8.0g·L^{-1}。

（1）诱导愈伤组织培养基：改良的 MS 培养基 + 2, 4 - D 2.0mg·L^{-1}。

（2）愈伤组织继代增殖培养基：改良的 MS 培养基 + 2, 4 - D 2.0mg·L^{-1} + KT 0.1mg·L^{-1}。

（3）愈伤组织分化培养基：改良的 MS 培养基 + 6 - BA 6.0mg·L^{-1}。

（4）生根培养基：改良的 MS 培养基 + NAA 0.5mg·L^{-1}。

从愈伤组织形成到植株再生约需 13 周。所有培养基的 pH 值为 5.8。培养温度为（25 ± 1）℃，光照时间为 16h·d^{-1}，光强为 50μmol·m^{-2}·s^{-1}。

3. 生长与分化情况

（1）愈伤组织的诱导。种子以 55℃ 温水浸种 1h，去除漂浮于水面的不饱满种子，取成熟饱满的种子，用 70% 的酒精消毒 2min，再用 0.1%～0.2%（W/V）的氯化汞消毒 35min，无菌水冲洗 5 次，每次 4～5min。在无菌的条件下，将种子接种到愈伤培养基诱导愈伤组织培养基上，置于黑暗、25℃ 条件下培养。愈伤组织长到米粒大小时，将其剥离，切除伴生的小芽，将愈伤组织转到愈伤组织继代增殖培养基上，进行培养。这一过程需约 40d 完成，愈伤组织的诱导率达 65%。

（2）愈伤组织的分化。愈伤组织长到半粒黄豆大小时，转入培养基愈伤组织分化培养基上，30d 后分化出丛生芽。芽的诱导率为 60%。

（3）根的诱导。把丛生芽切成单个芽移入生根培养基上，培养7d后，不定芽基部生出白色根；14d后，根长达到5~6cm，生根率100%。

（4）试管苗移栽。去掉瓶盖，在培养间炼苗3d，然后用自来水冲洗干净植株根基部的固体培养基，将植株移栽到装有细沙的花盆中。在相对湿度60%的环境下，黑籽雀稗的移栽成活率可达到95%以上。

七、高羊茅

高羊茅又称苇状羊茅，是多年生疏丛型禾草，原产西欧、北非，并延伸分布于西伯利亚、东非及马达加斯加山区。它具有抗干旱、耐瘠薄、抗病、适应性广等特点，是较优良的冷季型草种。但同时它又存在叶片粗糙、无匍匐茎、夏季生长缓慢、易遭杂草侵害等品质上的缺陷。以往草坪草的改良一直依赖于传统的育种手段，即通过传统的有性杂交和引种驯化技术进行，这种传统的方法所需育种时间长、费用高，而且可利用的遗传资源十分有限。建立愈伤组织再生系统，为进一步利用遗传转化改良品种提供基础。

1. 材料

以高羊茅的成熟种子为外植体。

2. 成熟胚愈伤组织的诱导

选取饱满的高羊茅种子（用水浸泡后沉在瓶底底部），去壳后用70%酒精浸泡45~60s，0.1% $HgCl_2$ 消毒15min，然后用无菌蒸馏水清洗5遍，接种到附加2，4-D 9.0mg·L^{-1}的MS培养基上。培养28d。

3. 愈伤组织的继代培养

28d后，将初生愈伤组织从母体上切下，转接到MS+2，4-D 5.0mg·L^{-1}+蔗糖6%+琼脂12.0g·L^{-1}+CH 400mg·L^{-1}，进行胚性愈伤组织的诱导。每隔20d左右更换一次新鲜培养基。约一个月后，选择致密、颗粒状的胚性愈伤组织转接到分化培养基上，使其分化。

4. 胚性愈伤组织的分化

将胚性愈伤组织转接到这些培养基MS+6-BA 2.0mg·L^{-1}+NAA 0.5mg·L^{-1}上，使其分化成芽。

5. 再生苗的生根及移栽

待分化培养基上形成的芽长至1~2cm时，将再生苗转移至1/2MS+NAA 0.5mg·L^{-1}生根培养基上进行生根培养。20d后，所有再生苗均有根再生出来，一个月后，将约5cm长的幼株于室内炼苗3~4d后移栽至土壤中。

愈伤组织的诱导和继代培养均在黑暗、25℃左右条件下进行。愈伤组织分化及幼苗生根培养时，光周期为光照14h/黑暗10h，光照强度为3 000~4 000lx，温度为（27±1）℃。

八、草地早熟禾

草地早熟禾（*Poa pratensis*）属冷季型草坪草，是温带地区重要的草种之一。由于它具有色泽美、抗寒能力强、耐阴、耐修剪等优点，在我国北方地区多被用作建坪草种之一。草地早熟禾亦有自身的缺点，如易受病虫为害、不耐炎热等。植物转基因技术的日趋成熟为改良草坪草开辟了分子生物学育种新途径。成熟胚是适用于植物转基因研究的理想外植体材料，迄今为止已有数篇有关草地早熟禾种子愈伤组织获得再生植株的报道。由于草地早熟禾成熟胚的愈伤组织绿苗化频率偏低，且愈伤组织经过继代培养后植株再生频率显著下降，甚至完全丧失植株再生的能力，从而影响草地早熟禾转基因工作的开展。

1. 材料

草地早熟禾种子。

2. 外植体处理

选取成熟种子，室温下在小瓶中先浸泡24h，再用清水冲走漂浮在液面上的瘪种子。然后用纱布包裹。在超净工作台中将包裹好的种子以70%酒精表面消毒2～3min，用无菌水冲洗2～3次，再用0.1%升汞溶液进一步消毒10min，同时不断震荡，用无菌水冲洗3～5次。最后用双层无菌滤纸吸干。

3. 愈伤组织诱导

在超净工作台中，将已灭菌的种子接种于愈伤组织诱导培养基 MS + 2，4 – D 1.0mg·L^{-1} + 6 – BA 0.1mg·L^{-1} + 3% 蔗糖 + 0.7% 琼脂上，在（25 ± 1）℃黑暗条件下进行，培养42d。

4. 愈伤组织的继代培养

6周后将诱导的愈伤组织转移到继代培养基 MS + 2，4 – D 1.0mg·L^{-1} + 6 – BA 0.3mg·L^{-1} + 3% 蔗糖 + 0.7% 琼脂上进行继代，20d 继代1次，培养条件同诱导条件，继代2～3次。

5. 愈伤分化

选择胚性较好（外观呈淡黄色或鲜黄色颗粒型，质地较紧密，细胞等径、壁薄、质浓、分裂旺盛）的愈伤组织接种到分化培养基 MS + NAA（0.5 mg·L^{-1}）+ 6 – BA（1.0mg·L^{-1}）+ 3% 蔗糖 + 0.6% 琼脂上进行分化，培养28d。培养条件：光照16h·d^{-1}，光强度2 000lx，温度为（25 ± 1）℃。继代培养2～3次。

6. 生根和移栽

选择2～3cm 高的苗，转接到生根培养基 MS + 0.5mg·L^{-1}NAA + 1.0mg·L^{-1}6 – BA + 3% 蔗糖 + 0.6% 琼脂上进行培养，14d 后，根长达到5～6cm，生根率100%。试管苗移栽去掉瓶盖，在培养间炼苗3d，然后用自来水冲洗干净植株根基部的固体培养基，将植株移栽到装有细沙的花盆中。在相对湿度60%的环境下，黑籽雀稗的移栽成活率可达到95%以上。

九、多年生黑麦草（冯霞等，2004）

多年生黑麦草（*Lolium perenne*）是禾本科黑麦草属草本植物。其叶片质地细、柔软、叶绿色，成坪速度快，是一种优良的草坪草。但是多年生黑麦草的抗寒性差，在北京及其以北地区越冬成活率较低，因而严重限制了该种的广泛应用。近年来，应用组织培养技术对植物进行品种改良已受到各国的重视，并取得了很大进展。多年生黑麦草组织培养方面的研究也有所开展。

1. 材料

多年生黑麦草成熟种子。

2. 培养条件

（1）愈伤组织诱导培养基：N6 + 2, 4 - D 10.0mg · L^{-1} + 6 - BA 0.5mg · L^{-1} + NAA 0.5mg · L^{-1} + CH（水解酪蛋白）500mg · L^{-1}。

（2）继代培养基：N6 + 2, 4 - D 5.0mg · L^{-1} + NAA 0.5mg · L^{-1} + 6 - BA 0.5mg · L^{-1} + CH 300mg · L^{-1}。

（3）分化培养基：N6 + 6 - BA 1.0mg · L^{-1} + KT 0.5mg · L^{-1}。

（4）壮苗培养基：N6。

（5）生根培养基：1/2N6 + NAA 0.2mg · L^{-1}。

以上培养基中除生根培养基蔗糖含量为3%以外，其余均为5%。pH值为5.8，琼脂含量为6.5%。愈伤组织诱导及继代为暗培养；分化培养及生根培养的光照度均为1 800lx，光照时间12h · d^{-1}，培养温度（25 ± 2）℃。

3. 生长与分化情况

（1）无菌材料的获得。将种子用自来水浸泡0.5h；洗涤剂与水以1∶50比例混合浸泡1h，流水冲洗12h；70%酒精浸泡30s，无菌水冲洗5次；再用0.1%升汞浸泡15min，以无菌水冲洗10次；最后用解剖刀将种子横切后接种于培养基N6 + 2, 4 - D 10.0mg · L^{-1} + 6 - BA 0.5mg · L^{-1} + NAA 0.5mg · L^{-1} + CH（水解酪蛋白）500mg · L^{-1}上。

（2）愈伤组织的继代及分化。接种4d后，在种子被切割处形成白色透明、结构疏松的愈伤组织（Ⅰ型）。30d后愈伤组织诱导率为85.5%。将愈伤组织转移到培养基N6 + 2, 4 - D 5.0mg · L^{-1} + NAA 0.5mg · L^{-1} + 6 - BA 0.5mg · L^{-1} + CH 300mg · L^{-1}中，每30d继代1次。经继代培养2~3次后出现结构紧密、淡黄色或乳白色的愈伤组织（Ⅱ型）及质地松脆、淡黄色或乳白色、表面有乳状突起的愈伤组织（Ⅲ型）。将3种类型的愈伤组织转移到培养基N6 + 6 - BA 1.0mg · L^{-1} + KT 0.5mg · L^{-1}中。7d后开始出现绿色芽点，21d后芽点发育出苗；此后不断产生新的芽点并发育出苗。分化过程可以持续3个月，每隔30d更换1次培养基N6 + 6 - BA 1.0mg · L^{-1} + KT 0.5mg · L^{-1}。分化2个月后统计分化率及分化质量。结果表明：Ⅰ型的愈伤组织不具有分化能力，而Ⅱ型及Ⅲ型均可分化出再生植株，分化率达70%。但Ⅱ型愈伤组织分化的再生植株为簇生状，不易分离；Ⅲ型愈伤组织分化的再生植株彼此间为单株分离状态，极易从愈伤组织上剥离。因此认为Ⅲ型愈伤组织是胚性愈伤组织。

（3）生根及移栽。将2.0cm以上不定芽置于培养基1/2N6 + NAA 0.2mg · L^{-1}中培养；短于2cm的不定芽则置于培养基N6中培养，7d后再转至培养基1/2N6 + NAA 0.2mg · L^{-1}中。培养10d左右开始生根，30d后根的长度可达3~5cm，且每株均有4条以上粗壮根，生根率达100%。待再生植株长至6~9cm时，在温度为25℃、湿度75%左右的玻璃温室中揭开封口膜炼苗3~4d。之后，取出再生植株，洗净根部附着培养基，移栽到基质（珍珠岩∶草炭∶有机肥=4∶2∶1）中，用塑料膜覆盖保湿。10d后，揭开塑料膜，成活率达95%以上。

十、匍匐翦股颖（孙榕江等，2006）

匍匐翦股颖（*Agrostis stolonifera* L.）原产于欧亚大陆，为多年生禾本科翦股颖属植物，是最抗寒的冷季型草坪草之一。由于它有较好的抗盐性和抗淹性，并有耐低刈割、叶片细密等优点，被世界各国广泛用于建植高档观赏型草坪和运动型草坪，如城市中心广场、高尔夫的果岭草坪、保龄球场等。近年来，我国已从国外引进了多种匍匐翦股颖草坪新品种，但由于地理生态条件的差异，这些引进品种在我国广大的过渡带地区表现出许多不尽如人意的地方，如抗病虫害能力差、耐磨性低、绿色期短等，草坪质量大打折扣，护理难度加大。因此，对这些品种进行品质改良势在必行。而利用现代遗传工程技术进行品质改良育种，是当前最有效的育种手段，它不仅可拓展改良的范围，而且也有助于解决一些常规育种难以解决的特殊问题。离体再生体系的建立是进行植物遗传工程育种必不可少的重要基础，无论是细胞工程还是基因工程，都离不开再生体系的建立。而愈伤组织再生体系是遗传工程最理想、最常用的再生体系之一。

1. 材料

匍匐翦股颖的成熟种子。

2. 种子消毒

取适量种子，在自来水下冲洗 30min，然后在 $700mL \cdot L^{-1}$ 的酒精中搅拌 30s，取出后无菌水冲洗 2~3 次，$1.0mL \cdot L^{-1}$ 升汞消毒 12~15min，取出无菌水冲洗 5~6 次。

3. 愈伤组织的诱导

将消毒后的种子接种于愈伤组织诱导培养基 $MS + 2.0mg \cdot L^{-1}2$，$4-D + 0.1mg \cdot L^{-1}$ $6-BA$ 上培养 28d。培养条件为 25℃，无光照。

4. 愈伤组织的继代培养与分化培养

种子诱导培养 4 周后，将诱导发生的愈伤组织转移到相同的培养基上进行继代培养，继代培养周期为 21d。连续继代培养 2 次后。转入无激素的 MS 分化上进行分化培养。培养条件：白天 (25 ± 2)℃，夜晚 (18 ± 2)℃，光照强度 $1\,000 \sim 2\,500lx$，光周期 $14h \cdot d^{-1}$。培养基为 MSO 培养基（MS 大量 + MS 微量 + MS 铁盐 + B5 有机）。

5. 生根和移栽

2~3cm 高的试管苗转接到生根培养基 $MS + 0.2mg \cdot L^{-1}IBA$ 上，培养 24d，其他培养条件同上。生根的试管苗移栽到直径 6cm、园土消毒的塑料营养钵中，在温室中进行培养。温室的温度为 (25 ± 1)℃，相对湿度为 80%~85%，光照为自然光。2 周后苗移栽到装有园土的土盆中。

所有培养基均附加蔗糖 $30g \cdot L^{-1}$，琼脂 $6.5g \cdot L^{-1}$，pH 值 5.8。

十一、白三叶（王友生等，2009）

三叶草是温带地区优良的豆科牧草，具有品质优良，营养丰富，适应性强，适口性好等特点；另外，三叶草有固氮能力，可提高土壤肥力、增加地面覆盖、控制杂草生长、保持土壤温度、减少土壤侵蚀，防风固沙，是土壤改良的重要作物。但是它不耐干旱、盐碱和长期积水，耐酸性也较差，限制了其在我国北方和南方一些地区的使用。因此，需要利用传统育种和转基因等手段来改良性状。从 20 世纪 80 年代起，对三叶草植株再生的研究已有一些报道，但国内还未有适宜于基因转化的高频再生组织培养体系的报道。

1. 材料

白三叶下胚轴。

2. 无菌苗的获得

种子在流水下冲洗 20min，用 70% 酒精振荡 45sec，无菌水冲洗 3 次后，放入 0.1% 升汞振荡灭菌 12～15min，无菌水冲洗 3～5 遍，灭菌滤纸吸水，然后接种到 MS 培养基上。培养条件为白天温度（25±2）℃，夜间温度（18±2）℃，光照 16h · d^{-1}。

3. 愈伤组织的诱导

选取三叶草无菌种子萌发 10d 的下胚轴（3～5mm 长），置于改良 SH［改良 SH 培养基为 N6 大量元素 + SH 微量元素、维生素（肌醇为 100mg · L^{-1}）+ EDTA - Fe 140mg · L^{-1}］+ 5mg · L^{-1} 2, 4 - D + 0.2mg · L^{-1} 6 - BA 的培养基上进行愈伤组织的诱导，胚轴在培养基中接种 5d，可见两端切口处开始膨大隆起，随后在切口处产生肉眼可见的淡黄色愈伤组织。培养条件为白天温度（25±2）℃，夜间（18±2）℃，暗培养，经过 25d 后继代 1 次。

4. 胚性愈伤组织的诱导

取愈伤组织接种分化培养基：改良 SH + 2, 4 - D 4.0 mg · L^{-1} + KT 1 mg · L^{-1} 上进行分化，培养 28d，继代 1 次。培养条件为白天温度（25±2）℃，夜间（18±2）℃，光照时间为 16 h · d^{-1}、光照强度为 1 000～2 500lx。

5. 植株再生

将胚性愈伤组织转入 MSO（MS 大量、微量元素、铁盐 + B5 有机）培养基中进行培养，在愈伤组织转入 MSO 培养基后，最初有绿色的球状芽点产生，继而发育成子叶状或瓶状的胚状体，最后发育成具有 3 片小叶的小苗，成苗的植株大部分能形成根系。培养条件为白天温度（25±2）℃，夜间（18±2）℃，光照时间为 16h · d^{-1}、光照强度为 1 000～2 500lx。

各阶段所用培养基的 pH 值均为 5.8，蔗糖为 30g · L^{-1}，琼脂为 6.5g · L^{-1}。

十二、冰草（霍秀文等，2004）

冰草属（*Agropyron* Gaertn）植物为禾本科牧草。冰草为寿命较长的多年生疏丛型牧草，广泛分布于干旱、半干旱草原和荒漠草原，抗逆性较强，春季返青早，秋季枯黄晚，茎叶柔嫩，营养丰富，适口性好，是西北干旱半干旱地区改良草场以及建立人工草地和生态建设的重要禾本科牧草之一。

牧草生物技术研究始于 20 世纪 80 年代后期，因其应用前景不及农作物而发展滞后。在牧草转基因研究初期，多集中于少数豆科牧草。为加快冰草种质改良，培育更优良的冰草品种，需要建立冰草组织养再生植株体系及冰草遗传转化体系。

1. 材料冰草幼穗

2. 材料消毒

诱导愈伤组织的外植体来自植株孕穗期幼穗，下部浸入附加赤霉素（GA）2.0mg·L^{-1}的少量液体 MS 培养基中，4℃培养 3～5d 后剥离包裹的叶鞘，75％酒精消毒 30s，再用 0.1％ HgCl$_2$ 消毒 2～4min，无菌水冲洗数次。切成 2～3mm 小段，接种在愈伤组织诱导培养基中进行培养。

3. 愈伤诱导

将切成 2～3mm 小段的幼穗，接种在愈伤组织诱导基本培养基 MS＋2.0mg·L^{-1}2,4－D 上，在 24～26℃下置于 24h 黑暗培养。接种 14d 后，幼穗的各部位均可诱导出白色致密的愈伤组织，且这些愈伤组织的生长速度较快。

4. 愈伤分化

愈伤诱导 21d 后，将幼穗产生的愈伤组织转入分化培养基 MS（无附加成分）上，置于 24～26℃下，24h 光照。愈伤分化速度较快，约 14d 后即可分化出芽，21d 后分化产生再生植株。愈伤组织的分化分为 3 种情况：第一种为先分化芽，这些愈伤组织块由白色变为淡黄色，接着有绿色芽点出现并发育为不定芽进而产生叶状芽；第二种情况为愈伤组织先分化出气生根进而形成根，然后再分化芽。这种愈伤组织较少，分别仅占 10％；第三种愈伤组织则分化为淡黄色米粒状的胚性愈伤组织。这些愈伤组织易分散为小颗粒，每一小颗粒都可分化芽和根并形成完整小植株。

5. 生根

将分化的小苗在相同培养基上继代壮苗后转入 1/2MS（无附加成分）生根，7d 后生根形成完整小植株。

十三、苔草（李积胜等，2008）

苔草分布于北半球的温带和寒温带。多年生草本，具节间很短的根状茎；茎直立、纤细，质柔，基部具灰黑色纤维状分裂的旧叶鞘；叶纤细、深绿色，卷折。喜冷凉而稍干燥的气候。但适应性强，耐旱、耐寒、喜光、耐阴。对土壤要求也不严，肥沃、瘠薄、酸性土壤或碱性土壤均能生长。在水分充足、土壤肥沃、杂草少的情况下，颜色翠绿，绿色期也长。种繁和分根繁殖均可。分根繁殖为主。根茎细弱，根入土较浅，为促进根茎良好发育，应精细整地，创造疏松的土壤耕层。为使草层厚密，颜色鲜绿，要用优质的基肥。在北方干旱区为较好的细叶观赏草坪草类，也是干旱坡地理想的护坡植物。

1. 材料

种子。

2. 培养条件

（1）诱导培养基：MS＋NAA 0.5mg·L^{-1}＋6－BA 1.0mg·L^{-1}＋2,4－D 0.5mg·L^{-1}。

（2）继代培养基：MS＋NAA 0.5mg·L^{-1}＋6－BA 0.5mg·L^{-1}＋2,4－D 2.0mg·L^{-1}。

（3）芽分化培养基：MS＋6－BA 1.0mg·L^{-1}＋NAA 1.0mg·L^{-1}。

（4）生根培养基：1/2MS＋IAA3.0mg·L^{-1}。

以上培养基中均附加 3% 蔗糖和 0.7% 琼脂，pH 值为 5.8。愈伤组织避光下培养，分化生根于光照 $14h \cdot d^{-1}$、光照强度 1 000lx 和温度 23℃ 条件下培养。

3. 生长与分化情况

（1）愈伤组织诱导和芽的分化。将去皮的种子用蒸馏水洗净，75% 酒精浸泡 30s，无菌水冲洗 3 次，1% 次氯酸消毒 15min，无菌水冲洗 7 次。接种到培养基诱导培养基：$MS + NAA 0.5mg \cdot L^{-1} + 6 - BA 1.0mg \cdot L^{-1} + 2，4 - D 0.5mg \cdot L^{-1}$ 上，避光生长。30d 后将长出的愈伤组织接种到培养基 $MS + NAA 0.5mg \cdot L^{-1} + 6 - BA 0.5mg \cdot L^{-1} + 2，4 - D 2.0mg \cdot L^{-1}$ 上，避光生长。24d 后将愈伤组织接种到 $MS + 6 - BA 1.0mg \cdot L^{-1} + NAA 1.0mg \cdot L^{-1}$ 上，光下生长，7d 以后即有绿色凸起出现，2 周后逐渐长成芽，诱导率为 98%。生根培养前，无菌苗需要经过一定时间的营养生长，这样无菌苗才可以达到一定的强壮程度和很好的长根效果。

（2）根的诱导。当芽生长约 3cm 时，移入培养基 $1/2MS + IAA 3.0mg \cdot L^{-1}$。在光照 $14h \cdot d^{-1}$，光照强度 1 000lx，温度 23℃ 的培养室内培养。20d 后不定根开始生成，生根率约 60%。

（3）炼苗和移栽。根长至 3~5cm 时开始炼苗。移苗前先将封口膜打开，在光照 $14h \cdot d^{-1}$、光照强度 1 000lx 和温度 23℃ 的条件下炼苗 3d。用镊子小心地将无菌苗从三角瓶取出，洗净根上的培养基后移栽入灭过菌的营养土内。4 周后的成活率达到 90% 以上。

第二节　牧草快繁技术

苜蓿（*Medicago sativa* L.）为豆科苜蓿属植物，是世界上栽培最早、分布面积最广的优质多年生豆科牧草，素有"牧草之王"的美誉，随着分子生物学和植物基因工程的发展。在分子水平上对苜蓿进行遗传改良的研究已取得了部分成果。苜蓿组织培养的研究早期主要集中在多年生紫花苜蓿上。Saunders 等首先从愈伤组织上获得了再生体系，其他一些种的苜蓿也通过培养细胞和组织获得了再生植株。由于苜蓿品种繁多，研究方向和所选的品种不同，培养基的组成也会有所差异。高效的再生体系，为具有重要推广价值的苜蓿品种转化体系提供了基础。

一、苜蓿

（一）子叶组培（钱瑾，2009）

1. 植物材料

外植体采用由无菌苗得到的子叶节切段。

2. 种子消毒

选择子粒饱满，有光泽的种子，用纱布包裹种子，用回形针夹好，防止小种子丢失，易于操作；用自来水冲洗 15min，然后在 70% 的酒精中浸泡 0.5~1.0min；转入 0.1% 升汞中浸泡 5~10min；用无菌水洗涤 5~6 次，每次约 3min，洗涤过程中不断搅动种子包，将种子表面的升汞洗涤下来，然后用无菌滤纸吸干种子表面的液体，置于无激素的 MS 培养基上培养。

3. 组织培养条件

培养基的 pH 值为 5.8～6.0，光周期为 16h，光照强度 1 000～2 000lx，日间温度为 25℃，夜间温度为 18℃。愈伤组织诱导暗培养 20d，光照 10d。

4. 愈伤诱导

将生长 5～7d 的无菌苗置于已灭好菌的表面皿中切取幼嫩的子叶节（3～5mm）接种到诱导愈伤组织的培养基 MS + 2，4 - D 2.0mg · L^{-1} + 6 - BA 0.5mg · L^{-1} 上进行培养。15d 继代 1 次。子叶节和下胚轴接种后 3d 左右开始膨大。4～5d 即可看到愈伤组织出现，接种后 2～3 周是愈伤组织发生的高峰期，愈伤组织为淡黄色颗粒状，水分含量较低，体积较大。培养条件：温度为 24℃，弱光培养。

5. 愈伤分化

将子叶节的愈伤组织中嫩绿松脆的部分转接到诱导分化的培养基上，培养 30d，继代 1 次。

6. 根的诱导及成苗

将外植体形成的无根小苗在节间下部 1mm 出切下，移入生根培养基 1/2MS + 0.01mg · L^{-1}NAA + 0.15% 蔗糖中进行培养，7d 后生根，2 周后待根长到 1cm 时打开瓶盖锻炼 2～3d 移入花盆并用塑料薄膜罩住，保持温度，每天打开一点经过一段时间炼苗，移入大田，使其自然生长。

（二）下胚轴组培（徐长绘等，2008）

1. 材料

苜蓿幼苗下胚轴。

2. 无菌苗的培养

选取饱满有光泽的种子，用自来水冲洗 45min，滤纸吸干后，用 70% 酒精漂洗 0.5min，0.1% 氯化汞溶液消毒 10min，无菌水冲洗 4～6 次，接种于无激素的 MS 培养基中，28℃的培养箱中萌发。温度（23±2）℃，光照 12h · d^{-1}，光照度约 2 000lx。

3. 愈伤诱导

取无菌苗 5 日龄下胚轴 5mm 长小段接种到愈伤诱导培养 SH + 2，4 - D 2mg · L^{-1} + KT 0.2mg · L^{-1} 上，培养 28d。愈伤组织在 MS + 2，4 - D 1.0mg · L^{-1}、6 - BA0.5mg · L^{-1} 上继代培养，每 15d 继代 1 次。下胚轴接种 2d 后开始膨大，4d 后可见愈伤组织，12d 左右达到高峰期。产生的愈伤组织有以下 5 种类型。

（1）Ⅰ型为白色或浅黄色，表面有不规则的突起，结构松脆；生长迅速，但容易褐化。

（2）Ⅱ型为浅黄色，质地松软、湿润，有光泽；生长较慢，容易分化，能够再生成苗。

（3）Ⅲ型为浅黄色与淡绿色相间，有致密紧实的绿色内核，色泽鲜艳，表面有绿色突起；生长较慢，容易分化，能够再生成苗。

（4）Ⅳ型为浅黄绿色，表面为细小突出的颗粒，干燥易碎；只是继续生长，不能分化。

（5）Ⅴ型为淡黄色，结构致密，表面有白色绒毛状物质；不能继续发育，最终褐化死亡。

4. 愈伤分化

将愈伤组织转入分化培养基SH + NAA 0.1mg·L^{-1} + KT 0.5mg·L^{-1}上培养，其中，蔗糖2%，琼脂0.7%，水解酪蛋白250 mg·L^{-1}，肌醇100mg·L^{-1}。20d后出现绿色芽点，27d后分化出芽，继代培养1~2次。

5. 生根

将分化出的3~4cm的芽转入生根培养基1/2MS附加IAA 0.5mg·L^{-1}中进行生根培养，进而发育成完整的再生植株。蔗糖浓度2%、琼脂0.7%的培养基。

二、小冠花（何笃修等，1991）

多变小冠花（*Coronilla varia* L.）是一种适应性强、抗旱、耐寒、耐瘠薄的豆科绿肥和饲料植物，在我国已有较大面积栽培。它的根系发达，穿透力强，因而又可作为水土保持和矿区废墟复垦植物。但由于多变小冠花叶片中含有对非反刍动物有毒害的物质，对镉等重金属的耐受力也不高，而且由于其花期长，结实不一致，硬实率高，种子出苗率低等缺点，使其应用和推广受到很大限制。利用常规育种方法是很难改良这种异系交配的多年生植物。借助于组织培养和体细胞变异或转基因技术有可能获得优良的品种。

多变小冠花原生质体和外植体培养再生植株已有报导，但其缺点都是历时长，诱导频率低。该试验以未完全展开的子叶为材料，在诱导出愈伤组织后，采用不同培养基在短时间内，以较高频率，通过胚胎发生和器官发生两条途径得到再生植株，为培育人工种苗，筛选有价值的突变体，以及应用转基因技术提高多变小冠花对重金属的耐受力等奠定了基础。

1. 材料

多变小冠花种子。

2. 愈伤诱导

消毒后的多变小冠花种子在无菌水中吸涨24h后，接种到1/2MS固体培养基上，置恒温照光培养箱，在26℃和每日16h光照条件下萌发。3~5d后，取子叶，横切为两段，接种到愈伤诱导培养基MS + 2,4-D（0.5mg·L^{-1}、1.0mg·L^{-1}、2.0mg·L^{-1}）+6-BA 0.5mg·L^{-1} + KT0.5mg·L^{-1} + CH400mg·L^{-1} + Gln 225mg·L^{-1} +0.7%琼脂上。于26℃，每日16h光照条件下诱导愈伤组织。5~7d后，子叶切段愈伤组织诱导率为70%。2,4-D 2.0mg·L^{-1}浓度对愈伤组织的诱导以及以后的分化最为有利，愈伤组织培养2~3周后，产生点状分布的绿色区域。这是一些具有分生能力或分化特征的组织，未来的胚状体和器官即由此发生。

3. 愈伤分化

2~3周后，愈伤组织中出现点状绿色区域，切取带绿色区域的愈伤组织块分别进行胚状体和器官的诱导。愈伤组织切块接种到培养基1/2MS + 6-BA 1.5mg·L^{-1} + NAA 0.7mg·L^{-1}上，诱导分化10d后再移植到培养基1/2MS + 6-BA 0.7mg·L^{-1} + NAA 0.2mg·L^{-1}上。5周后胚状体形成，在1/2MS培养基上，将胚状体萌发成植株。

4. 试管苗生根

形成的丛生芽，单植后又可产生丛生芽，依此可繁殖出量不定芽，不定芽在生根培养基 MS + NAA 0.25mg·L⁻¹上，3 周左右即可诱导成完整植株，然后在花盆中培养 2 ~ 3 周即可移入土坡生长。

三、沙打旺

沙打旺（*Astragalus adsurgens* Pall. ）是我国特有的牧草、绿肥和水土保持等兼用型多年生草种，具有高生产力、抗逆性强和防风固沙等优点，在我国北方退化、沙化草原和黄土高原沟坡地和农地广为种植。但沙打旺生育期长，花期不集中，兼有自花传粉和异花传粉，种子质量差，产量低，限制了它的推广与应用（山仑等，1993）。实现沙打旺原生质体培养再生植株可能为利用突变体筛选、体细胞杂交和遗传转化等生物技术改良植物品质拓展一条新途径。有关沙打旺细胞遗传操作的研究只见下胚轴和愈伤组织原生质体培养的报道（罗希明等，1991），但原生质体再生频率很低，迄今还未证实其组织细胞和原生质体的体细胞胚胎发生。由于单细胞分裂形成的原生质体克隆及单细胞起源的、遗传物质保持稳定的体细胞胚胎发生体系为获得非嵌合的突变体提供了保证（Ponsamuel 等，1996）。通过优化原生质体培养条件，获得高频率诱导细胞克隆经体细胞胚胎发生再生植株。

（一）叶片组培（张春光等，1996）

1. 材料

沙打旺叶片。

2. 外植体的获得

先将种子用 75% 的乙醇浸泡 1min，后用 0.1% 的升汞消毒 10min，再用无菌水冲洗 4 次，最后将种子接种到 MS 培养基上，经过 15d 的培养，待第一片叶完全展开后取出并切成 0.5cm² 的小块作为外植体。

3. 愈伤诱导

将叶片接种在愈伤诱导培养基 MS + 2，4 - D 2.0mg·L⁻¹上进行培养，15d 继代一次。叶片接种后 7d 左右开始膨大，3 周后产生淡黄色颗粒状。培养条件为：温度为 24℃，弱光培养。

4. 愈伤分化

将淡黄色颗粒状愈伤转接到分化培养基 MS + ZT 2.0mg·L⁻¹上培养 28d，继代 1 次。

5. 生根和移栽

待苗长至 3cm 左右时，将苗转移至生根培养基 MS + NAA 0.2mg·L⁻¹中诱导生根。7d 后生根，2 周后待根长到 1cm 时打开瓶盖锻炼 2 ~ 3d 移入花盆并用塑料薄膜罩住，保持温度，每天打开一点经过一段时间炼苗，移入大田，使其自然生长。

（二）原生质体培养（罗建平等，2000）

1. 胚性愈伤组织的诱导和增殖

沙打旺种子按前法诱导无菌苗（Luo，1998）。1 周后，切取无菌苗子叶、下胚轴和根为外植体分别接入含 2.0mg·L⁻¹2，4－D 和 0.5mg·L⁻¹ BA 的 MS 培养基中，于黑暗和光照两种条件下诱导愈伤组织。并把愈伤组织从外植体上剥离下来在同样的培养基上分别在黑暗和光照下继代培养，每周转接 1 次。培养条件：温度（24±2）℃，光照时，光照强度为 30μmol·m⁻²·s⁻¹，16h·d⁻¹。沙打旺外植体在诱导培养基中经 3 周诱导，可以产生 3 种类型的愈伤组织。外植体类型和光照条件对愈伤组织诱导率和形成的愈伤组织类型影响显著。光照下 3 种外植体均可形成 II 型愈伤组织，其中下胚轴可产生少量的 I 型愈伤组织，但无 III 型愈伤组织形成。黑暗中下胚轴产生的愈伤组织全部是 I 型的，诱导频率很高，子叶和根外植体仅产生 III 型愈伤组织。I 型愈伤组织在暗中为疏松淡黄色，在光下呈黄绿色的疏松颗粒状，由大小不等的细胞团组成，细胞小呈球形，胞质较丰富，组织学观察表明这些细胞核质比高，核仁染色显著。刚诱导的 II 型愈伤组织为绿色致密状，当继代培养 2~3 代后或在黑暗中培养时逐渐转为褐色疏松状，最后死亡。III 型愈伤组织在黑暗和光照下均呈白色疏松状、含水量高，由含高度液泡化的长条形或不规则形状的细胞组成。

3 种类型愈伤组织转入不同分化培养基中，仅 I 型愈伤组织培养 1 周后表面可见球形胚，随后发育成心形胚和鱼雷胚，培养 4 周发育至子叶胚。在含 0.1NAA 和 1~2mg·L⁻¹BA MS 分化培养基中体细胞胚胎发生频率为 60%~70%，平均每克细胞可产生 260 个体细胞胚。而 II 型和 III 型愈伤组织无体细胞胚形成。因此，I 型愈伤组织是胚性的，II 型和 III 型愈伤组织是非胚性的。

2. 原生质体分离

取 1g 沙打旺胚性愈伤组织置于 10mL 酶溶液中，在（24±2）℃、黑暗、60r·min⁻¹ 恒温振荡条件下游离原生质体。酶解 16h 后，经 74μm 孔径的不锈钢筛过滤，离心（70×g，5min）收集原生质体，用 0.52mol·L⁻¹ 蔗糖溶液漂浮纯化（70×g，20min），用原生质体培养基洗涤 3 次。随后计数原生质体产率和活力。原生质体活力按荧光双醋酸酯染色法检测。继代培养 10d 左右的胚性愈伤组织最适用来游离原生质体，每克愈伤组织可分离到 1.2×10⁶ 个原生质体，原生质体活力在 80% 以上，游离出的原生质体大小在 20~45μm，继代培养周期为 21d。

3. 原生质体培养

调节密度后的原生质体包埋在 100~200μL 大小的 0.6% 琼脂糖珠中，然后放入含 1.5mL 液体原生质体培养基的培养皿中培养。起始原生质体培养基是 KMP 基本培养基（Lao 等，1975），附加 1.5mg·L⁻¹2，4－D、0.5 BA 和 0.5mol·L⁻¹ 葡萄糖。培养过程中，每隔 10d 用葡萄糖浓度减半的原生质体培养基降低渗透压 1 次。30d 后，把形成的细胞克隆转至 MS 培养基上增殖。原生质体培养 24~48h 后即见形状开始改变，表明细胞壁已经合成。3d 后出现第一次细胞分裂，1 周左右进行第二次细胞分裂。统计该时的细胞分裂频率，表明起始培养密度显著影响原生质体再生细胞的早期分裂，以 1×10⁵ 个·mL⁻¹ 培养密度效果最佳。2~3 周后，原生质体经持续分裂形成 8 个以上细胞组成的克隆。

4. 体细胞胚胎发生与植株再生

将不同类型的愈伤组织切成均匀小块培养在含不同 NAA 和 BA 组合的 MS 分化培养

基中，光照（$30\mu mol \cdot m^{-1} \cdot s^{-1}$，$16h \cdot d^{-1}$）下诱导体细胞胚胎发生，5周后把体细胞胚转至无激素的1/2MS培养基上即萌发成小植株。再生的小植株在新鲜的无激素1/2MS培养基中生长快速，根系发达。染色体检查表明体胚苗为正常二倍体。

总之，外植体类型和光照条件决定沙打旺胚性愈伤组织的形成。用生长10d的胚性愈伤组织可分离到1.2×10^6个·g^{-1}（原生质体/细胞），活力超过80%。当原生质体以1.0×10^5个·mL^{-1}的植板密度培养在含0.6%琼脂糖附加$1.5mg \cdot L^{-1}$2，4-D、$0.5mg \cdot L^{-1}$BA和$0.5mol \cdot L^{-1}$葡萄糖的培养基（无机盐降为1/4）中，植板率为16.8%。条件培养基显著促进原生质体的生长发育。长大的细胞克隆经2周和4℃低温处理后转到含$0.1mg \cdot L^{-1}$NAA和$1.0mg \cdot L^{-1}$BA分化培养基上，体细胞胚胎发生频率高达70%，每克细胞产生的体细胞胚数在200个以上。成熟的体细胞胚转到无激素的1/2MS培养基中即分化成苗，再生植株为正常的二倍体。

四、草木樨（李建科等，2007）

草木樨（*Melilotus suaveolens*）俗名野苜蓿，为豆科草本植物其耐旱、耐寒、耐瘠性都强，也有一定的耐盐能力，对土壤要求不严格，适应性广，既可保持水土，又能培肥、改良土壤。主要分布在撂荒地和沟渠边的轻度盐田地，近几年自然保护区内有少部分引种。当前，人类正面临着淡水资源短缺的困难，同时，土地沙化、盐渍化也对人类造成威胁。我国属于淡水资源缺乏的国家，除采取各种节水措施、在农业上选育耐旱作物品种以提高农作物的抗旱性外，应用细胞工程技术快速繁殖固沙植物、筛选抗旱和抗盐的细胞突变体，以及利用基因工程方法将抗旱基因转到禾谷类作物中，都将会对干旱、半干旱及滩涂地区的开发利用产生极大影响。草木樨再生体系的建立、为耐盐基因的转化和转基因耐盐牧草的培育奠定基础。

（一）培养基

（1）愈伤诱导培养基 MS+2，4-D $1.0mg \cdot L^{-1}$+KT$0.3mg \cdot L^{-1}$。

（2）愈伤分化培养基 MS+2，4-D $0.2mg \cdot L^{-1}$+6-BA $1.0-1.5mg \cdot L^{-1}$。

（3）生根培养基 1/2 MS+IAA $0.5mg \cdot L^{-1}$。

（二）培养程序

1. 材料

草木樨茎段。

2. 无菌材料的获得

将草木樨种子用10%次氯酸钠消毒30min，经无菌水冲洗3次后，接种于MS培养基，获得草木樨无菌苗。当无菌苗长到10cm后，在无菌条件下将其茎切成长度为1.5cm左右的小段，转移到愈伤诱导培养基上进行培养。

3. 愈伤组织的诱导及芽的分化

将1.5cm左右的小茎段转接到愈伤诱导培养基 MS+2，4-D $1.0mg \cdot L^{-1}$+KT $0.3mg \cdot L^{-1}$上，培养28d，继代1次，然后将愈伤转接到愈伤分化培养基 MS+2，4-D $0.2mg \cdot L^{-1}$+6-BA $1.0～1.5mg \cdot L^{-1}$上，培养28d，继代1~2次。

4. 根的诱导

当再生芽长度达到 5cm 左右时，将其在无菌条件下逐个切下，转入生根培养基 1/2 MS + IAA0. 5mg · L^{-1}上，培养 30d。

5. 试管苗的移栽

将生根发育完好 3 ~ 4cm 高的幼苗打开瓶盖炼苗 2 ~ 3d 后，在温室内将其移栽到泥炭：蛭石（1：1）的混合基质中，喷雾保湿，并适当遮阴进行缓苗，一周后可去掉覆盖物，正常管理，成活率可达 98%。

6. 培养室培养

培养温度为 24 ~ 26℃，相对湿度为 75% 左右，光照强度 1 000lx，光照时数愈伤诱导黑暗，愈伤分化 12h · d^{-1}，生根 24h 全光照。

五、苏丹草（钟小仙等，2005）

苏丹草（*Sorghum sudanese*）是暖季型一年生禾本科牧草，世界各地均有种植，中国南至海南，北至内蒙古均能栽培。它是长江中下游地区最主要的夏季牧草，占该区域暖季型牧草种植面积的 70% 以上。但由于这一地区夏季高温高湿，现有的国内外苏丹草品种生长期间叶斑病均很严重，明显影响产量和供青期，并危害家畜健康。采用常规技术选育抗叶斑病品种不仅周期长，工作量大，而且由于缺乏近缘抗原材料，抗病育种进展缓慢。植物细胞工程技术和转基因技术则为苏丹草抗叶斑病育种提供了新的途径。

苏丹草为高粱属作物，与其他植物相比，通过组织培养获得再生植株相对更难一些，迄今为止尚未见有国内外学者关于苏丹草幼穗组织培养和植株再生的详细报道。本研究以从日本引进的优质高产苏丹草恢复系 2098 幼穗为外植体，试图探明不同激素组合对不同发育时期幼穗愈伤组织的诱导、绿苗分化和继代培养过程中植株再生能力的影响，以期建立高频体细胞培养植株再生体系，为实现苏丹草抗叶斑病细胞工程育种和转基因育种奠定基础。

1. 材料

苏丹草品系 2098。

2. 材料处理

取苏丹草 2098 孕穗期的穗子，在无菌条件下用 70% 的酒精彻底的擦拭包在幼穗外的叶鞘，剥出幼穗。如幼穗长度小于 5cm，切成 2 ~ 3mm 若干段；若幼穗长度超过 5cm，则取其下部 5cm，同样切成 2 ~ 3mm 若干段。然后将切段放入用无菌水与过氧化氢以 1：1（体积比）配成的消毒液中 20min，取出后经无菌水冲洗 3 次，把幼穗切段接种于诱导培养基上。

3. 愈伤诱导

以 MS 为基本培养基，添加不同配比的激素组合，并附加 3% 蔗糖和 0.8% 琼脂，具体设计如下：在诱导培养基 SI1 为 MS + 2, 4 - D 2.0mg · L^{-1} + KT 0.2mg · L^{-1} + NaCl 1.0%上，诱导出 I 型愈伤组织：质地松软，呈乳白色水渍状，愈伤诱导率为 30% ~ 50%；在诱导培养基 SI2 为 MS + 2, 4 - D 3.0mg · L^{-1} + KT 0.2mg · L^{-1}上，诱导出 II 型愈伤组织：质地致密，呈白色或淡黄色颗粒状愈伤组织诱导率达 80% ~ 90%；在诱导培养基 SI3 为 MS + 2, 4 - D 4.0mg · L^{-1} + KT 0.2mg · L^{-1} 上，诱导出Ⅲ型愈伤组织：质地蓬松，呈淡黄色、绿色或褐色，部分愈伤组织表面出现片层状，愈伤组织诱导率达70% ~80%。

苏丹草幼穗发育期对愈伤组织的诱导具有较大的影响，当所取幼穗处于初始分化阶段，即幼穗长度小于1.5cm时接种于诱导培养基，穗形无变化，未诱导产生愈伤组织。幼穗长度为1.5~5.0cm时接种于诱导培养基2~3d后，见有少量幼穗开始出现形变；7d左右部分幼穗切段或小花基部出现明显形变；15d左右有大量幼穗发生形变；10~17d切段切口及表面陆续产生愈伤组织。长度为5~15cm的幼穗，将其基部5cm之内的小穗接种于诱导培养基上，5~6d后有少量幼穗发生形变；接种后17~25d产生愈伤组织；离穗轴节5cm以上的小穗，部分能发生穗形变，但只有极少数产生愈伤组织。长度在15cm以上的幼穗，其基部5cm之内的切段亦只有极少数发生穗形变和产生愈伤组织。可见苏丹草幼穗培养一般取长度1.5~5.0cm的幼穗，切成2~3mm的小段，其愈伤组织诱导的效果最好。

4. 愈伤继代培养

在第一次继代培养时，挑选Ⅱ类愈伤组织转入附加2, 4 - D 3.0mg · L^{-1} + KT 0.2mg · L^{-1} 继代培养基 SI4 中，最初10~15d增殖较快；20d后增殖速度减慢；若不转移继代，25d后愈伤组织开始由白色转为黄色，并逐渐停止生长，因此以20~25d继代培养1次较为合适。Ⅱ类愈伤组织转移至附加2, 4 - D 4.0mg · L^{-1} + KT 0.2mg · L^{-1} 的继代培养基 SI5 中，愈伤组织增殖迅速，但会由颗粒状的Ⅱ类变成极其蓬松的Ⅲ类。Ⅲ类愈伤组织转入附加2, 4 - D 3.0mg · L^{-1} + KT 0.2mg · L^{-1} 继代培养基 SI4 后，部分愈伤组织则会由蓬松状的Ⅲ类转化为颗粒状的Ⅱ类，不同幼穗诱导的愈伤组织的转化比例也不同。

5. 植株再生

选择继代培养后的颗粒状愈伤组织，置于分化培养基为 MS + 6 - BA 2.00mg · L^{-1} + NAA 0.01mg · L^{-1} 上时，约5d后愈伤组织开始增大，然后出现绿芽点；15d左右芽开始伸长，并长出完整的叶片，芽和根基本同步分化，形成完整的小植株。再生植株在三角瓶内生长20d左右即可进行移栽。首先，去掉封口的棉花塞，加自来水，以水面略高于培养基为宜，冬季在25℃的智能温室炼苗2d后，用自来水冲洗干净再生植株根部所带的培养基，将其基部在 IBA 0.01mg · L^{-1} 溶液中浸泡约0.5min后，移栽至装有大田土壤的周转箱中，成活率可达10% ~15%。

六、苦荬菜（陶静等 2008）

抱茎苦荬菜（*Ixeridium sonchifolium* Hance）为菊科苦荬菜属植物，又名苦碟子、盘尔草、秋苦荬菜、鸭子食等。苦荬菜味苦、性微寒。具有清热祛火、消炎解毒、凉血消肿、祛瘀止痛、补虚止咳的作用。现代科学研究表明，苦荬菜含有三萜、甾醇、倍半萜、黄酮、香豆素等，对循环系统，具有增加冠脉流量、增加心肌营养性血流量，改善心脏微循环等方面的作用，可开发成为治疗心脑血管系统疾病的药物。

目前，国内外有关苦荬菜的研究主要集中在生药学及其所含的化学成分、生物活性物质、临床应用等方面，但在组织培养、遗传改良方面却鲜有报道，仅有唐万侠报道了以苦荬菜地上部分的培养细胞为原料，生物制备具有特殊药用价值的齐墩果酸。抱茎苦荬菜目前均为野生。近年来，由于市场需求量大，过度采挖，造成野生资源锐减和生态破坏。因此，应用组织培养方法繁殖和保存野生药用植物种质已成为必需。

（一）培养基

愈伤诱导培养基为 MS + 2，4 - D 1.5mg·L^{-1} + 6 - BA 1.5mg·L^{-1} + NAA 1.0mg·L^{-1} + IBA 1.5mg·L^{-1} + KT1.5mg·L^{-1}；不定芽诱导培养基为 MS + 2，4 - D 0.2mg·L^{-1} + 6 - BA 0.5mg·L^{-1} + NAA 0.5mg·L^{-1} + IBA 0.5mg·L^{-1} + KT 0.5mg·L^{-1}；生根培养基为 1/4 MS + IBA 0.1mg·L^{-1}。

（二）组培程序

1. 外植体的消毒

新鲜苦荬菜叶片采自野生，用流水冲洗 2h，用 70% 乙醇漂洗 30s，无菌水洗 2 ~ 3次，再用 0.1% 升汞消毒后，用无菌水洗 6 ~ 8 次，然后将叶片切成 0.5cm^2 大小。

2. 愈伤诱导

将消毒的 0.5cm^2 大小叶片接种到愈伤诱导培养基上，20d 后，叶表面切口处产生淡黄色愈伤组织，质地致密。

3. 不定芽的诱导

将愈伤组织转接到分化培养基上，28d 后分化出丛生芽，继代 1 ~ 2 次。培养条件：温度（25 ± 1）℃，光照每天 12h，光强为 2 000lx。

4. 根的诱导

将诱导出的不定芽接种于生根培养基中，培养 16d。

5. 试管苗移栽

移栽成活是试管苗的难关之一，成功与否取决于根系是否发达，粗壮根多的幼苗成活率高，而根少细弱的苗则难成活。待根较繁茂，试管苗长至 5 ~ 6cm 高、长出 3 条以上不定根时，打开瓶口，炼苗 2d，取出，洗去根部残余的培养基，移栽到装有细颗粒、松软土壤的花钵中，适当遮光，浇足水，每周用稀释 10 倍的 MS 浇 1 次，待其正常生长，温度保持在 20℃ 左右，相对湿度在 75% ~ 85%。

七、甜菜（刘巧红等，2001）

甜菜是我国重要的糖料作物之一，为了提高其产量和品质，在生产实践中需不断地对品种进行改良。采用一般的育种方法辅之以生物技术手段，是品种选育的一条经济有效途径，而作为生物工程基础的原生质体研究显得尤为重要。原生质体培养为细胞器的修饰和构建提供了一条重要途径，同时原生质体是基因工程的良好受体。在品种改良中具有巨大的应用潜力。但目前原生质体技术在育种上的应用却无多大进展，主要障碍是甜菜原生质体植株再生非常困难.

Cooking（1960）提出酶法分离原生质体以来，原生质体已成为研究无性杂交以及遗传转化和突变体选择的重要手段。原生质体是接受外源基因的理想受体材料，因此它的分离、培养及再生技术的研究为基因工程的发展提供了基础。尽管原生质体培养在某些作物仍然很困难，但自茄科首先从原生质体培养再生出植株后，大豆、小麦等作物也相继通过原生质体培养产生了愈伤组织。

（一）试验材料与方法

1. 试验材料及子叶外植体制备

试验材料为双丰 10 号自交系甜菜种子。将种子用流水冲洗 4h，用 70% 酒精消毒 30s 后用 0.1% HgCl$_2$ 浸泡 12min，再用无菌水多次冲洗。处理的种子用无菌水浸泡 24h 后，用无菌滤纸吸干种子上的水分，放入无菌的发芽盒中，发芽纸用无菌水浸湿。将发芽盒置于恒温箱中 25℃ 暗培养 1 周，再弱光培养 1~2 周，切下子叶。另外，还将双丰 10 号播于土壤中，作为试验材料。

2. 培养基及溶液

CPW12M：高渗溶液为含甘露醇 12% 的 CPW 溶液；CPW21S：为含 21% 蔗糖的 CPW 溶液；K8P 培养基为 Kao 和 Michayluk 的 8P 原生质体培养基。

3. 试验方法

（1）酶解及原生质体分离。将子叶切成碎条，先放入 CPW 12 mol·L^{-1} 高渗溶液中预质壁分离 4h，再换入酶液 CPW 9mol·L^{-1} +2.0% Cellulase Onozu－ka R－10 +0.5% Macerozyme Onozuka R－10 +0.5% driselase 中，于 26℃ 黑暗条件下在摇床上［3.5 r·min^{-1}，（25±1）℃］酶解 10~14h 后，用 300 目筛网滤去组织碎片。滤液用离心机在 500r·min^{-1} 速度下离心 4.0min，收集原生质体。用 CPW 9mol·L^{-1} 溶液悬浮洗涤 2 次，用 1.0mL CPW 9mol·L^{-1} 溶液悬浮原生质体，将其加在 4.0mL CPW 18S 溶液试管的上部，离心沉降碎片并漂浮原生质体，收集两相界面处的原生质体，培养基悬浮洗涤一次，离心收集纯净的原生质体用于培养。用 2.0% Evans blue 染色测定原生质体活力。血球计数板统计原生质体产量。

（2）原生质体培养。基本培养基为 K8P +2，4－D 2.0mg·L^{-1} +BA 0.5mg·L^{-1} +2% 蔗糖 +7% 葡萄糖。采用液体浅层培养，在直径为 5.5cm 培养皿中加 2mL 基本培养基，原生质体培养密度为 1×10^5 个·mL^{-1} 培养液，用 Parafilm 封口，置于培养箱中，25~28℃ 黑暗静止培养 2 周，之后在弱散射光下培养，每隔 10d 加一次降低渗透压的基本培养基，葡萄糖浓度最终降至为 1%。在显微镜下观测，游离原生质体经过 3~5d 培养后开始第一次细胞分裂，其后持续分裂，6 周内形成大量的多细胞团和微愈伤组织，在弱光下，微愈伤组织在 K8P 培养基上进一步培养，两周后逐渐产生 0.5cm 左右的大块愈伤组织。经原生质体培养形成的愈伤组织块，质地均一，白色、疏松、透明。

总之，将发芽盒内培养 2~3 周的甜菜子叶，在 CPW 12M 高渗溶液中预质壁分离 4h 后用 2% Cellulase Onozuk K－10 +0.5% Macerozyme +0.5% Driselase +CPW 9 mol·L^{-1} 酶液酶解 12h。原生质体在 K8P +2，4－D 2.0mg·L^{-1} +6－BA 0.5mg·L^{-1} 培养基中液体浅层培养。6 周内形成大量的多细胞团和微愈伤组织，进一步培养，形成直径为 0~5cm 松散的大块愈伤组织。

八、皇竹草（宣朴等，2010）

皇竹草又名杂交狼尾草、皇草，为禾本科狼尾草属中象草与美洲狼尾草杂交而成的三倍体杂种（2n = 21，3X = 21），是一种优质饲用牧草，由哥伦比亚热带牧草中心收集保存。由于其产量高、品质优、消化率高而名列各饲用牧草之首，在热带、亚热带地区的许多国家已广泛种植以替代传统栽培的象草。1982 年，我国海南省热带作物所从哥伦比亚引种；1987 年先后引种到广州、深圳、广西柳州、湖南常德市等地，1995 年引种到四川。目前，国内围绕皇竹草进行的研究主要集中在其栽培和利用上，尽管有人已对其进行过细胞染色体研究，但利用生物技术对皇竹草进行的研究仍可谓空白。

1. 材料

皇竹草茎段。

2. 材料准备

先将皇竹草腋芽或顶芽（休眠芽须先在 25℃、相对湿度 70% ~ 80%、无光条件下进行催芽处理）经流水冲洗 14h，再用 70% ~ 75%（v/v）的酒精反复擦洗，然后剥去外层芽鳞露出内芯作外植体，并置于 0.1%（w/v）的升汞（$HgCl_2$）中消毒 15 ~ 20min。消毒后的外植体经无菌蒸馏水冲洗干净，吸取多余水分待用。

3. 愈伤诱导

将外植体在无菌条件下截切为 5mm 的小段，接种于诱导培养基 N6 + 2，4 - D 2.0mg·L^{-1} + KT 1.0mg·L^{-1} 上，在 28℃、相对湿度 70% ~ 80%、无光条件下进行暗培养诱导产生愈伤组织。7d 后部分外植体开始膨大，14d 后在外植体切口处陆续产生乳白致密型和水浸疏松型两类愈伤组织。前者生长缓慢，但可继续繁殖，为胚性愈伤组织；而后者则易变褐死亡。

4. 芽分化

将 3 ~ 5mm 大小、乳白色、致密型胚性愈伤组织及时转移到分化培养基 MS + 4.0mg·L^{-1} 6 - BA + 1.0 mg·L^{-1} KT + 0.5mg·L^{-1} NAA 上，在 26℃、相对湿度 70 ~ 80%、光照强度 1 200lx、光周期 12h·d^{-1} 的条件下进行光培养。光培养 7d 左右部分愈伤组织表面开始出现绿点形成胚状体，并由胚状体形成再生植株幼苗。

5. 再生植株的壮苗培养及快繁体系的建立

当幼苗长至 2 ~ 3cm 时，便可对其进行无菌截切并分离培养。截切上部可置于以 1/2MS + 0.5mg·L^{-1} NAA 壮苗培养基上进行生根壮苗培养。切割基下部则可留在原有的再分化培养基上继续培养；4 ~ 5d 后在其基部周围可诱导产生出 2 ~ 4 个不等的不定芽。当不定芽长至 5 ~ 8mm 时，便可切割分离不定芽再生植株并进行壮苗培养，周而复始进行，可达到微繁殖的目的，建立有效的皇竹草的快繁体系。植株健壮、根系发达、表现良好的皇竹草试管苗在 3 ~ 4 月便可在田间移栽。只要在移栽过程中注意土壤消毒，幼苗保湿保温，幼苗移栽成活率可达 90% 以上。

总之，以皇竹草腋芽或顶芽作外植体，接种在脱分化培养基上培养，可获得胚性愈伤组织。将愈伤组织转接在再分化培养基上即可产生胚状体再生植株，获得的再生植株经多次切割后其基部又能产生不定芽形成再生植株，由此可获得大量的皇竹草再生植株建立起皇竹草快繁体系，为牧草生产提供优质种苗。

第三节 花 卉

一、花烛

花烛是近年从国外引进的优良观赏花卉品种,是天南星科花烛属多年生附生常绿草本花卉,又名大叶花烛、台灯花、火鹤花、安祖花等,为当前国际流行的、全球销量第二的名贵花卉。离体培养和快速繁殖是目前花烛花种苗生产的主要途径和有效方法。

(一)苞片组培(徐彬等,2007)

1. 培养条件

(1)愈伤组织诱导培养基:改良 Nitsch + BA 1.0mg·L^{-1} + 2,4 - D 0.4mg·L^{-1} + 蔗糖 20g·L^{-1} + 椰汁 15%(V/V)。

(2)分化培养基:改良 Nitsch + BA 0.25mg·L^{-1} + KT 0.1mg·L^{-1} + 蔗糖 20g·L^{-1} + 椰子汁 15%(V/V)。

(3)生根壮苗培养基:改良 Nitsch + BA 0.25mg·L^{-1} + IBA 0.2mg·L^{-1} + 蔗糖 30g·L^{-1} + 活性炭 2g·L^{-1};pH 值为 5.5;添加 5.5g·L^{-1} 琼脂粉。

愈伤组织诱导在黑暗条件中,分化与生根壮苗培养光照 1 500 ~ 2 000lx,光照时间 16h·d^{-1};温度 25 ~ 28℃,每月转接一次,愈伤组织诱导培养两个月后转入不定芽诱导培养基中。2 个月后不定芽陆续发出,不定芽长至 1cm 高后转入生根壮苗培养基。

2. 生长与分化

(1)愈伤组织诱导。从温室取新展开的花烛苞片,流水冲洗,去除肉穗花序和花梗。在超净工作台上,75% 乙醇浸泡 10s,无菌水冲洗 3 次,0.1% HgCl$_2$ 灭菌 9min,无菌水冲洗 4 次。然后切成 0.8cm×0.8cm 小块,转入培养基愈伤组织诱导培养基中暗培养,1 个月后可观察到愈伤组织,2 个月后转入不定芽诱导培养基。

(2)不定芽分化。在不定芽诱导培养基中愈伤组织继续增大,光照下培养 2 个月后可见不定芽分化。

(3)生根与壮苗。当分化出的不定芽生长至 1cm 以上时,将不定芽团转至培养基生根壮苗培养基中。通过继代培养,无菌苗数目不断增多,并利用无菌苗侧芽增殖进行快繁。5 ~ 10 月,将生长至 2cm 高,有 3 条以上不定根的无菌苗移栽于蛭石、腐熟芦苇末(1:1)的混合基质中,成活率达 80% 以上。

3. 结论

以花烛苞片为外植体进行离体再生体系研究,结果表明,改良 Nitsch + BA 1.0mg·L^{-1} + 2,4 - D 0.4mg·L^{-1} + 蔗糖 20g·L^{-1} + 椰汁 15%(V/V)为适宜愈伤组织诱导培养基;改良 Nitsch + BA 0.25mg·L^{-1} + KT 0.1mg·L^{-1} + 蔗糖 20g·L^{-1} + 椰汁 15%(V/V)为适宜不定芽分化培养基;适宜生根壮苗培养基:改良 Nitsch + BA 0.25mg·L^{-1} + IBA 0.2mg·L^{-1} + 蔗糖 30g·L^{-1} + 活性炭 2g·L^{-1}。愈伤组织诱导培养 2 个月后转入不定芽诱导培养基中,2 个月后不定芽陆续发出。

（二）叶柄组培（王小岚，2006）

1. 培养条件

（1）诱导愈伤组织培养基：$MS + 6 - BA \; 4mg \cdot L^{-1}$。

（2）芽分化培养基：$MS + 6 - BA1 + KT \; 0.5mg \cdot L^{-1}$，$MS + 6 - BA \; 0.5mg \cdot L^{-1} + KT \; 0.1mg \cdot L^{-1}$，$MS + 2, 4 - D \; 2.0mg \cdot L^{-1} + NAA \; 0.2mg \cdot L^{-1}$ 和 $MS + 2, 4 - D \; 0.5mg \cdot L^{-1} + NAA \; 0.1mg \cdot L^{-1}$。

（3）诱导生根培养基：$1/2MS + NAA \; 0.5mg \cdot L^{-1}$。

以上培养基均加琼脂 $6 \sim 8g \cdot L^{-1}$，蔗糖 $30g \cdot L^{-1}$，pH 值为 $5.8 \sim 6.0$。培养温度 $(26 \pm 2)℃$，光照强度约为 2000lx，光照时间 $12 \sim 14h \cdot d^{-1}$。

2. 生长与分化情况

（1）无菌材料获得。将花烛新抽出的叶片带叶柄剪下，自来水冲洗干净后，用 75% 酒精快速浸泡 30s，然后用无菌水冲洗 1 次，置于 0.1% 氯化汞溶液中消毒 12min，每 100mL 氯化汞加吐温 - 80，10 滴，再用无菌水冲洗 $6 \sim 8$ 次，每次冲洗 $2 \sim 3min$，无菌纱布吸干表面水分，叶柄切成 $1 \sim 2cm$ 小段，接种到培养基（$MS + 6 - BA \; 4mg \cdot L^{-1}$）上。

（2）愈伤组织的诱导与丛生芽的形成。接种 2 周后，叶柄两端膨大，4 周后逐渐形成黄绿色愈伤组织，将愈伤组织分别转至 $MS + 6 - BA1.0mg \cdot L^{-1} + KT \; 0.5mg \cdot L^{-1}$，$MS + 6 - BA \; 0.5mg \cdot L^{-1} + KT \; 0.1mg \cdot L^{-1}$，$MS + 2, 4 - D \; 2.0mg \cdot L^{-1} + NAA \; 0.2mg \cdot L^{-1}$ 和 $MS + 2, 4 - D \; 0.5mg \cdot L^{-1} + NAA \; 0.1mg \cdot L^{-1}$ 上培，30d 左右所有愈伤组织均可形成不定芽，$MS + 2, 4 - D \; 2.0mg \cdot L^{-1} + NAA \; 0.2mg \cdot L^{-1}$ 和 $MS + 2, 4 - D \; 0.5mg \cdot L^{-1} + NAA \; 0.1mg \cdot L^{-1}$ 中丛生芽较多，但较纤细；培养基 $MS + 6 - BAmg \cdot L^{-1} + KT \; 0.5mg \cdot L^{-1}$ 和 $MS + 6 - BA \; 0.5mg \cdot L^{-1} + KT \; 0.1mg \cdot L^{-1}$ 的丛生芽比 $MS + 2, 4 - D \; 2.0mg \cdot L^{-1} + NAA \; 0.2mg \cdot L^{-1}$ 和 $MS + 2, 4 - D \; 0.5mg \cdot L^{-1} + NAA \; 0.1mg \cdot L^{-1}$ 中少，但芽较粗壮；丛生芽在培养基 $MS + 6 - BA1.0mg \cdot L^{-1} + KT \; 0.5mg \cdot L^{-1}$ 和 $MS + 6 - BA \; 0.5mg \cdot L^{-1} + KT \; 0.1mg \cdot L^{-1}$ 中的增殖效果最好，30d 左右增殖倍数可达 $5 \sim 7$ 倍；$MS + 2, 4 - D \; 2.0mg \cdot L^{-1} + NAA \; 0.2mg \cdot L^{-1}$ 和 $MS + 2, 4 - D \; 0.5mg \cdot L^{-1} + NAA \; 0.1mg \cdot L^{-1}$ 中虽然增殖倍数更大，但不定芽的长势不好。

（3）诱导生根。将高达 3cm 左右，有 $3 \sim 4$ 片叶而且生长健壮的无根小苗接种于 $1/2MS + NAA \; 0.5mg \cdot L^{-1}$ 培养基上，2 周以后，苗基部长出辐射状白色小根，每株生根 $5 \sim 7$ 条，4 周以后根伸长至 $1.0 \sim 1.5cm$，生根率达 100%。

（4）试管苗移栽与炼苗。将生根的花烛苗的三角瓶盖打开，在实验室通风处炼苗 3d，取出小苗洗去根部培养基，移栽到珍珠岩和泥炭土（2:1）混合的基质中，并覆盖塑料薄膜保温、保湿，每周使用 1 次 1/2MS 加 $1/800 \sim 1/1\,000$ 的甲基硫菌灵。2 周后撤掉塑料膜，4 周后可移栽到蛭石：泥炭土：细沙（1:1:1）的混合土中，成活率在 95% 以上。

3. 结论

以 MS 作为基本培养基，离体培养花烛的叶柄，结果表明，诱导愈伤组织 $6 - BA$ $4mg \cdot L^{-1}$ 时诱导效率最高，诱导丛生芽时 KT 与 $6 - BA$ 的搭配优于 2, 4 - D 与 NAA 的组合。组培苗在 MS 减半并附加 0.5mg·L^{-1} NAA 的培养基上诱导生根最适宜，生根率达 100%。

（三）嫩叶组培（刘奕清，2005）

1. 材料

花烛（华伦天奴）刚展开的幼嫩叶片。

2. 材料准备

将采取的外植体先用自来水冲洗 15min，之后用 0.5% 洗衣粉溶液浸泡 15min，再用自来水冲洗干净。将材料分别放入无菌塑料空杯中，用 75% 酒精浸泡 30 s，再用 0.1%的升汞消毒 10min，最后用无菌水冲洗 5 ~ 6 次。把消毒后的外植体叶片切成约 1.5cm^{2}的小块，

3. 愈伤组织的诱导

将消过毒切割好的幼嫩叶片接种在愈伤诱导培养基是 1/2MS + 6 - BA 1.0mg·L^{-1}+ 2，4 - D 0.5mg·L^{-1}上，培养温度（25 ±2）℃，光照强度 2 000lx 左右，光照时间为 12 h·d^{-1}。26d 后叶片仍为绿色，30d 后叶片切口处开始出现少量黄色泡状愈伤组织，46d 后泡状愈伤组织形成黄绿色瘤状突起，60d 后愈伤组织不断扩大连成一片，然后逐渐出现锥状突起，并形成浅绿色的小芽。

4. 芽的分化培养

将愈伤组织接种到芽分化培养基是 1/2MS + 6 - BA 1.5mg·L^{-1} + IAA 0.3mg·L^{-1}上，培养光照 12 h·d^{-1}，光强 2 000 ~ 3 000lx，温度（25 ± 2）℃，环境湿度 40% ~ 70%。16d 后愈伤组织扩大增殖，25d 后愈伤组织分化形成体细胞胚壮体，35d 之后陆续出现绿点，45d 之后绿点发育为芽。其芽分化率达到 94% 以

5. 生根与移栽

将 2.5cm、茎粗 2.0mm 的再生芽苗接种于生根培养基 1/2 MS + NAA 0.1 ~ 1.0mg·L^{-1}中，每处理重复 3 次。35d 后根白色健壮、长 1 ~ 2cm、每株有根 3 ~ 5 条，生根率达90% 以上。把已长根的华伦天奴试管苗移入温室，遮光 70%，炼苗 2 ~ 3d，从杯中取出洗净培养基，移植在装有泥炭珍珠岩体积比的基质中前每天喷水 3 ~ 4 次，之后适量浇水，每 10d 浇灌 0.1% 的 N，P，K 进口三元复合肥液 1 次，培养 60 ~ 70d 即可用于上盆或营养袋移栽。

总之，用花烛华伦天奴的幼嫩叶片诱导产生愈伤组织，以 1/2MS + 6 - BA 1.0mg·L^{-1} + 2，4 - D 0.5mg·L^{-1}的幼叶出愈伤率最高，达到 92%；愈伤组织芽的分化，以 1/2MS + 6 - BA 1.5mg·L^{-1} + IAA 0.3mg·L^{-1}的组合培养基最适宜于愈伤组织芽的分化，诱导率达到 94% 以上；在相同激素水平条件下，1/2 MS 对不定芽转化为正常苗有利，NAA 0.1 ~ 1.0mg·L^{-1}促进生根，所获试管苗移栽成活率达 93%，商品出苗率达 90%。

二、蝴蝶兰

蝴蝶兰为多年生常绿草本。茎短，叶大。花茎长，拱形。花大，蝶状，密生。常见品种有粉色的曙光，花粉红色，栽培 8 个月抽出穗状花序。蝴蝶兰原产亚洲热带地区。常野生于热带高温、多湿的中低海拔的山林中，喜热、多湿和半阴环境。生长适温白天

25～28℃，晚间18～20℃。当夏季35℃以上高温或冬季10℃以下低温，蝴蝶兰则停止生长。若持续低温，根部停止吸水，形成生理性缺水，植株就会死亡。但蝴蝶兰花芽分化不需高温，以16～18℃为宜。蝴蝶兰宜湿度高的环境，因没有粗壮的假球茎储蓄水分，如果空气湿度小，则叶面容易发生失水状态。因此，栽培蝴蝶兰最怕空气干燥和干风。阳光对蝴蝶兰的生长发育是非常有利的。因此，但冬季需充足的阳光，蝴蝶兰叶片生长健壮，花朵色彩鲜艳。但夏季长时间的强光直射，对叶片有灼伤现象，需用遮阳网进行遮光处理，有利于叶片的正常生长。不过，长时间在遮阳网下生长，叶片柔嫩，花茎伸长，花色缺乏光泽，不鲜艳。为此，冬季长时间雨雪天，日照不足时，应加入工光照补充。椰壳或蛭石等。新株栽植后30～40d长出新根。生长期每旬施肥1次，花芽形成至开花期，多施磷钾肥。并经常在地面、叶面喷水，提高空气湿度，对茎叶生长十分有利。每年5～6月花后新根开始生长时换盆，温度应在20～25℃。若温度太低，新株恢复慢，而且易腐烂。32℃以上高温对蝴蝶兰生长不利，会促使其进入半休眠状态，影响花芽分化，结果不开花。蝴蝶兰花序长，花朵大，盆栽时需立支架，防止倾倒，影响花容。

1. 侧芽的消毒与培养

选择蝴蝶兰要花梗新鲜、侧芽饱满。整枝取下花梗，去掉花瓣，先用自来水冲洗，再用洗衣粉浸泡5～7min，用自来水反复冲洗干净，在超净工作台上进行表面灭菌。先将花梗剪成一芽一段，用75%酒精浸泡0.5～1.0min，再用0.1%氯化汞或2%次氯酸钠消毒10～20min，最后用无菌水冲洗5次，接种在灭过菌的培养基上。培养基为MS +6－BA 3～5mg·L^{-1} +胰蛋白胨2g+椰乳（或香蕉汁、马铃薯汁）30～40g+糖35g +琼脂12g，pH值为5.0～5.4。培养温度25～28℃，光照度1 500～2 000lx，每天光照10～12 h，接种7d后，侧芽膨大并向外伸长，30d左右长出小叶，50d左右长成具4～5片小叶的单株小苗。

2. 试管苗茎尖的培养

取试管苗在超净工作台的解剖显微镜下剥取茎尖。切取茎尖约0.3mm，接种在MS+6－BA 3～6mg·L^{-1} +椰乳或香蕉汁培养基上，培养温度25～28℃，每天光照8～10 h。14d后，可见茎尖膨大，呈浅绿色半球状，3个月后，可诱导为原球茎体。经原球茎培养，继代扩大增殖，可培养成蝴蝶兰小植株。

3. 原球茎诱导

通过花梗侧芽诱导出试管小苗后，利用小苗叶片诱导原球茎继代增殖，速度快、数量多。将试管苗的嫩叶整片或横切成上、中、下3段，接种在MS+6－BA 4～6mg· L^{-1} +IBA 0.5～1.0mg·L^{-1} +胰蛋白胨2g，附加椰乳汁或香蕉汁40g的培养基上。培养温度25～28℃，光照度1 500～2 000lx，每天光照10 h，20d后，可见叶片弯曲，嫩叶片基部或切口处呈现凹凸不平、逐渐出现愈伤组织状的早期原球茎。

4. 原球茎继代增殖

早期原球茎外观像愈伤组织，表面球状不明显，继续培养，可见表面突起一个个圆球，部分表面细胞分化出根毛状物。此时，将原球茎切割成数小块，转接到增殖培养基中继代培养。50～60d转接继代一次，增殖倍数为10～12。如果不切割原球茎状体进行继代培养，而在含低浓度细胞分裂素的培养基里继续生长，60d 后即可陆续长出芽，成为完整的原球茎，100d 后，大部分已长成 2~3 片叶的小苗。一个花梗侧芽萌发形成的小苗，经叶片诱导出原球茎后，一年可繁殖 $1 \times 10^6 \sim 1.2 \times 10^6$ 株。试管苗出瓶栽植后，生长性状稳定。通过原球茎增殖的方法，可大大提高繁殖速度，实现蝴蝶兰生产的工厂化育苗。

5. 生根与炼苗

蝴蝶兰是气生根，根系粗壮、发达，小苗转接生根培养基 MS + IAA 0.5mg · L^{-1} 或 MS + IBA 0.3mg · L^{-1}，70~90d 后，可长成 4~5cm 高、具有 4~5 条根的小苗，此时即可出瓶栽植。蝴蝶兰试管苗健壮与否直接影响到出瓶移栽的成活率、生长势和抗病力。健壮和试管苗在瓶内叶片光亮且厚、不徒长、没有黄化叶、根系生长旺盛。当小苗长成具有 3~4 片叶、叶长 3~5cm、3~4 条根时，即可炼苗。将培养瓶置于室温 7~10d 后，打开瓶盖炼苗 2d，取出小苗洗净根部的培养基，假植于干净的水苔或椰壳糠上，喷洒杀毒和杀虫剂，先置于光线较弱（1 000lx 以下）处，3~4 周后将光线提高到正常种植要求的光度（1 500lx 以下），保持温度 25~30℃，空气湿度 85%。在此过程中应随时清除病叶，并根据植株生长情况，及时调整肥水管理和病虫害防治。30d 左右，当新叶长出，新根伸长时，可喷施 0.3%~0.5% 磷酸二氢钾液体，每 7d 一次，成苗率达 95%。

三、非洲菊（张妙彬等，2008）

非洲菊（*Gerbera hybrida*）为世界六大切花品种之一。非洲菊的花为头状花序，不同品种花序最外 3 层舌状花分别有白、黄、橘红、红等多种颜色，最内一层盘状花则大多为黑色或淡黄色。自 1987 年 Meyer 等获得转基因矮牵牛以来，转基因技术在花卉品质改良方面的应用备受关注。成功的基因转化首先依赖于良好的植物基因转化受体系统的建立，而植株再生是基因转染的关键步骤，直接决定能否获得转基因植株。非洲菊植株再生一般有两种途径，其中一种途径是通过愈伤组织间接再生不定芽，其作为基因转化系统具有易于接受外源基因的能力以及扩繁量大，可获得较多转化植株的优点。目前，非洲菊通过愈伤组织再生不定芽的研究较多，但不同品种不定芽再生的最佳条件和再生率存在较大差距，其中黑色盘状花品种的不定芽再生比较困难、再生频率很低。

1. 材料

（1）非洲菊花托。

（2）愈伤诱导培养基 1/2MS + 6 - BA 10mg · L^{-1} + NAA 0.2mg · L^{-1} + IAA 0.3mg · L^{-1}；分化培养基 1/2MS + 6 - BA 3mg · L^{-1} + NAA 0.2mg · L^{-1} + IAA 0.1mg · L^{-1}；生根培养基 1/2MS + IAA 0.3mg · L^{-1}。

2. 材料消毒

取花径为 1cm 左右的蕾直，带回实验室，洗净后用 70% 酒精浸泡 30 s，再用 0.1% 升汞浸泡 13min，无菌水漂洗 6~8 次，去掉总苞片，切取花托部位，分成 4 小块，备用。

3. 愈伤诱导

将经过消毒处理的花托外植体接种在愈伤诱导培养基 1/2MS + 6 – BA 10mg · L^{-1} + NAA 0.2mg · L^{-1} + IAA 0.3mg · L^{-1} 上（附加 3% 蔗糖、0.8% 琼脂，pH 值为 5.8），然后置于培养室中培养 28d。接种后 10d 诱导出愈伤组织，接种后 15～20d 期间愈伤组织诱导率持续增加。培养温度为（24 ± 1）℃，光照强度为 2 000lx，每天连续光照 12～13 h。

4. 芽分化

将经过初代培养诱导出的愈伤组织转接到分化培养基 1/2MS + 6 – BA 3.0mg · L^{-1} + NAA 0.2mg · L^{-1} + IAA 0.1mg · L^{-1} 上。接种后置于温室中培养培养 28d，培养条件与同上。继代培养 1～2 次。

5. 生根培养试验

将 3～4cm 长的不定芽接种于生根培养基 1/2MS + IAA 0.3mg · L^{-1} 上，培养 14d，然后常规炼苗和移栽。

四、牡丹（王军娥等，2008）

牡丹（*Paeonia suffruticosa*）为芍药科芍药属（*Paeonia*）多年生木本花卉，是我国特产的传统名花，被誉为"国色天香""花中之王"，深受人们的喜爱。其花硕大、多姿多彩，气味芬芳，具有较高的观赏价值；根皮也是名贵的中药材，有清热凉血、活血祛淤和补血等作用。关于牡丹组织培养的研究，自 1984 年就有相继的文献报道，然而至今尚未解决外植体表面消毒污染率高、愈伤组织诱导及分化芽率低、继代材料容易褐变、生根及移栽成活率低等问题。在牡丹组织培养中，诱导产生愈伤组织比较容易，而由愈伤组织分化不定芽却比较困难，不定芽分化率低。

1. 材料

幼嫩叶柄。

2. 外植体处理

将采集的叶柄先用流水冲掉表面浮土，再用洗洁净浸泡 15min，流水冲洗 3h 后，用吸水纸吸取所带的水分，在超净工作台上用 75% 的酒精进行表面消毒 30s，然后用 0.1% 的 $HgCl_2$ 处理 5min，最后用无菌水冲洗 5 次，每次 2min，将消毒过的叶柄剪成 1.0cm 切段，横放在培养基，并保证让其充分接触。

3. 植株再生

叶柄愈伤组织诱导培养基：WPM + 2，4 – D 2.0mg · L^{-1} + 6 – BA 1.0mg · L^{-1} + NAA 1.0mg · L^{-1} + TDZ 0.5mg · L^{-1} + CH 300mg · L^{-1}；不定芽分化培养基：2，4 – D 0.25mg · L^{-1} + TDZ 0.5mg · L^{-1}；继代周期以愈伤组织接种 30d 为宜；不定芽生根培养基为 IBA 浓度为 2.0mg · L^{-1}。

五、墨红玫瑰（时俊锋等，2008）

墨红玫瑰是一种重要的食用玫瑰品种。其植株较矮，高约 60cm，花朵重瓣 30～35 枚，花径 10～12cm，深红带黑红色，色素含量高，有丝绒一样的质感，浓香，香味纯正，花期4～12月，产量高，多花、勤花、耐开，是工业上制造香精的原料。其品种名在华北被译作"朱墨交辉"，在我国江南等地叫做"墨红"。该品种是杂种香水月季和杂种长春月季杂交而选育出的品种，由德国 W. Kordes 在1935年培育而成，是很好的切花品种，为最香月季之一。常被用做亲本来繁育大量优良新品种。但在实际生产中仍然采用扦插、嫁接、播种等传统的方法，效率较低。将组织培养生物技术应用到良种繁育中来，推动食用玫瑰产业的发展将十分有意义。

1. 材料

一年生茎段。

2. 外植体处理及培养条件

2.1　外植体处理

从玫瑰基部剪下芽，置于小烧杯中，用洗衣粉清洗后在自来水下冲洗2 h以上。在超净台上，用75%酒精快速浸泡20～30 s，然后用0.1%升汞溶液浸泡5 min，无菌水浸洗4次，每次1～2 min，供接种备用。

2.2　培养条件

采用 MS 基本培养基，蔗糖3%（生根培养基中为1.5%），琼脂0.65%，pH 值为5.8～6.2。培养温度为23～25℃，光照强度为1 500～2 000 lx，光照时间12 h·d^{-1}。

3. 侧芽诱导

将枝叶切除，每一外植体切段长约1 cm，且每一段保证有1个以上侧芽，然后接入 MS 培养基中，接种约1周开始萌动，2周后可以诱导出芽。

4. 侧芽增殖

将诱导出的芽切成带2～3个叶腋的茎段、茎尖直插在增殖培养基 MS + KT 3 mg·L^{-1}中培养，继代时间为25～30 d，增殖率在4倍以上，芽苗健壮，但基部愈伤化较严重。

5. 诱导生根及植株再生

将2 cm以上的小苗切净基部愈伤组织后接入根诱导培养基。生根采用1/2 MS基本培养基，附加不同激素组合。先把具有3～5 cm高的无根小苗基部的愈伤组织切除，将其在过滤灭菌2 000 mg·L^{-1} IBA 的水溶液中浸泡2～3 s，然后接种在培养基 MS + 蔗糖15 g·L^{-1}中诱导生根。约2周后出根，35 d后基部无愈伤组织生根数较多，侧根发达。

6. 炼苗移栽

将具有完整根系且基部无愈伤化的小苗在70%的荫蓬内炼苗9周，移栽前2 d打开瓶塞。移栽时将试管苗取出，用自来水洗干净黏附在根系上的培养基；然后用0.3%～0.5%的多菌灵水溶液浸泡植株根部15～20 min，移栽到温室内的沙床上，用浸泡后的多菌灵水溶液浇足定根水，适当遮阴。1周后浇1次0.1%的多菌灵水溶液，以后见表面沙土完全干时再浇透水。约3周后小苗成活并抽生新叶。

六、红枫杜鹃（张艳红等，2008）

杜鹃花花色娇艳，是美化环境和居室的优良花卉品种。随着人民生活水平的提高，其越来越受到重视，而传统的繁殖技术已难以满足需要，所以发展新的繁殖方法，加快包括杜鹃在内的名优花卉的推广速度已迫在眉睫。杜鹃花通常采用扦插法繁殖，但名贵品种往往难以生根，也受季节、母株材料等限制，大量的商业性生产有很大困难。因此，在杜鹃的推广中，组培技术的研究和完善有越来越重要的地位和作用，在较短的时间内，可凭借少量母本材料，大量获得较多的无性系名贵苗木。

1. 材料

茎段、茎尖。

2. 培养条件

（1）愈伤诱导培养基：1/4 MS + ZT 4.0mg · L⁻¹ + NAA 0.1mg · L⁻¹ + 2，4 – D 0.03mg · L⁻¹。

（2）分化培养基：1/4 MS + ZT 1.0mg · L⁻¹ + NAA 0.1mg · L⁻¹。

（3）壮苗培养基：1/4 MS + ZT 0.5mg · L⁻¹ + NAA 0.05mg · L⁻¹。

（4）生根培养基：1/4 MS + NAA0.1mg · L⁻¹ + IBA0.5mg · L⁻¹。

所有培养基均加 $30g · L^{-1}$ 蔗糖和 $7.6g · L^{-1}$ 琼脂，pH 值为 5.2 ~ 5.4。温度（25 ± 1）℃，光照时间 $12 h · d^{-1}$，光照强度 1 000 ~ 2 000lx。

3. 生长与分化情况

（1）愈伤诱导。选取生长健壮的红枫杜鹃植株的茎尖或细嫩含腋芽茎段去掉叶片，然后将其横切成 1 ~ 2cm（每段带一个顶芽或 1 ~ 2 个节），在洗衣粉中浸泡20min，期间不断摇晃，然后用自来水冲洗至清，接着在超净工作台上用75%的酒精浸泡15 ~ 30s，期间不断搅动，无菌水冲洗 3 次，转入 0.1% 氯化汞消毒 7min 后用无菌水冲洗 5 ~ 6 次，再用无菌滤纸吸干茎节或顶芽表面的水分，剪成 0.5 ~ 1.0cm 小段（每段带 1 个顶芽或 1 个节），接种到培养基上，采用竖放方式。8 ~ 10d 后底部及 4 周开始膨大，20d 左右长出愈伤组织茎尖诱导率81%，茎段诱导率72%。

（2）丛生芽诱导和壮苗。将愈伤组织切下，接到培养基1/4 MS + ZT 1.0mg · L⁻¹ + NAA 0.1mg · L⁻¹中，15d 后有绿色簇生芽出现，然后把芽转到培养基 1/4 MS + ZT 0.5mg · L⁻¹ + NAA 0.05mg · L⁻¹中 25d 后芽可长到约 3.0cm。

（3）生根和移栽。将高 3.0cm 左右的簇生芽切成单株后，放到培养基 1/4 MS + NAA 0.1mg · L⁻¹ + IBA 0.5mg · L⁻¹上，20d 后开始生根，每株生根数 3 ~ 5 条。35d 苗长可达到 4 ~ 5cm，此时将试管苗瓶口揭开，在室内进行炼苗 4 ~ 5d，先取生根良好的试管苗用自来水洗掉根部琼脂，移栽到经 100 倍恶霜灵消毒过的腐烂松针、泥炭土和细河沙（2：1：1）混合的基质中，用透性好的塑料薄膜覆盖以保湿、保温，湿度保持在85%，温度控制在（18 ± 2）℃，保持每天 10 ~ 12h 的散射光照，每天中午通风换气10min，15d 后揭去薄膜，每天早晨喷洒清水 1 次。

七、康乃馨（丁小维等，2005）

康乃馨（*Dianthus caryophyllus*）即香石竹，又名狮头石竹、麝香石竹、大花石竹、荷兰石竹，为石竹科石竹属的植物，分布于欧洲温带以及中国的福建、湖北等地，原产于地中海地区，是目前世界上应用最普遍的花卉之一。康乃馨包括许多变种与杂交种，在温室里几乎可以连续不断开花。自 1907 年起，开始以粉红色康乃馨作为母亲节的象征，故今常被作为献给母亲的花。

1. 材料

植物茎段。

2. 培养基及培养条件

芽增殖培养基 MS + 6 – BA 0.5mg · L^{-1} + NAA 0.1mg · L^{-1}；愈伤诱导培养基 MS + 6 – BA 0.5mg · L^{-1} + NAA 0.2mg · L^{-1}；分化培养基 MS + 2, 4 – D 2.0mg · L^{-1} + KT 0.5mg · L^{-1}和 MS + BA 0.5mg · L^{-1} + KT 0.5mg · L^{-1} + NAA 2.0mg · L^{-1}；生根培养基为 1/2MS + NAA 0.1mg · L^{-1}。蔗糖 3%，琼脂 0.65%，pH 值为 5.8。培养温度 22℃，光照 12h · d^{-1}光照度 1 200lx。

3. 生长与分化情况

（1）无菌苗的获得。将顶芽或带腋芽的茎段在自来水下冲洗干净后，在超净工作台上，用 0.1% 的升汞溶液灭菌 10min 最后用无菌水冲洗 5～6 次，接种到培养基 MS + 6 – BA 0.5mg · L^{-1}（单位下同）+ NAA 0.1mg · L^{-1}中。结果显示，茎段芽萌动，增殖芽 5～7 个。

（2）愈伤组织的诱导。将无菌苗茎段接种到培养基 MS + 6 – BA 0.5mg · L^{-1} + NAA 0.2mg · L^{-1}中，培养 30d 左右，基部四周形成绿色致密的愈伤组织，直径约 3.0cm，愈伤组织诱导率约 80%。

（3）愈伤组织芽的分化。将诱导的愈伤组织接种于培养基 MS + 2, 4 – D 2.0 + KT 0.5mg · L^{-1}，MS + BA 0.5mg · L^{-1} + KT 0.5mg · L^{-1} + NAA 2.0mg · L^{-1}中。接种后 7d，愈伤组织均开始膨大，但在培养基 MS + 2, 4 – D 2.0mg · L^{-1} + KT 0.5mg · L^{-1}上愈伤组织颜色略变浅，而在培养基 MS + BA 0.5mg · L^{-1} + KT 0.5mg · L^{-1} + NAA 2.0mg · L^{-1}上愈伤组织呈绿色。14d 后开始从愈伤组织上分化出绿色小芽点，并逐渐长成小芽。此时两种培养基上的愈伤组织状态不同，在培养基 MS + 2, 4 – D 2.0mg · L^{-1} + KT 0.5mg · L^{-1}上的愈伤块大、色黄，并变得疏松易碎，在培养基 MS + BA 0.5mg · L^{-1} + KT 0.5mg · L^{-1} + NAA 2.0mg · L^{-1}上的愈伤块较小、色绿、致密。这两种不同状态的愈伤组织均能分化出芽，但芽的分化率各异，且芽生长状态不同：在 MS + 2, 4 – D 2.0mg · L^{-1} + KT 0.5mg · L^{-1}上分化率为 27.5%，平均分化出不定芽 1.5 个，并有畸形芽出现，玻璃化芽较多；在 MS + BA 0.5mg · L^{-1} + KT 0.5mg · L^{-1} + NAA 2.0mg · L^{-1}上分化率约为 72% 平均分化不定芽 3 个，芽生长健壮，玻璃化芽少，无畸形芽。因此，以诱导芽培养基 MS + BA 0.5mg · L^{-1} + KT 0.5mg · L^{-1} + NAA 2.0mg · L^{-1}较好。

（4）生根。当分化出的不定芽长至 2～3cm 时，将其转到培养基 1/2MS + NAA 0.1mg · L^{-1}上，3～4 周后诱导出根，形成完整植株，便可进行移栽。移栽前先打开瓶口炼苗 2～5d，然后取出小苗，洗去附着在根上的培养基，移至温室花盆中栽培。

八、一品红

一品红（*Euphorbia pujcherima*）又称圣诞红、象牙红、老来娇，是大戟科大戟属常绿、半常绿灌木，原产墨西哥热带非洲，是世界著名的观赏花卉之一，我国各地均有栽培．一品红花期适逢圣诞节、元旦、春节，且花色艳丽，是理想的冬季室内摆放装饰的节日用花。目前市场需求较多的为近年从国外引进的一些矮生优良品种，其株高为30~50cm，株型紧凑，分株多，苞片大，苞片颜色种类多，耐低温能力强，不易掉叶，连续多年在我国北方花卉市场上畅销且供不应求，深受人们的青睐。由于一品红结籽少，尤其是一些观赏价值较高的矮化、重瓣品种基本上不结实，所以目前园艺生产上多采用绿枝扦插繁殖。但由于其体内含有丰富的白色乳汁，导致扦插繁殖速度慢，且茎段易腐烂且成活率不高，一些优良品种由于枝条少，引进初期数量有限，在一定程度上限制了优良品种的繁殖及普及。若能利用组培方法实现快速繁殖，则可在短期内大量繁殖种苗，带来较高的经济利益。目前，一品红的盆栽越来越受到业内人士的关注，但利用组培的方法系统研究快繁技术的报道较少。

（一）培养基及培养条件

愈伤和芽分化培养基 MS + 6 – BA 1.0mg · L^{-1} + NAA 0.1mg · L^{-1}；丛芽增殖培养基 MS + 6 – BA 1.0mg · L^{-1} + IAA 0.1mg · L^{-1}；生根培养基 1/2 MS + IBA 0.9mg · L^{-1}。基本培养基为 MS，蔗糖3%，琼脂0.8%，pH 值为5.8. 培养条件为温度（25±2）℃，光照强度 2 000~2 500lx，光照时间 14 h · d^{-1}。

（二）组培程序

1. 材料

植物幼茎。

2. 外植体消毒

用去污剂清洗嫩茎段后，再用自来水冲洗干净后，用75%酒精浸泡 10 sec，0.1%升汞灭菌6min，用无菌水冲洗数次，然后将嫩茎段切成0.5cm 长。

3. 愈伤诱导和分化

将准备好的嫩茎段接种于愈伤和芽分化的培养基 MS + 6 – BA 1.0mg · L^{-1} + NAA 0.1mg · L^{-1}上，30d 后有愈伤组织产生，同时产生丛芽多，而且生长也快。

4. 丛芽增殖

将丛生小苗中切取的单芽接种到丛芽增殖培养基 MS + 6 – BA 1.0mg · L^{-1} + IAA 0.1mg · L^{-1}上，30d 芽增殖 11~12 倍。

5. 生根

切取 1.5~2.0cm 高的无根小苗，置于生根培养基 1/2 MS + IBA 0.9mg · L^{-1}上，第8d 开始生根，40d 后根长 2.0cm，每株根数为 3 条左右。

6. 移栽

将生根良好的试管苗拿出培养架。先于室内自然光下锻炼2d。初期要注意适当遮阴，已具有自养能力时，洗净根部的培养基，移入河沙的苗床中。后期逐渐通风和增加光照，2 周后长出新根系后移栽到腐殖土：河沙（3：1）基质的花盆中，4 周后移栽成活率可达90%以上。

九、紫罗兰（孙婷婷等，2006）

紫罗兰（*Matthiola incana* R. Br）为十字花科紫罗兰属植物，别名草桂香、香瓜对、草桂花，原产自欧洲大陆、地中海沿岸，是欧洲名花之一。花色有玫瑰红、桃红、淡黄、纯白、淡紫、雪青等，冬春开花，花期为 12 月至翌年 3 月，自然花期可达 3~5 个月。因其花色多、花期长、气味芬芳而在欧美各国极为流行，可用于庭院、花坛、盆栽及切花等。又因其在花语中的寓意是"永恒的美丽"，所以更是备受女性的青睐。

紫罗兰适于温带大陆性气候，是一些耐寒性一二年生草本花卉及部分宿根花卉的分布中心。我国目前的园林花卉生产水平较低，花卉种类单一，进行优良花卉品种的引种已成为迫在眉睫的实际问题。随着生物技术在农业生产上的广泛应用，用组织培养技术取代传统播种繁殖方式为工厂化生产花卉种苗提供了基础，可以不受季节限制，大大缩短生产周期，降低花卉栽培成本提高经济效益。

（一）培养基及其培养条件

愈伤诱导培养基 MS + 6 – BA 1.0mg·L^{-1} + NAA 0.5mg·L^{-1}；芽分化培养基 MS + 6 – BA 1.0mg·L^{-1} + NAA 0.1mg·L^{-1} + GA 0.5mg·L^{-1}；生根培养基 1/2MS + NAA 0.2mg·L^{-1}。以上愈伤诱导、不定芽分化与增殖培养基中均附加 3.0% 蔗糖，生根培养基中均附加 2.0% 蔗糖，琼脂 0.7%，pH 值为 5.8~6.2。以上培养基均在 1.1 kg·cm^{-1}压力、121℃条件下湿热灭菌 20min。培养条件为温度（24±1）℃，光照 1 500~2 000lx，光照时间 12 h·d^{-1}。

（二）组培程序

1. 材料

紫罗兰嫩叶。

2. 外殖体表面灭菌

将幼叶用饱和洗涤液浸泡 5~10min，用自来水冲洗 10~15min，除去表面污物，然后在无菌状态下用 70% 酒精浸泡 20s，无菌水冲洗一次，再用 0.1% AgCl$_2$ 浸泡 5~6min，最后用无菌水冲洗 4~5 次，每次 1~2min，滤干水分，以备接种。

3. 愈伤诱导

在无菌条件下，经表面灭菌的嫩叶切成 3~5mm 小方块，接种于愈伤诱导培养基 MS + 6 – BA 1.0mg·L^{-1} + NAA 0.5mg·L^{-1}中，并将叶片腹面向上放置。接种 7~10d 后，部分培养基上的叶片从切口处开始膨大，15~20d 后，叶片表面出现皱褶，切口产生少量愈伤组织，并出现绿色小芽点。

4. 愈伤分化

将愈伤组织切成 3~5mm 的小方块接种于芽分化培养基 MS + 6 – BA 1.0mg·L^{-1} + NAA 0.1mg·L^{-1} + GA 0.5mg·L^{-1}中进行培养，随着培养时间的延长，愈伤组织上的芽点数逐渐增多，而且随着继代次数的增加叶片开展，叶柄长度适中，顶芽与侧芽同步生长，株型紧凑。继代时间为 30d。

5. 生根

将 3~4cm 高的增殖苗，切成单芽，接种于生根培养基 1/2MS + NAA 0.2mg·L^{-1}中培养 5~10d，部分处理中形成小须根突起，连续培养 20d 后根生长健壮，自然匀称。

6. 试管苗的驯化与移栽

将具 4~5 片叶试管苗根上的培养基洗净，基部用 800~1 000倍百菌清浸泡 1~

2min，栽植于腐叶土：珍珠岩（5：3）的基质中，移至驯苗室中。一周内，采取适度降温，增加环境相对湿度、遮阳等措施调控环境条件，并逐步向自然条件过渡，同时，每5～7d喷一次800～1 000倍多菌灵，以防病菌滋生，15～20d后始喷0.1%尿素和磷酸二氢钾液或稀释的完全营养液，7～10d一次，以补充营养，驯苗成活率可达90%以上。

十、薰衣草（何家涛等，2006）

薰衣草（*Lavandula angustifolia* Mill.）为唇形科薰衣草属多年生植物，用途广泛，其干燥花可作为镇静、祛风、利尿、兴奋、强壮药，提取的精油可作为高级香水、香皂、洗涤用品的香料，近年来作为园林观赏植物亦受到广泛关注，极具开发利用前景。目前薰衣草离体培养与植株再生技术的研究已有少量报道，本试验以法国选育的薰衣草品种为材料，探讨了其离体培养建立无性系的技术体系，以期为实现优良品种种苗规模化育苗及遗传转化奠定技术基础。

（一）培养基及其培养条件

不定芽启动培养基 MS + BA 1.0～2.0mg·L^{-1}；芽增殖培养基 MS + BA 1.0～2.0mg·L^{-1} + IBA 0.25mg·L^{-1} + GA 1.0mg·L^{-1}；生根培养基 White + IBA 0.4mg·L^{-1}。以上启动培养基、增殖培养基中附加30 g·L^{-1}蔗糖，生根培养基中附加20 g·L^{-1}蔗糖，琼脂均附加6.5 g·L^{-1}，pH值为5.8～6.2；在1.1 kg·cm^{-2}压力、121℃条件下湿热灭菌20min。培养条件均为光照度1 500～2 000lx，温度（23±1）℃，光照时间13h·d^{-1}。

（二）组培程序

1. 材料

将采取的带芽茎段去叶并剪切成3.0～4.0cm茎段，用饱和的洗涤液浸泡5～10min，流水冲洗20～30min，在超净工作台上用75%酒精浸泡30s，再用0.1% $HgCl_2$浸泡6～7min，最后用无菌水冲洗3～4次，每次1～2min，再用无菌纸吸干水分，以备接种。

2. 芽启动培养

取表面已灭菌的材料，切割成1.0～2.0cm带一个芽茎段，接种于启动不定芽分化培养基上，以获得无菌材料，培养35d，5～7d腋芽开始萌动，开始形成丛生芽。

3. 芽增殖培养

启动培养中获得的无菌材料，切成2.0cm左右带1芽茎段，接种于增殖培养基中培养30d。带芽茎段接种于继代增殖培养基上，一般3～5d，芽陆续萌动，25～35d再次形成不定芽丛。

4. 生根培养

将丛芽分割成2～3cm高带3～4叶的单芽，接种于诱导生根培养基中培养25d。单芽接种于生根培养基上，一般7～10d，切口处出现白色根状突起。

5. 试管苗过渡移栽

当试管苗不定根长0.8～1.0cm、高3.0～4.0cm时，从培养瓶中取出，洗净基部培养基用 600~800 倍多菌灵浸泡基部 2~3min 后，种植于基质（泥炭：珍珠岩 = 1：1）中进行过渡移栽，同时采取适度降温、遮光、增湿等技术措施，以提高试管苗过渡移栽成活率。

第四节　蔬　菜

一、茄子（洪晓华等，2009）

茄子（*Solanum melongena* L.），茄科茄属植物，起源于亚洲东南亚热带地区，是一种营养价值丰富的重要蔬菜。但在生育期易受多种病害侵袭，尤其是黄萎病、青枯病和褐纹病等，这三大病害常给茄子生产带来重大损失。目前，各种传统的病害防治方法均无法取得理想的效果，而近年发展起来的组织培养、遗传转化导入目的基因等生物技术手段的应用，则为茄子选育抗病、抗虫、丰产和优质的新品种开辟了一条新途径。目前茄子生物技术研究工作尚存在着研究不够系统和植株再生频率不高的问题，而高频率的外植体再生体系是采用基因工程等技术改良作物的前提。

（一）培养基

愈伤诱导培养基 MS + 2，4 – D 1.0mg·L^{-1} + 6 – BA 0.5mg·L^{-1}；不定芽诱导培养基 MS + 4 – PU 0.1mg·L^{-1}；生根培养基 1/2MS。

（二）培养程序

1. 材料

红茄下胚轴。

2. 种子处理

取适量红茄和紫长茄种子分别用 75% 的乙醇浸泡 30s，0.1% 的 HgCl$_2$ 灭菌 5.0min，无菌水冲洗 5~6 次，接种于含 3.0% 蔗糖和 0.7% 琼脂的 MS 培养基上发芽，培养 14d。培养条件为 pH 值 5.8~6.0，温度（25 ± 1）℃，光照时间为 16 h·d^{-1}，光照强度 1 000~1 500lx（以下条件均相同）。

3. 愈伤诱导

将种子萌发得到的无菌苗的下胚轴作为外植体，将下胚轴剪成 1cm 左右的小段，接种于愈伤组织诱导培养基 MS + 2，4 – D 1.0mg·L^{-1} + 6 – BA 0.5mg·L^{-1} 上，下胚轴横向放置，培养 20d。3d 后下胚轴膨大，7d 后开始出现少量淡黄色的愈伤组织，其质地松软，呈团状。此后，愈伤组织数量逐渐增加，颜色多为淡黄色至淡黄绿色，少数呈半透明的颗粒状。

4. 不定芽诱导

生长良好的愈伤组织放入不定芽诱导培养基 MS + 4 – PU 0.1mg·L^{-1} 上，培养 20d。10d 时开始出现肉眼可辨的芽点，颜色多为绿色，少数中间为绿色周围为半透明，质地一般为中间致密外周松软，少数致密。14d 芽点开始分化为幼芽，并不断长大，到 20d 可长成小苗。

5. 不定根诱导

将由愈伤组织诱导不定芽形成的小苗，自基部切下转接于生根培养基 1/2MS 上，培养 14d。14d 时根长达到 0.8~1.0cm，根数 4~6 条/每株。常规方法炼苗和移栽。

二、辣椒

辣椒因其肉厚、色泽鲜红、辣味十足、纯香浓郁、品质独特，深受广大消费者的喜爱及海外客商的青睐，在区内外享有盛名。鲜椒可直接作为调味品食用，也可加工腌制成辣椒酱、酸甜辣椒罐头、辣椒油、辣椒粉等产品，还可以用来提取辣红素、辣椒素精品。然而辣椒容易发病。由于生产上很难找到抗病毒病品种，通过抗病基因工程来提高辣椒的抗病性以减少经济损失，一直以来都是国内外重要的研究课题。而转基因研究的前提必须是有可操作的遗传转化体系。

（一）培养基

愈伤诱导培养基 MS + 6 - BA 0.5mg·L^{-1} + NAA 1.0mg·L^{-1}；愈伤分化培养基 MS + 6 - BA 3.0mg·L^{-1} + NAA 0.5mg·L^{-1}；生根培养基 1/2MS + NAA 1.0mg·L^{-1}。

（二）组培程序

1. 材料

黄冠彩色甜椒子叶。

2. 材料准备

选择饱满充实、色泽鲜亮、无病虫的种子，先将种子用清水浸泡 5 h，然后用 0.1% 的 HgCl$_2$ 溶液表面灭菌 8~10min，无菌水冲洗 4~5 次，接种在 1/2 MS 培养基上（不含激素），培养 1 周后，将萌芽的种子移入新鲜的 1/2 MS 培养基上，长成无菌苗，取苗龄 15d 左右的幼苗用作试验材料。

3. 愈伤组织的诱导

当苗长至 15d 时，将子叶切成 0.3cm × 0.3cm 大小，接种在 MS + 6 - BA 0.5mg·L^{-1} + NAA 1.0mg·L^{-1} 的培养基上，进行愈伤组织的诱导。

4. 愈伤组织的分化

当愈伤组织长至 28d 时，将愈伤组织转接到愈伤分化培养基 MS + 6 - BA 3.0mg·L^{-1} + NAA 0.5mg·L^{-1}，进行愈伤组织的分化培养。培养 5d 左右，愈伤组织开始增殖，10d 左右在一些愈伤组织表面产生许多淡绿色突起，并形成小芽。

5. 生根培养

当分化苗长至数片真叶时转接到生根培养基 1/2MS + NAA 1.0mg·L^{-1} 上，暗培养 1d 后，置于光照下培养，6d 后部分外植体切口有白色根点出现，20d 左右其切口周围出现黄白色的根状突起。其后不定根陆续出现。

6. 培养条件

培养基为 MS 培养基，上述培养基中加 3% 蔗糖和 0.7% 琼脂粉，pH 值为 5.8~6.0，培养室内相对湿度为 70%~80%，温度为 (25±3)℃，光照 12 h·d^{-1}，光照强度为 2 000~2 400lx。

三、番茄

随着现代生物工程技术的发展，对植物再生体系建立及外源基因在植物细胞中的表达研究的不断深入。番茄已经成为基因工程研究的重要模式植物，其遗传转化研究较多。转基因研究的重要前提是建立简便、高效的植株再生体系，过去曾有关于番茄子叶、茎、下胚轴、茎尖分生组织、花药等作为外植体进行组织培养获得再生苗的研究报道。

（一）真叶组培（蒋素华等，2009）

1. 材料

番茄品种"正粉一号"的真叶。

2. 番茄无菌苗的培养

将种子于温水中浸泡 1 h，然后在无菌操作台上用 75% 的酒精表面消毒 30 s，再用 0.1% 升汞消毒 10min，无菌水冲洗 5~6 次。然后播于盛有湿润脱脂棉的三角瓶中，放入隔水式恒温培养箱中 25℃ 暗培养。

3. 培养条件

外植体诱导愈伤、愈伤分化的基本培养基为 MS，根诱导的基本培养基为 1/2MS，所有培养基均附加蔗糖 30 g·L^{-1}、琼脂 8 g·L^{-1}，pH 值为 5.8~5.9，120℃ 灭菌 30min，所有的培养温度均为 (24±2)℃，光照 2 500~3 000lx，光照时间 12 h·d^{-1}。

4. 外植体诱导愈伤

取番茄的第三、四片真叶为试材，切成约 0.5cm × 0.5cm 大小的叶片块（即叶盘），将叶背面平放于愈伤诱导培养基 MS + BA 1.0mg·L^{-1} + NAA 0.1mg·L^{-1} 中。24d 愈伤呈青绿色、紧实，但是无芽或很少有芽的分化，愈伤诱导率为 85%。

5. 芽分化

将诱导出来的愈伤组织切成块状体，除去表面的褐色部分和疏松的愈伤组织，接种于芽分化培养基 MS + BA 3.0mg·L^{-1} + IAA 0.2mg·L^{-1} 中，20d 后最初为深绿色小点，之后慢慢形成不定芽。

6. 不定根诱导

将 3~4cm 的不定芽分成单个植株，接种于生根培养基 1/2MS + IAA 0.1mg·L^{-1} 中，经过 10d 左右的时间，已有 2.0cm 左右的呈辐射状的白色不定根产生。

（二）下胚轴组培（孙同虎等，2006）

1. 培养基

愈伤诱导培养基 MS + 2，4 - D 0.2mg·L^{-1} + 6 - BA 1.0mg·L^{-1}；不定芽分化培养基 MS + IAA 0.2mg·L^{-1} + 6 - BA 1.0mg·L^{-1}；不定芽生根培养基 1/2 MS + 蔗糖 20 g·L^{-1}。

2. 培养条件

在 25℃ 培养，每日光照 12 h，光照强度为 1 500~2 000lx。愈伤诱导和分化培养基均含 3% 蔗糖，pH 值至 5.8，琼脂 0.6% 粉。生根培养基采用 1/2MS，添加 2% 的蔗糖培养基分装后，0.1 MPa 高压灭菌 15~20min。IAA 不耐高温的激素，待培养基高压灭菌后再添加。

3. 种子消毒

用浓度 70% 酒精消毒 30 s，无菌水冲洗 2 次。用含 3% 活性氯的次氯酸钠（NaClO）

溶液消毒 12min。无菌水冲洗 6~7 次，滤纸吸干，接种于 1/2 MS 固体培养基（蔗糖浓度为 30mg·L^{-1}）中室温培养 6~8d 萌发后备用。

4. 愈伤诱导

第一片真叶长出前，取下胚轴中段（1~1.5cm），水平接种于愈伤诱导培养基 MS + 2，4 - D 0.2mg·L^{-1} + 6 - BA 1.0mg·L^{-1} 中。下胚轴在 5~6d 后可看到愈伤组织出现，继代时间为 18d。

5. 愈伤分化

将愈伤转接到分化培养基 MS + IAA 0.2mg·L^{-1} + 6 - BA 1.0mg·L^{-1} 上，继代 1~2 次之后，愈伤组织块有两种生长方式，一部分愈伤组织继续分裂增生，另外一部分愈伤组织表面逐渐转绿，密度变大，表面逐渐形成颗粒状突起，进一步出现不定芽。

6. 生根

选取顶芽正常、生长健壮的再生幼芽（1~2cm），将基部愈伤组织及培养基完全切除，转接到生根培养基 1/2 MS + 蔗糖 20 g·L^{-1} 上培养，使其形成完整植株。5~6d 后即可见基部有幼根出现，10~15d 后不定根数目多，并很快长出侧根，且幼苗生长旺盛。待幼苗生出侧根后，选取健壮苗移栽至育苗有机土中。移栽前洗净根部培养基以防生菌污染。幼苗第一周套袋弱光培养，之后室温自然光照培养。

四、黄瓜

黄瓜（*Cucumis sativus* L.）属葫芦科甜瓜属，其果实食用方便，脆嫩多汁，营养丰富，是主要的蔬菜作物之一。但在生产过程中常因各种病虫害而使产量和品质遭受不同程度的损伤，尤其是受各种真菌病害的侵染。由于种内资源有限，利用基因工程技术将是今后黄瓜品种改良的有效手段。黄瓜高效再生体系的建立，对进一步的转基因等研究十分必要。至今，人们已对黄瓜子叶、真叶、下胚轴、胚根等进行了再生植株的研究，但仍存在出芽率和再生频率低等一系列问题。

（一）子叶组培（汪祖程等，2008）

1. 培养基

愈伤诱导培养基 MS + 1.0mg·L^{-1} 6 - BA + 1.5mg·L^{-1} KT + 0.3mg·L^{-1} NAA + 0.1mg·L^{-1} 2，4 - D；不定芽诱导培养基为 MS + 6 - BA 1.5mg·L^{-1} + NAA 0.3mg·L^{-1}；生根培养基 MS + 0.1mg·L^{-1} NAA。

2. 材料准备

将种子去皮后，用 75% 酒精消毒 60 s，升汞灭菌 7~8min，无菌水冲洗 3~5 次后，接种到固体 1/2 MS 培养基（加 30% 蔗糖 + 0.8% 琼脂，pH 值为 5.8），先置于组培室内（25℃）暗培养 1~2d，然后光下培养（昼、夜 16 h/8h，25℃），3d 后子叶展开并由黄转绿，子叶包被的薄膜褪去的时候开始接种。

3. 愈伤诱导

将子叶切成 0.5cm × 0.5cm 方形，叶背朝下接种于愈伤诱导培养基 MS + 1.0mg·L^{-1} 6 - BA + 1.5mg·L^{-1} KT + 0.3mg·L^{-1} NAA + 0.1mg·L^{-1} 2，4 - D 中，5~6d 苗龄接种的子叶，第 3d 可见明显膨大，1 周后可见伤口处开始形成愈伤组织，子叶的四周均

有愈伤组织的生成，且在接触到培养基的部位愈伤组织生长较快。2 周以后见愈伤表面有瘤状突起形成。

4. 愈伤分化

将 15～20d 的愈伤转接到不定芽诱导培养基 MS + 6 – BA 1.5mg·L^{-1} + NAA 0.3mg·L^{-1} 上进行分化培养，诱导的不定芽健壮，芽丛较多，茎生长粗壮，叶色深绿。

5. 生根

将不定芽从外植体上切下转接于伸长培养基 MS + BA 0.05mg·L^{-1}，再将长至 1～2cm 的小植株分开，转接于生根培养基 MS + 0.1mg·L^{-1} NAA 上，7～10d 植株有根长出，10d 后根系分支较多，以后根慢慢伸长变粗，至此完整植株形，即可炼苗移栽。

6. 小苗的移栽

当小苗根系发育到一定程度后，将三角瓶打开，取出小苗，洗净根部培养基，小心移植于小花盆灭菌土中（泥炭和蛭石以 2：1 比例混合），浇透水后，罩上透明纸袋，保持较高的湿度，过几天后，放在弱光下，待新叶逐渐长出，说明已有新根生成，即已成活。

（二）花药组培（谷佳南等，2009）

1. 材料

品种"M55"的花粉。

2. 小孢子发育时期的检测

以"M55"为试材，将花药按不同长度分成 4 个等级进行愈伤组织培养。0.9～1.5cm 长度的花蕾闭合，花冠淡绿色，花药白绿色，显微镜下观察，小孢子细胞核靠近细胞壁，此时小孢子多处于单核中后期。接种后，从花药内侧逐渐长出绿色愈伤组织，最容易诱导产生愈伤组织。

3. 花药消毒

将黄瓜不同长度等级花蕾置于 4℃ 低温条件下进行预处理，预处理时间分别为 24h、48h、72h、96h、144 h。用 75% 乙醇浸泡 30 s，0.1% HgCl$_2$ 处理 8min（加入 1～2 滴 Tween 20），再用无菌水冲洗 4 次。

4. 愈伤诱导

在无菌条件下剥取花药接种于诱导培养基 B$_5$ + 1.0mg·L^{-1} 2，4 – D + 1.0mg·L^{-1} AgNO$_3$ 上，花药接种后，进行高温（32℃）和常温（25 ± 2）℃变温培养。24h 后愈伤组织诱导率达到 54.39%，但有小部分愈伤组织发生老化变褐。

5. 芽分化

将愈伤接种于分化培养基 B$_5$ + 0.5mg·L^{-1} NAA + 1.5mg·L^{-1} KT + 1.0mg·L^{-1} AgNO$_3$ 上，分化出的芽状物分化成无根苗，且分化出的芽生长缓慢，成苗率分别为 18.18%。

6. 生根

切取大约长到 2cm 大小的带有芽点的愈伤组织转接到生根培养基 B$_5$ + 0.5mg·L^{-1} NAA + 1.0mg·L^{-1} AgNO$_3$ 上，生根率为 17.76%，生根率较低。

五、甘蓝

结球甘蓝（*Brassica oleracea* var. · *capitata* L.）别名洋白菜、包菜、卷心菜，是十字花科芸薹属甘蓝种蔬菜中的一个重要变种，在我国南北方广泛栽培。它营养丰富、味道佳美，并且有抗癌、抗诱变等重要生理功效。通过组织培养快速繁殖，可以尽快满足农业生产对优良品种的需求。

（一）长秆观赏甘蓝下胚轴（周岩等，2009）

1. 无菌外植体的获取

将长秆观赏甘蓝的种子浸入 5% 漂白剂溶液（每 50mL 消毒液中加入 1 滴 Tween - 20）中表面消毒 10min，捞出，用无菌蒸馏水冲洗 3 次，然后将种子放入垫有两层湿润无菌滤纸的培养皿中萌发培养，培养温度为 20 ~ 25℃，采用强度为 $100\mu mol \cdot m^{-2} \cdot s^{-1}$ 的白色冷光荧光灯进行光照，光照时间为 $16 h \cdot d^{-1}$。当幼苗长至 5cm 高时，切取长度 1cm 左右的下胚轴作为外植体。

2. 植株再生培养

将外植体接种在 MS + 6 - BA 4mg · L^{-1} 上，培养温度为 23 ~ 25℃，采用强度为 40 ~ 50 $\mu mol \cdot m^{-2} \cdot s^{-1}$ 的白色冷荧光灯进行光照，光照时间为 $16 h \cdot d^{-1}$。1 周后于外植体下切口处可清晰观察到再生愈伤组织，这些愈伤组织开始为白色，后期因叶绿素的形成而变成绿色。活跃生长的愈伤组织表面分布有清晰可见的突起即分生原始体，这些凸起经 2 周左右培养后发育形成丛生不定芽；培养 4 周后，每个外植体可再生出 25.3 个不定芽，并分化出浓绿的小叶片，显示出再生植株的形态特征。

3. 显微观察

试验对长秆观赏甘蓝外植体接种培养后进行了显微观察，结果显示在接种培养 1 周内，外植体皮层细胞分裂活动旺盛，经脱分化形成愈伤组织；接种后第二周初期，这些旺盛分裂的愈伤组织中逐渐分化出明显的细胞群或细胞分裂中心，分裂中心的细胞具有体积小、细胞内含物多、分裂旺盛等特征，可明显区别于其他愈伤组织细胞。随后，分裂中心的细胞的继续分裂分生，形成原分生组织细胞，进而分化成不定芽原基，在接种后第二周末期或第三周初期不定芽原基进一步分化发育成不定芽。此外，显微观察结果显示，长秆观赏甘蓝再生植株的茎尖细胞结构表现出茎尖分生组织细胞的特征。

（二）甘蓝型油菜花药组培（胡万群，2008）

1. 材料

甘蓝型油菜品种的花药。

2. 植株再生

在油菜始花期选择生长健壮的植株，取其主茎顶端蕾盘（即主花序，因花序未伸长而称蕾盘）或植株主茎上往下数 5 个第 1 次分枝顶端的蕾盘 2 ~ 3 个。分别取油菜主茎顶端花盘外、中、内圈花蕾，在超净工作台上，先用 75% 的酒精擦洗花蕾表面，然后用 0.1% 氯化汞溶液进行表面灭菌 8min，再用无菌水冲洗数次。轻剥花蕾，用镊子将花药取出，接种到诱导培养基 B_5 + 2，4 - D 1.0mg · L^{-1} + KT 1.5mg · L^{-1} 上。与此同时，用醋酸洋红压片法镜检，观察花粉发育时期。将接种到诱导培养基上的花药置于 23～28℃ 的恒温室内进行暗培养，3～7d 部分花药变成浅棕色或深棕色，10～15d 开始产生愈伤组织，延续 6 个月之久。

当愈伤组织长到 2～4mm 时，将其转接到分化培养基 B_5 + KT 2.0mg·L^{-1} + BA 2.0mg·L^{-1} + IAA 0.1mg·L^{-1} 上，以上均含 40 g·L^{-1} 的蔗糖，3.2 g·L^{-1} 的琼脂粉，pH 值 5.8，培养温度 23～28℃，每天光照 9～12 h，光照强度 2 000lx 左右。这样愈伤组织 25d 左右见绿，再从绿点抽出一丛小叶。当幼叶长到 2～3cm 时，转到 1/2 MS 上，可长成完整的幼苗。

（三）球茎甘蓝带子房的花托和花柄组培（李琳等，1999）

1. 材料

球茎甘蓝带子房的花托和花柄。

2. 材料准备

将新鲜外植体用 0.1% 升汞消毒 15min，蒸馏水冲洗数次。

3. 愈伤组织的诱导

球茎甘蓝带子房的花托、花柄在 MS + 2，4 – D 0.5mg·L^{-1} + 6 – BA 1.0mg·L^{-1} 培养基上培养，培养温度 25℃，光照强度 1 000lx，每日光照 12 h。接种一周后，即可在花托和花柄切口处观察到白色愈伤组织生长，随后逐渐长大，最终花托和花柄切口愈伤组织连成一片，形成较大的愈伤组织块，子房全部干死。花托和花柄切口愈伤组织的诱导频率分别为 78.6% 和 71.4%。

4. 芽的诱导

将球茎甘蓝花托、花柄培养 20d 左右的愈伤组织转入 MS + NAA 0.5mg·L^{-1} + 6 – BA 3.0mg·L^{-1} 的分化培养基中培养 10d 左右，首先可见愈伤组织表面变绿或出现绿色小点，以后小点渐渐突起，并发育成芽，每块愈伤组织可形成 3～5 个小芽。

5. 花托花柄切口直接出芽并形成植株

球茎甘蓝花托在附加不同浓度（1mg·L^{-1}，3mg·L^{-1}，5mg·L^{-1}）6 – BA 的 MS 培养基上培养，花托体积仅略有膨大，不能直接长出小芽；在附加一定浓度（3mg·L^{-1}）的 6 – BA 和不同浓度的 GA_3 的 MS 培养基上培养，首先可见花托体积不规则长大；尔后直接长出小芽．当 GA_3 浓度为 3mg·L^{-1} 时，出芽率仅为 15.8%，但芽长势良好。当 GA3 为 6mg·L^{-1} 时，出芽率高达 78.9%，但此时培养基上只形成小芽，芽较瘦弱，不能长大。将这小芽转入 6 – BA 3mg·L^{-1} 和 GA_3 3mg·L^{-1} 的 MS 培养基培养，约 50% 小芽能继续长大。由此可见，高浓度的 GA_3 能提高花托的出芽率，但对芽的生长不利。球茎甘蓝花柄在附加不同浓度 6 – BA 的 MS 培养基或附加一定浓度（3mg·L^{-1}）6 – BA 和不同浓度 GA_3 的培养基上培养，首先花柄切口稍有膨大，随后均能直接出芽，并形成芽簇。当 6 – BA 浓度为 5mg·L^{-1} 时，出芽率达 100%，芽生长正常，并且在芽的相反一极常常长出根，继代培养后，能再生出完整小植株。由此可见，6 – BA 在球茎甘蓝花柄切口出芽及植株再生的诱导中起着决定性的作用。

六、豇豆（包英华等，2006）

豇豆［*Vigna unguiculata*（Linn.）Walp］，又称为豆角，为我国南北方的主要蔬菜品种之一，其豆荚既可以鲜食，也可以速冻制罐。豇豆类蔬菜通常存在抗逆性较差、组织再生能力弱、人工组织培养难度较大等问题，所以有关豇豆组织培养的研究报道较少。

（一）培养基

愈伤组织诱导培养基和继代培养基为 MS + 6 – BA 2.0mg · L^{-1} + NAA 2.0mg · L^{-1}；不定芽诱导培养基为 MS + 6 – BA 2.0mg · L^{-1} + NAA 0.2mg · L^{-1}；生根培养基为 1/2MS + 6 – BA 0.2mg · L^{-1} + 2, 4 – D 2.0mg · L^{-1}。

（二）组培程序

1. 材料

丰产 2 号豆角的下胚轴。

2. 材料准备

将豆角种子用浓硫酸（打破种皮）浸泡 4min，再用 0.1% 升汞消毒 8min，无菌水冲洗 5~6 次，然后接种于不加激素的 MS 培养基中诱发无菌苗，切取无菌苗的下胚轴（1.0cm）作外植体。

3. 愈伤诱导

将外植体分别接种在愈伤诱导培养基 MS + 6 – BA 2.0mg · L^{-1} + NAA 2.0mg · L^{-1}上进行愈伤组织培养；再以 MS + 6 – BA 2.0mg · L^{-1} + NAA 2.0mg · L^{-1}培养基作为增殖培养基，隔 10d 继代培养 1 次，共继代培养 5~6 次。

4. 愈伤分化

然后将愈伤组织分化培养基 MS + 6 – BA 2.0mg · L^{-1} + 2, 4 – D 0.2mg · L^{-1}上进行分化培养。培养基加入 0.8% 琼脂粉和 3% 蔗糖，pH 值为 5.8。培养温度为（26 ± 2）℃，光照强度为 2 000lx，每天光照 16 h。

5. 生根

将 2~3cm 接种在生根培养基 1/2MS + NAA 0.2mg · L^{-1}上，7d 后，产生不定根，这些不定根生长快且粗壮，一般都能达到 2~3cm。

七、芹菜

芹菜（*Apium graveolens* L.）属伞形科，原产地中海沿岸，我国栽培历史悠久，各地均有种植。20 世纪中期，芹菜作为研究生物反应器和人工种子技术的模式植物，曾有芹菜体胚发生的研究报道，体胚发生在芹菜的遗传转化及融合中极为关键，但有关芹菜离体培养高频再生体系的研究尚未见报道。

（一）下胚轴组培（韩清霞等，2006）

1. 培养基

愈伤组织诱导和继代培养培养基 MS + 2, 4 – D 1.0mg · L^{-1} + KT 1.0mg · L^{-1}；愈

伤分化 1/2MS + 1.5% 蔗糖 + CH 500mg·L^{-1} + KT 0.25mg·L^{-1}；生根培养基 1/2MS。

2. 材料准备

芹菜种子经表面灭菌后接种在 MS + GA$_3$ 1.0mg·L^{-1} 培养基上，将培养 30d 左右的无菌苗下胚轴切成 0.5～1.0cm 的小段。

3. 愈伤和胚性愈伤的诱导

将准备好的下胚轴转接到 MS + 2, 4 - D 1.0mg·L^{-1} + KT 1.0mg·L^{-1} 上，每 30d 继代 1 次。继代 2～3 次后，愈伤转化为胚性愈伤。胚轴愈伤组织呈颗粒状、结构较为致密、颜色鲜黄，分化力强。光照强度 3 000lx 左右，光照时间 15 h·d^{-1}，温度 (25 ±2)℃。

4. 芽的分化

将长势良好的愈伤组织转入分化培养基 1/2MS + 1.5% 蔗糖 + CH 500mg·L^{-1} + KT 0.25mg·L^{-1}，胚性愈伤组织逐渐由浅黄色转为绿色，30d 后愈伤组织上布满绿色芽点且逐渐长大、伸长。

5. 再生完整植株及移栽

将从愈伤组织上得到的再生芽或小试管苗转接到生根培养基 1/2MS 上继续培养，30d 左右形成完整植株。经炼苗 2d 后转移到营养钵中，保湿 10d 后掀开薄膜，浇 1 次营养液，以后每隔 3d 间隔浇 1 次水和营养液。营养土为土∶蛭石∶草炭 = 2∶1∶1。

（二）原生质体培养（韩清霞等，2007）

1. 胚性细胞悬浮系的获得

芹菜'文图拉'种子播于发芽培养基（MS + 1mg·L^{-1} GA3 + 3% 蔗糖 + 0.6% 琼脂）上取生长 30d 左右的无菌苗下胚轴切段，诱导愈伤组织（MS + 1mg·L^{-1} 2, 4 - D + 1.0mg·L^{-1} KT + 3% 蔗糖 + 0.7% 琼脂）。愈伤组织经 3～5 次继代培养（MS + 1.0mg·L^{-1} 2, 4 - D + 0.5mg·L^{-1} BA + 4% 甘露醇 + 500mg·L^{-1} CH + 3% 蔗糖 + 0.7% 琼脂）后，选取生长均一、颜色鲜黄、质地疏松、分散性高的胚性愈伤组织进行悬浮培养。悬浮培养物初始接种量为 1%～2%，每隔 7～15d 继代 1 次，约 4～5 次后形成分散性好，均一稳定的胚性细胞悬浮系。悬浮培养基为 MS + 1.0mg·L^{-1} 2, 4 - D + 0.5mg·L^{-1} BA + 4% 甘露醇 + 500mg·L^{-1} 水解酪蛋白，pH 值为 5.6～5.8，培养温度为 (25 ±2)℃，暗培养，摇床转速为 100～120 r·min^{-1}。

2. 原生质体分离和纯化

芹菜胚性细胞悬浮系在 3 000 r·min^{-1} 离心 8min，以收集悬浮培养物。以 1∶10（1 g 培养物和 10mL 酶液）的比例进行酶解。酶液为 2%～5% 纤维素酶 Onozuka R - 10，0.1% 离析酶 R - 10，0.1% MES，0.5% CaCL$_2$·2H$_2$O，11% 甘露醇，pH 值为 5.7～5.8。于摇床上 (25 ±2)℃黑暗条件下振荡 5～10 h（80 r·min^{-1}）。酶解后的原生质体和酶混合液经 250 目的尼龙网过滤后以 800 r·min^{-1} 离心 8min 沉降原生质体。向沉降的原生质体中再加入洗涤液和液体培养基各清洗 1 次备用。洗涤液为 0.1% MES，0.5% CaCl$_2$·2H$_2$O，11% 甘露醇，pH 值为 5.7～5.8。

3. 原生质体产量和活力的测定

采用血球计数板计算原生质体产量（每克悬浮物酶解后获得的原生质体数量），用荧光素双醋酸酯（FDA）测定原生质体的活力（发荧光的原生质体数/观察的原生质体总数）。

4. 原生质体培养

将原生质体密度调到 $2 \times 10^5 \cdot mL^{-1}$。在 $1/2MS + 1.0mg \cdot L^{-1} 2, 4 - D + 0.5mg \cdot L^{-1} KT + 11\%$ 甘露醇 $+ 500mg \cdot L^{-1}$ 水解酪蛋白培养基中进行液体浅层和固液双层黑暗静置培养。每 $5 \sim 7d$ 加入新鲜培养基，培养基的甘露醇浓度依次降低（11%、6% 和 3%），葡萄糖浓度依次提高（2%、4% 和 6%）。形成小细胞团后经继代增殖培养成为愈伤组织，愈伤组织再经增殖培养 $2 \sim 3$ 次，然后转入 $1/2MS + 500mg \cdot L^{-1} CH + 0.25mg \cdot L^{-1} KT$ 固体分化培养基诱导出子叶期胚状体，$30d$ 后转入 MS 培养基中再生出完整植株。

总之，利用芹菜胚性细胞悬浮系成功分离得到大量原生质体，获得芹菜大量原生质体的最佳反应体系为：酶液组成为 3.0% 纤维素酶 Onozuka R -10、1.0% 离析酶 R -10、11% 甘露醇、0.5% $CaCl_2 \cdot 2H_2O$ 和 0.1% MES；摇床转速为 80 r/min，温度 (25 ± 2)℃，酶解时间 $5 \sim 6$ h；原生质体产量为 25.00×10^6 个 $\cdot g^{-1}$，原生质体活力 83.41%。原生质体浅层培养，培养基为 $1/2$ MS $+ 1.0mg \cdot L^{-1} 2, 4 - D + 0.5mg \cdot L^{-1} KT + 11\%$ 甘露醇 $+ 500mg \cdot L^{-1}$ 水解络蛋白，$2d$ 后，重新再生细胞壁之后进行第 1 次分裂，逐步降低渗透压至甘露醇 3%，大约 $30d$ 形成小细胞团。小愈伤组织经增殖培养后在 $1/2MS + 500mg \cdot L^{-1} CH + 0.25mg \cdot L^{-1} KT$ 固体分化培养基诱导出不定芽，$30d$ 后再转入 MS 基本培养基，获得完整的再生植株。

八、马铃薯

1. 材料的选择

实践证明，同一个品种个体之间在产量上或病毒感染程度上都有很大的差异。进行茎尖分生组织培养之前，应于生育期，对准备进行脱毒复壮的马铃薯品种或材料，进行田间株选和薯块选择，选择具有该品种典型特性、生长健壮的单株（或无性系），结合产量情况，选择高产、大薯率高、无病斑的单株作为茎尖脱毒的基础材料，以提高脱毒效果。由于马铃薯纺锤块茎类病毒病（PSTV）在目前用植物茎尖分生组织方法很难脱掉，在进行茎尖剥离脱毒前，应先对入选的块茎进行 PSTV 检测，淘汰带有 PSTV 的薯块，以免前功尽弃。

2. 热处理

为提高脱毒效果，脱毒材料在进行茎尖组织剥取前，应进行材料的热处理，以钝化病毒的活性，消除马铃薯卷叶病毒，提高脱毒效果。把入选的马铃薯块茎进行打破休眠和催芽处理，当薯块顶芽生长至 $1cm$ 后，转入光照培养箱内，以每天 12 h 光照，照度 $3 000lx$，37℃的高温处理 $6 \sim 8$ 周。

3. 取材和消毒

剪取经过热处理后发芽块茎上 $2 \sim 3cm$ 长的芽若干个，用软毛刷轻轻逐个刷洗后放于烧杯中，用纱布封口，放于自来水下冲洗半小时，然后在超净工作台进行严格消毒：先用 75% 的酒精浸 15 s，无菌水冲洗 2 次；再用 0.1% 的升汞浸泡 $8 \sim 10min$（或用 5%

次氯酸钠浸泡 15～20min），无菌水冲洗 5～8 次，每次 3～5min（用无菌水冲洗过程中要不断地晃动放置材料的容器，以保证漂洗更彻底），冲洗完后放在灭过菌的培养瓶内待用。

4. 剥离茎尖和接种

在超净工作台上，将消毒过的芽置于 40× 的解剖镜下，一手用一把眼科镊子将芽按住，一手用灭过菌的解剖针将叶片一层一层仔细剥掉，直至露出圆亮的生长点，用锋利的无菌解剖针小心切取 0.3mm 以下的带 1～2 个叶原基的茎尖，随即将茎尖接种于已准备好的马铃薯茎尖培养基上，以切面接触琼脂。要注意确保所切下的茎尖不能与已剥去部分、解剖镜台或持芽的镊子接触。另外，在剥离过程中，必须注意使茎尖暴露的时间越短越好，因为超净台的气流和酒精灯发出的热都会使茎尖迅速变干。所以在选择解剖镜的灯源时，尽量以冷光灯为好，同时在材料下垫一张灭过菌的湿滤纸保湿，每剥一个茎尖后，换一张无菌湿滤纸。

由于块茎萌发的芽的数量有限，加上剥离过程中难免损伤到茎尖，导致可剥离的茎尖量少、成苗的几率小，易造成优良品种和材料的丢失。因此，也可采取：取经严格消毒过的块茎芽（1cm 长）接种在不含任何激素的马铃薯快繁培养基上，于 25℃ 的温度，每天光照 12h 的培养室培养，3～4 周后，待芽长成含 4～5 片叶子的小苗时，剪切成单节段，转接于同样的无激素 MS 培养基上，培养成苗。同样方法扩繁 1～2 个周期，等苗达一定数量后，再直接用这些苗来剥离茎尖，既能保证材料不丢失，又能增加茎尖的数量，从而能增加成苗的几率。

5. 茎尖培养与病毒检测

（1）培养基。培养基为 MS + GA$_3$ 0.2mg · L^{-1} + 6 – BA 0.5mg · L^{-1} + NAA 0.05mg · L^{-1} + 肌醇 100mg · L^{-1} + D – 泛酸钙 0.2mg · L^{-1} + 食用白糖 3% + 琼脂 0.6%，pH 值为 5.8。

（2）培养。茎尖培养对培养器皿无特殊要求，一般以 150mL 三角瓶或 250mL 罐头瓶，每瓶装 40mL 培养基，为节约培养基，每瓶接种 2～3 个茎尖，均匀分布于培养基表面。接种好的茎尖放在培养室内培养，温度 18～25℃，光照 2 000～3 000lx，每天光照 12h。培养两周后，培养瓶内的茎尖生长点便明显变大变绿，30～40d 即可看到明显伸长的小茎，叶原基形成可见的小叶，这时可转入无激素的 MS 培养基中，小苗继续生长，并形成根系，4～5 个月后即可发育成 3～4 个叶片的小植株，将其按单节切段，进行扩繁，成苗后，用于病毒检测。

（3）病毒检测。由茎尖分生组织培养获得的小苗，经第一次扩繁后要对其进行严格的病毒检测，以确定材料的脱毒情况。一般采用指示植物鉴定法、电镜检测法或抗血清鉴定法，经病毒检测后，确认是不带病毒的株系，才能进一步利用，对继续带病毒的株系应淘汰或进行再次脱毒。

九、大蒜

大蒜（*Allium sativum* L.）是百合科葱属的一种无性繁殖蔬菜，生产栽培中主要以鳞芽为繁殖材料，由于繁殖系数低，栽培成本高，严重影响生产发展。利用组织培养的方法进行大蒜快速繁殖可有效地解决这一问题。当大蒜愈伤组织产生后，芽和根的诱导率成为影响繁殖系数的两个关键指标。同时，这一高效快繁体系可为今后转基因技术的应用打下基础。

1. 丛生芽途径

（1）材料选择和接种。选用优良品种的蒜瓣，消毒后在解剖镜下剥取带一个叶原基的茎尖，接种于 MS（或 B_5）+2，4－D 2.0mg · L^{-1}培养基上，进行培养。

（2）培养基。丛生芽分别接种在不加任何激素的 LS、B_5 和 MS 种培养基上，都能诱导成苗，成苗率 86% 以上。LS 诱导平均成苗率最高（91.1%），但幼苗细弱不利继代繁殖；B_5培养基的试管苗茎粗苗壮，成苗率略低（86.6%）但易于继代切割繁殖。

（3）激素种类和浓度。B_5 培养基加入 BA 0.2mg · L^{-1}或 KT 1.0mg · L^{-1}，接种茎尖进行培养。单用 BA、KT 对茎尖成苗和不定芽增殖有明显作用，随着浓度的增加，不定芽增多。增殖系数 4.0，芽粗壮，当移到生根培养基（1/2MS + NAA 0.2mg · L^{-1} + 1.5% 蔗糖）上有 80% ~90% 的苗长出良好的根系，有利于移栽。

（4）培养条件。培养温度 24 ~26℃，光照度 2 000 ~3 000lx，每天光照 14 ~16 h，相对湿度 60% 以上。培养 2 ~3 周，长出绿色幼芽后，转入增殖培养基，繁殖 2 ~3 代后，再转移到生根培养基。当年 12 月中下旬，分期、分批移栽到节能温室中，移栽成活率可达 90%。

2. 不定芽发生型

取脱毒后的茎尖、叶片、蒜瓣和茎盘等组织，切成薄片，接种于含 2，4－D 的 B_5培养基上，诱导产生愈伤组织，叶片、茎盘、茎尖在 B_5 + 2，4－D 2.0mg · L^{-1} + BA 0.5mg · L^{-1}的培养基上 100% 诱导产生愈伤组织，将其转移到继代培养基（B_5 + 2，4－D 0.5mg · L^{-1} + BA 0.5mg · L^{-1} + NAA 0.2 ~0.5mg · L^{-1}）上，大部分愈伤组织胚性化，不断萌发成苗，但不能长期继代繁殖（1 ~2 年），因其分化频率逐渐降低。若在分化幼苗的上一代，继代培养基中将 BA 替换成 ZT 0.1mg · L^{-1}，提高幼苗分化率，并能直接分化出根和茎，经显微镜检查染色体没变异，这一方法是大蒜试管苗增殖的新途径之一。

3. 鳞茎发生型

将增殖幼苗切割后转移到含有 NAA 0.5mg · L^{-1} B_5培养基上，使幼苗生根，连续培养 2 ~3 个月，在幼苗的基部就可形成豆粒大小的丛生鳞茎或单生小鳞茎，所得小茎经过休眠可直接播种到大田中。此法克服了移栽难成活的缺点。

4. 大蒜试管苗的移栽

在移栽前打开瓶塞，加入一定量的自来水，让试管苗充公吸收水分。炼苗时间为 1d，12 月中下旬直接栽入温室土壤中，栽后浇足水，成活率达 90% 以上。将试管苗直接栽入温室土壤的方法省去了先盆栽后移入温室的中间环节，降低了成本，对大蒜试管繁殖的产业化生产有一定作用。

5. 脱毒鉴定

（1）形态观察法。大蒜病毒主要表现出花叶、扭曲、矮化、褪绿条斑和叶片开裂等症状。根据这些症状在田间表现，直接剔除病株。

（2）生物接种检测法。将移栽成活的试管苗，先目测确定带病植株，拔掉病株，对无病毒植株多点随机取样，分株采集叶片，研磨提取液，分别涂抹于指示植物千日红叶片上，再用 600 目金刚砂轻轻摩擦，月余后观察发病情况。

十、苦瓜

苦瓜（*Momordica charantia* L.）为葫芦科苦瓜属植物，有医疗保健功效和药用价值，在世界范围内广泛种植。传统的苦瓜育种方法存在周期长、品种易退化、遗传性状不稳定等问题，严重制约了其遗传育种进程。利用组织培养技术可以促进工厂化育苗，节省成本；通过建立离体再生体系并结合基因工程技术获得转基因植株，可以为育种研究和生产提供新的优良品种。

（一）培养基

无菌苗生长培养基 1/2M；愈伤诱导培养基 MS + 6 – BA 4.0mg · L^{-1}；芽分化培养基 MS + 6 – BA 4.0mg · L^{-1} + KT 2.0mg · L^{-1}；生根培养基 1/2M。

（二）组培程序

1. 材料

幼叶。

2. 无菌苗的获得

剥去种子坚硬的种皮，用无菌水冲洗 3 次后浸泡 5min；转入 70 % 乙醇溶液浸泡 1min 后，用无菌水漂洗 3 次；加入 0.01 % HgCl$_2$ 溶液并滴加少许吐温 – 80 浸泡 30min，中途充分搅拌 3 次，用无菌水冲洗 5 ~ 6 次；将消毒好的种子用滤纸吸去多余的水分后，接种于无菌苗培养基上，置于 25 ~ 26℃ 、800lx 条件下培养，萌发获得无菌苗。

3. 愈伤诱导

将苗龄 4 ~ 5d、带两片真叶的无菌苗的幼叶切割成 0.5cm^2 大小的外植体，接种到愈伤诱导培养基 MS + 6 – BA 4.0mg · L^{-1} 上。培养温度 25 ~ 26℃，800lx，光周期 11 h · d^{-1}。3 ~ 4d 后，在切口处开始膨大，并开始陆续形成愈伤组织，20d 后产生乳白色、表面呈球状或瘤状突起、质地紧密的愈伤组织。

4. 芽分化

将直径 0.5 ~ 1.0cm，表面呈球状或瘤状突起，质地紧密的愈伤组织及时转移到芽分化培养基 MS + 6 – BA 4.0mg · L^{-1} + KT 2.0mg · L^{-1} 上，培养约 45d 后，部分愈伤组织表面开始出现绿色突起，继而发育形成胚状体。同时有现象表明，极少数未及时转移的愈伤组织在脱分化培养基中能一次性分化形成不定芽。

5. 生根

及时从基部切割分离胚状体并转移到不含任何外源激素的 1/2MS 的生根壮苗培养其中以促生根。通常 14d 后，部分幼苗基部四周会再生出不定芽。将不定芽切割分离 1 ~ 2 次后，每个芽的基部都会发根 2 ~ 5 条，成为完整的再生植株。

十一、花椒（王港等，2008）

花椒是我国重要的香料植物和木本油料树种，还可入药，在我国被广泛栽植，有的地方甚至已经成了支柱产业。但同时也存在许多问题，如栽培品种老化、育种手段落后等。花椒的组织培养前人已做了部分研究，尤其是对日本无刺花椒的组培研究已取得了一定的成果，但多是通过芽生芽的途径来进行的。这种途径只能达到快繁的目的，要利用现代生物技术手段进行花椒的育种，还必须要建立通过愈伤途径的组织培养再生体系。

1. 材料

嫩茎和嫩叶。

2. 愈伤组织诱导

将材料用自来水冲洗干净，75%酒精浸泡10 s后，用0.1%升汞消毒，消毒时间设定2min、4min、6min、8min和10min 4个梯度，无菌水冲洗5次，备用。接种时，叶片剪去边缘，延主脉剪成0.5cm2的小片，嫩茎去掉两头及带腋芽部分，切成0.5cm长的小段。两种外植体分别接在诱导培养基 MS + 2，4 – D 0.5mg · L^{-1} + BA 0.5mg · L^{-1}上。培养条件为（25 ± 1）℃，每日补充光照14 h，光照强度1 500 ~ 2 000lx。叶片愈伤组织由叶背叶脉附近产生，嫩茎也能诱导出愈伤组织，诱导率为90%。但结构致密的愈伤组织在相同培养基上继代培养15d后逐渐老化死亡，而较松散的淡黄色愈伤组织则可稳定生长并经分化培养一段时间后逐渐变为绿色。

3. 愈伤组织再分化培养

将生长良好的愈伤组织切成约0.5cm^{2}的薄片，接于 MS + TDZ 0.03mg · L^{-1} + BA 0.1mg · L^{-1}培养基中，培养条件同上。较松散的淡黄色愈伤组织则可稳定生长并经分化培养一段时间后逐渐变为绿色，然后分化出大量不定芽。在随后的15d内，愈伤组织陆续分化出丛生芽，诱导率接近100%，且分化开始后，不断有芽生出。

4. 不定芽增殖培养

将愈伤组织产生的不定芽切成带1 ~ 2个腋芽的小段，接于增殖培养基 MS + 0.4mg · L^{-1} 6 – BA + 0.3mg · L^{-1} IBA上，培养条件同上。经25d培养，增殖系数为6.2。最初诱导产生的不定芽在增值培养基上生长缓慢，随着芽苗继代次数的增加，生长速度逐渐加快。

5. 不定芽生根培养

取健壮带顶芽的茎段切成2cm长，接于生根培养基1/4MS + 0.4mg · L^{-1} IBA中。每种处理接种50 ~ 60瓶，每瓶接种1段。培养条件同上。培养10d时生根率在90%以上，一般可产生不定根3 ~ 6条。

6. 炼苗及移栽

当根长2cm时，将瓶口打开炼苗，3d后，移栽到室内花盆中，基质为沙子：珍珠岩：腐殖质 = 1：1：1及1：2：1，盖上覆盖保鲜膜或地膜保湿，3d后逐渐延长透气时间，并移至自然光下。

第五节　药用植物

一、当归

当归别名秦归、西当归、郎当归等，为伞形科多年生草本植物。当归以根入药，具有补血、和血、调经止痛、润燥滑肠的功效，是我国的主要中药材之一。随着中医药事业的发展以及当归系列产品的开发，市场对当归的需求量不断增加，种植当归已成为适种区农民脱贫致富的一条新途径。当归传统的育苗方法是在海拔 2 500~2 700m 的高山背阴坡清除植被、开垦荒地育苗，这种方法不仅破坏植被，造成严重的水土流失，导致环境恶化，而且种前的生产周期长，繁殖系数低，病虫害难以控制，育苗成本高。为了解决当归生产中的这一关键问题，提高当归生产的科技含量，需要建立高效的再生体系。

1. 外植体制备

取紫当归大田植株或盆栽植株的幼嫩芽，切去叶片，置于烧杯中，流水冲洗 15min 后用纱布吸干水分，在超净工作台上将材料置于广口瓶中，加入 70% 的酒精摇动 10 s，然后倾去酒精，先用无菌水冲洗 3~4 次，再用 5% 的升汞溶液浸泡 40 s 后立即取出，用无菌水漂洗 8~10 次，每次 2min，最后将材料置于无菌纱布上吸干水分，切成 2~5mm 大小备用。

2. 愈伤组织诱导培养

诱导培养基为 MS + NAA 0.6mg·L^{-1} + 6 – BA 1.0mg·L^{-1} + KT 0.2mg·L^{-1} + 蔗糖 3% + 琼脂 0.7%。将处理好的外植体接种在愈伤组织诱导培养基上，置于温度 18~26℃ 的培养室内，在 800~1 200lx 的光照下进行培养。接种后 30~45d 即可在茎段周围长出黄色的愈伤组织。用 15% 的 CM（椰乳）代替上述培养基中的 KT，也能较好的促进愈伤组织生长。

3. 芽的分化培养

当愈伤组织长到绿豆大小时，即可接到分化培养基 MS + BA 0.4mg·L^{-1} + IAA 0.5mg·L^{-1} + 蔗糖 2% + 琼脂 0.7% 中，置于温度（25±2）℃、光照强度 1 500~2 000 lx 的条件下分化培养。若光照不足时，每天用日光灯补充照明 8~12 h。转接后不久愈伤组织就开始增殖，20d 左右愈伤组织可长成丛状的柱状根茎，并分化出芽。如将这些柱状根茎切成小块转接于相同培养基上，仍能继续增殖和分化。

4. 根的诱导培养

将分化培养基上获得的小植株转接到诱导生根培养基 1/2 MS + IAA 1.0mg·L^{-1} + 蔗糖 2.0% + 琼脂 0.7% 上培养，培养室的温度控制在 25℃ 左右，每天补充光照 8~12 h。一般 10d 后陆续生根。

5. 试管苗的移栽及管理

移栽前 10d 适当打开三角瓶口，逐渐增加光照、降低湿度，即每 3d 增加 10% 的光照，前 3d 湿度应保持在 85%，其后每 2~3d 降低 5%~8%，直到与外界条件基本一致。移栽时把苗从瓶中取出，先将根部附着的培养基用清水洗净，然后植入温室中的腐殖土苗床上。栽植时，应先在苗床上按株距 5cm 挖 2cm 深的穴，然后植入苗子，以免伤根。移栽后要遮阴，栽植后的前 10d，温室中的相对湿度要保持在 80% 以上，以后逐渐降低；温度应保持在 25℃ 左右。缓苗后逐渐增加光照。

二、薄荷

薄荷（*Mentha haplocalyx* Briq）为唇形科薄荷属的多年草本。以全草入药，薄荷味辛，性凉；归肺经、肝经；具有宣散风热，清利头目，透疹功能；用于风热感冒，风温初起，头痛、目赤、喉痹、风疹、麻疹，胀闷等症。分布于全国南北各省，生于潮湿的环境，全国各地均有栽培，主产于江苏、江西、湖南等省，以江苏产的为最佳。别名：升阳菜、婆荷、苏薄荷、野薄荷、土薄荷、仁丹草等。有清香，茎方形，单叶对生；轮伞花序腋生，花冠淡紫或白色；小坚果椭圆。

随着中国加入世界贸易组织，市场对薄荷的需求量也在逐步的攀升。但薄荷在生长的过程中，品种更新缓慢，且易感毒导致优良性状退化，经济产量降低。因此，改善品种，提高产量，并使其优良品种迅速推广种植，已成为薄荷生产中亟待解决的一个重要问题。植物离体培养技术的发展为植物品种的改良提供了一个重要的手段。国内外有关薄荷的离体培养的研究，主要注重组织培养，微繁殖和原生质体培养等植物的品种的退化重要的一个原因是植物体中的毒素积累，组织培养可以诱导培育出新的品种或较快的得到其具有价值的产物，解决品种退化问题，这些已经在许多植物上得到了应用并取得了较大的成果。

（一）培养基

愈伤诱导培养基 MS + 6 – BA 1.5mg·L^{-1} + 2, 4 – D 0.5mg·L^{-1} + NAA0.5mg·L^{-1}；愈伤增殖培养基 MS + NAA 1.0mg·L^{-1} 或 MS + IAA 2.0mg·L^{-1}；芽分化培养基为 MS + 6 – BA2.0mg·L^{-1} + NAA 0.1mg·L^{-1}；生根培养基为 1/2MS + NAA 2.0mg·L^{-1}。

（二）组培程序

1. 材料

薄荷茎段。

2. 材料准备

取生长健壮的无菌试管苗，切成约 1.0cm 长的茎段，除去叶片、腋芽及茎尖，留取茎部。

3. 愈伤的诱导

将处理好的茎段接种于愈伤诱导培养基 MS + 6 – BA 1.5mg·L^{-1} + 2, 4 – D 0.5mg·L^{-1} + NAA 0.5mg·L^{-1} 中，7d 左右，切口处开始出现萌动，2 周后其愈伤为黄绿色，且较为疏松。

4. 愈伤的继代培养

愈伤诱导 3 周后，取生长状态最好组的愈伤接入继代培养基 MS + NAA 1.0mg·L^{-1} 或 MS + IAA 2.0mg·L^{-1} 中，经过继代后达到了较好的状态，大多数愈伤块呈黄绿色或黄白色，且较为疏松。

5. 愈伤组织诱导分化

将愈伤组织切成 3~5mm 小方块接种于不定芽诱导培养基 MS + 6 - BA 2.0mg·L^{-1} + NAA 0.1mg·L^{-1} 中。在分化培养基上，愈伤组织不断生长，表面逐渐变为淡绿色，并出现绿色芽点，芽点不断增大，8~15d 逐渐长大成不定芽。

6. 诱导生根

当幼芽高度达到 1.5~2.0cm、长出 2~4 片叶时，从基部切下幼芽接种于生根培养基 1/2MS + NAA 2.0mg·L^{-1} 中，培养 14d。

7. 培养条件

试验材料均置于植物组织培养室进行培养。愈伤诱导及继代培养条件：25℃遮光培养；诱导分化和生根培养条件：接种后遮光培养 2d，后转入 (24 ± 1)℃条件下光照培养，光照时间 12h·d^{-1}，光照强度 2 000lx。

三、丹参

丹参（*Salvia Miltiorrhiza* Bge）又名紫丹参、血参、大红袍等，为唇形科（Labiatae）鼠尾草属植物，其有效成分为丹参酮、隐丹参酮、鼠尾草酚、丹参新酮等．中医学上以根及根茎入药，具有活血调经、祛瘀生新、镇静安神、凉血消痈、消肿止痛等功能．近代医学临床证明，丹参有扩张血管与增进冠状动脉血流量的作用，用来治疗冠心病、心绞痛、心肌梗塞、心动过速等症，有显著的疗效；还可用于慢性肝炎、早期肝硬化等症的治疗。丹参为医药工业的重要原料，需要量大。丹参的种植和栽培受到人们的重视，其组织培养方面的研究曾有一些报道。

（一）培养基

愈伤诱导培养基 MS + 2，4 - D 2.0mg·L^{-1}；芽分化培养基 MS + 6 - BA 0.5~2.0mg·L^{-1}；生根培养基 1/2MS + 0.6mg·L^{-1} NAA。

（二）组培程序

1. 材料

丹参茎段。

2. 材料消毒

先将采来的白花丹参茎段用自来水彻底冲洗，除去表面附着物，再加入适当的肥皂泡 30min。用流动水冲洗 1 h，在超净工作台上转入 2% NaClO 溶液中消毒 15min，用 70% 酒精消毒 1min，最后用无菌水冲洗 5 次。将消毒后的白花丹参茎段（剪成 0.5cm 的小段，再纵切为二）。

3. 愈伤诱导

将消毒茎段接种到愈伤诱导培养基 MS + 2，4 - D 2.0mg·L^{-1} 上，5~7d 开始愈伤化，发生在接触培养基的纵切面和横切面处，愈伤组织色白，较为疏松。

4. 芽分化

将愈伤转接到芽分化培养基 MS + 6 - BA 0.5~2.0mg·L^{-1} 上，接种 10d 左右，愈

伤组织逐渐变深，第 11～15d，愈伤组织出现深绿色芽点，每个组织块长有多个芽，形成莲座状芽丛，随后，芽迅速生长。每 25d 继代 1 次。

5. 生根和移栽

取 3cm 长的增殖苗，接种到生根培养基 1/2MS＋0.6mg·L⁻¹ NAA 中诱导生根培养 25d。将根长 2cm 以上时，打开瓶口炼苗 3d，移栽于消毒的沙石和珍珠岩（3∶1）混合的基质中，并覆盖塑料薄膜，5d 后去掉塑料薄膜，9d 后移植于消毒的土壤中，全部成活。

6. 培养条件

温度（25±1）℃，光照时间 14 h·d⁻¹（6∶00～8∶00），光照强度为 2 000lx。以上培养基均含 6.0mg·L⁻¹琼脂、30.0mg·L⁻¹蔗糖，pH 值为 5.8。

四、枸杞

枸杞（*Lycium barbarum* L.）属茄科，是多年生落叶灌木，也是宁夏地区主要经济树种之一，全国各地均有栽培。随着近年来枸杞药用保健方面的进一步开发，栽培面积不断扩大，常规育种方法已不能满足现代化农业对枸杞品种改良的需求。现代生物技术的发展，为作物抗逆品种的选育提供了新的手段，人们可以将外源基因导入到植物体内，以改善植物的某些性状；而植物转基因的前提条件是建立高效的植株再生系统。为了顺利进行枸杞的基因工程和细胞工程操作及新品种的快速繁育。

（一）叶片组培（马和平等，2008）

1. 材料

枸杞叶片。

2. 培养条件

无菌苗于在中光照下培养；叶片外植体接种在不定芽分化培养基上，暗培养在 5℃条件下进行（暗处理 3d），光照培养在 1 000～1 600lx，光照时数 16 h·d⁻¹，温度为 25℃下进行。

3. 无菌苗的获得

在 3～4 月从成年枸杞的枝条上剪取开始萌发的嫩枝，经常规消毒后接种到原始培养基（1/2 MS＋0.5mg·L⁻¹ 6－BA＋0.2mg·L⁻¹ IBA）上，作为供试材料。获得的无菌芽转接到培养基 1/2 MS ＋0.5mg·L⁻¹ 6－BA＋0.2mg·L⁻¹ IBA 上进行扩繁。

褐化问题的解决。在培养初期，经过消毒后而存活的枸杞幼芽外植体长势差，多有褐化现象，影响了继代扩繁，成为系统研究枸杞再生体系的重大障碍。褐变是普遍存在的一种现象，受培养温度、激素浓度、光照等因素影响。褐化是由于植物受伤后体内多酚氧化酶被激活，使酚类物质氧化产生醌类物质造成的，他们会逐渐扩散到培养基中，抑制其他酶的活性，毒害整个外植体组织。组织培养过程中外植体的酶促褐变，使得人们在培养基中加入抗氧化剂和其他抑制剂来抑制。以在培养基中加入 0.3% 的活性炭（AC）效果最好。活性炭作为吸附剂可以吸附被氧化而产生的醌类物质，减轻对外植体的毒害作用再生芽的获得。

4. 愈伤诱导和分化

当无菌苗长出的第七片真叶完全展开时，将其叶片切成 0.5cm × 0.3cm 的小块（外植体），置于分化培养基上培养，28d 后体积开始增大。在培养过程中边缘的远轴面卷曲，32d 左右露出芽点，不定芽出现的高峰期在接种后的 35 ~ 45d。多数不定芽的形成并不经历愈伤组织阶段，直接从培养的叶片外植体上分化产生，通常不定芽成簇密生长，不定芽再生位点散布在叶片的各个部位，以切口部位较多。再生的不定芽较小，经过壮苗培养可以长成小植株。

5. 生根

待小芽长至 1 ~ 2cm 后将其从叶片上剪下，转到生根培养基 1/2 MS + 0.6mg · L^{-1} NAA + 0.2mg · L^{-1} IBA 上得到完整植株。

（二）花药组培（曹有龙等，1999）

1. 材料

枸杞花蕾，花粉发育时期为单核中期或单核晚期。

2. 愈伤组织的诱导

枸杞花蕾先在 0 ~ 4℃ 冰箱中预处理 3 ~ 4d，接种时，在超净工作台上，先用 70% 的酒精浸泡 10 s，用无菌水冲洗，再用 10% 安替福民浸泡 8 ~ 10min，无菌水冲洗 3 ~ 4 次，然后将花蕾放入覆有滤纸的灭菌培养皿内，剥取花药，接种于愈伤诱导培养基 MS + 2，4 - D 0.5mg · L^{-1} 上。经过 30d 的培养，愈伤组织块直径可达 1.5 ~ 2.0cm。从诱导的愈伤组织来看，主要有两种类型：一种白色紧密，不易分散，经过 30d 的培养，大部分褐化，少数愈伤组织块可直接分化出苗，但频率很低；而另一种愈伤组织，为淡黄色松散型，这种愈伤组织经过多次继代培养，就更加松散，颗粒小，分散性能好，很难用镊子夹起来，而且胚性细胞多，分化频率高是进行悬浮培养的理想材料。

3. 继代培养

应用 MS + 2，4 - D 0.5mg · L^{-1} 作为继代培养的培养基。挑选色泽鲜艳，生长迅速的愈伤组织进行继代培养，每次 20d，2 ~ 3 次继代后，出现疏松颗粒状愈伤组织，选择颗粒较细的愈伤组织依其生长速度，加快继代频率（2 周 1 次）。当愈伤组织松散易脆，颗粒均匀且生长迅速时，改为 3 周 1 次继代培养。愈伤组织的诱导与继代培养均在 25℃ 人工光照条件下进行，光照强度 2 000lx，光照时间 16h · d^{-1}，液体培养在（25 ± 2）℃ 弱散射光下进行。

4. 单细胞的分离及悬浮培养

取鲜重 1 ~ 2 g 颗粒状的愈伤组织，置于盛有 20 mL 液体培养基的 100mL 三角瓶中，用无菌玻璃棒将愈伤组织压碎，然后放在摇床上摇散，24 h 后，用 100 目尼龙网过滤，除去愈伤组织碎片及较大的细胞团，再经 100 r · min^{-1} 的离心机离心 2min，去掉上面的碎渣，加入一定量的 MS + 2，4 - D 0.5mg · L^{-1} 培养液，制成细胞悬浮液，单细胞在悬浮液中的含量大于 95%，其细胞密度为 10^5 个 · mL^{-1}，把细胞悬浮液置于 50mL 三角瓶中，在恒温振荡器上进行连续振荡培养，振荡速度为 100 r · min^{-1}。将诱导出的颗粒状愈伤组织采用半连续式悬浮培养建立细胞系，连续进行 29 个无性世代，从第 30 代开始，将一部分悬浮培养物重新转移到固体培养基表面上，以便继代保存，在固体培养基表面培养一段时间后重新转移到液体培养中，此愈伤组织能很快地适应液体环境，并保持较高的分化频率。在适应情况下，单细胞培养 6～7d 以后，悬浮培养物的鲜重和体积（1 500r·min^{-1}离心 5min 后测量）增加 4 倍左右，平均 36 h 增加 1 倍，7d 以后细胞系增殖速度开始减慢，10d 后，明显进入静止期，12～14d 悬浮培养物变成灰褐色。因此，悬浮培养物不宜超过 10d，否则细胞系生长速度变慢。

5. 悬浮系的分化

取 1～2g 悬浮培养物置于 100 mL 三角瓶中，先用 10 mL 液体分化培养基（MS + 6BA 0.2mg·L^{-1} +2% 蔗糖）清洗一次后，转移到 MS 分化固体培养基表面后，细胞团会不断长大，由原来的约 2mm 长到 5mm，胚状体能进一步发育，继续培养一个星期，胚状体开始萌发，形成无根绿芽，当芽长到 2cm 高时，从基部切下，在 MS + 6 - BA 0.2mg·L^{-1}的培养基上培养一段时间，然后转移到 MS + NAA 0.2mg·L^{-1} +2% 蔗糖的生根培养基诱导生根，20d 后开始生根，形成完整植株。

总之，在 MS + 2，4 - D 0.5mg·L^{-1}培养基上都诱导出愈伤组织；愈伤组织在 MS + 2，4 - D 0.5mg·L^{-1}的固体培养基上获得大量单细胞，在液体培养基中获得含有大量胚状体的愈伤组织块，收集悬浮培养物转移到 MS + 6 - BA 0.2mg·L^{-1}的固体培养基上，胚状体能够萌发形成大量绿色小芽，转入生根培养基（MS + NAA 0.2mg·L^{-1}）中，20d 后得到完整植株。植株根尖细胞经细胞学鉴定为单倍体。

（三）髓组织培养（曹有龙等，1999）

1. 愈伤诱导

愈伤组织的诱导取当年生一长的明显分化成髓组织的枝条，摘除叶子、侧芽和带有分生组织的顶端 100mm，把外植体的切端蘸熔蜡封着伤口，然后浸入 70% 酒精中 20 s，再转入 0.1% HgCl$_2$ 溶液中，经过 8～10min 后，用无菌水冲洗 3 遍，最后以吸水纸吸干，从茎的两端各切除 10mm，余下部分切成 20mm 的小段，用无菌镊子夹着茎的切段，用瓶塞打孔器从切段中取出圆柱体髓组织，并将其转移到 90mm 的无菌培养皿中，用解剖刀切成 2～3mm 厚的小圆片，接种到 MS + 6 - BA 0.1mg·L^{-1} + NAA 0.5mg·L^{-1}培养基上诱导愈伤组织发生。3d 后开始膨大，愈伤组织为淡黄色松散型，这种愈伤组织继代转接后能迅速生长，多次继代培养后，颗粒小，分散好，难以用镊子夹起来，而且胚性细胞多，分化频率高。

2. 愈伤组织的继代培养

在 MS + 6 - BA 0.1mg·L^{-1} + NAA 0.5mg·L^{-1}培养基中加入 500mg·L^{-1}的水解酪蛋白作为继代培养的培养基。挑选色泽鲜艳、生长迅速的愈伤组织进行继代培养，每次 20d，2～3 次继代后，出现疏松颗粒状胚性愈伤组织，选择颗粒较细的愈伤组织，加快继代频率（2 周 1 次），当愈伤组织易碎，颗粒均匀且生长迅速时，改为 3 周 1 次保存之。

3. 分化培养

将上述继代过程中产生的胚性愈伤组织转移到分化培养基 MS + BA 0.5mg·L^{-1} + NAA 0.01mg·L^{-1}上进行培养，两周后开始形成芽点，可进一步发展成芽丛。当芽长到 2cm 高时，将其沿基部切下，转入芽增殖培养基 MS + 6 - BA 0.2mg·L^{-1}中，芽生长正常，经过 20d 的培养，每芽可产生 50~150 株无苗。

4. 生根培养

选择较为健壮的丛生芽，切除底部的叶片，只保留上部 2~3 片叶，插入生根培养基 MS + NAA 0.2mg·L⁻¹ 时中，培养条件：温度 20~25℃，每日光照 10~12 h，光照强度 2 500~3 000lx。20d 后产生较粗的不定根，并有侧根出现，并形成大量完整植株。

总之，枸杞髓组织在培养基 MS + 6 − BA 0.1mg·L⁻¹ + NAA 0.5mg·L⁻¹ 获得的愈伤组织，呈颗粒状，分散性能好，胚性细胞多。将其转移到 MS + 6 − BA 0.5mg·L⁻¹ + NAA 0.01mg·L⁻¹ 的分化培养基上获得大量绿色小芽，小芽在 MS + 6 − BA 0.2mg·L⁻¹ 的培养基上得到快速繁殖，每月繁殖系数为 50~150。丛生芽在 MS + NAA 0.2mg·L⁻¹ 的培养基上形成完整植株。

五、怀山药

怀山药（*Dioscorea opposita*）为薯蓣科薯蓣属植物，是我国著名的"四大怀药"之一，主产于河南温县、武陟等地，其块茎入药具有健脾、补肺、固肾、益精之功效，是我国地道的药材和传统出口商品，其产品畅销东南亚和日本等国。但由于怀山药长期采用营养繁殖，致使其产量下降、品质退化，甚至某些优良品种也被药农放弃种植。近年来，迅速发展的植物组织培养技术和基因工程技术为提高农作物产量和质量提供了有效的措施。怀山药组织培养的研究国内外均有报道，但多以茎段、茎尖或叶片为外植体，而利用零余子作为外植体进行离体培养的研究还无人开展。零余子是怀山药叶腋间形成的珠芽，又名小块茎，俗称山药蛋，它含有皂苷、胆碱、淀粉、自由氨基酸和糖蛋白以及大量的维生素 C 等有效成分，是怀山药入药的重要部位之一。

1. 无菌零余子的获得

切取怀山药的块茎上萌发的茎段，用自来水冲洗干净，在超净工作台上以 70% 酒精浸洗 30 s，再经 0.1% HgCl₂ 消毒 10min 后，用无菌水冲洗 4 次，切成 1.0cm 长、带腋芽或顶端茎段，培养于培养基 MS + NAA 0.22mg·L⁻¹ + KT 1.0mg·L⁻¹ + 蔗糖 3% + 琼脂 0.8%，培养 28d。然后，将无菌苗转移到 MS 基本培养基上培养 5~6 个月，即可在茎节处形成一定大小的零余子。

2. 愈伤诱导

在超净工作台上，从试管苗上取下形成的零余子，切割成长宽均为 5mm 左右的切块置于添加不同激素组合的脱分化培养基 MS + BA 1.0mg·L⁻¹ + NAA 1.0mg·L⁻¹ 上，6d 时切块边缘部位开始出现零星的白色或绿色的愈伤组织。

3. 愈伤组织的分化

选择生长较好、质地疏松的愈伤组织作为进一步分化培养的材料，并将其切割成长宽约为 3mm 左右的切块放入芽分化培养基 MS + BA 1.0mg·L⁻¹ + NAA 1.0mg·L⁻¹ 中，10d 时愈伤组织切块开始重新形成新的愈伤组织，颜色灰白，质地疏松，此时多数愈伤组织长出根，并开始有芽的分化。20d 时在培养基上已经能够辨别出芽的个数，而且芽可达到 0.7cm 较高。

4. 生根和移栽

将高 2~3cm 的苗移入生根培养基 MS + KT 2.0mg·L^{-1} + NAA 0.02mg·L^{-1} + PP$_{333}$ 0.1mg·L^{-1}中，10d 左右再生苗从茎节的膨大处和叶腋部开始产生新芽，并有根的生长。选择生长健壮、根系发达的试管苗移入装有细沙的营养钵中，每天用自来水或营养液进行叶面喷雾，保持湿度，并定时定量浇营养液，30d 后将成活的试管苗移入大田。

5. 培养及移栽条件

所有的培养基均以 MS 为基本培养基，并附加不同的植物生长调节剂，含蔗糖 3%，琼脂 0.7%，调 pH 值为 5.8，并在 121℃ 下高压灭菌 20min。培养室温度为（25±2）℃，光强为 2 000lx，光照时间为 14 h·d^{-1}。移栽在自然条件下进行。

六、桔梗

桔梗是我国名贵药材之一，为桔梗科桔梗属多年生直立草本植物，其根既可入药又可做食品原料。近年来由于肆意采伐，造成桔梗野生资源枯竭。为保护资源，保证桔梗药材质量稳定，必须加强栽培技术，遗传育种方面的研究。植物组织培养技术的应用，为药用植物资源保护与桔梗药材质量的提高提供了新的技术措施。近十年来，学者们对药用植物的组织培养研究做了大量工作，尤其在无性系的快速繁殖，药用植物育种，药用成分工业化生产方面取得可喜进展，对桔梗愈伤组织的诱导及植株再生过程的研究，为桔梗的快繁、育种及药用成分工业化生产方面提供可靠的实验材料及基础资料。

1. 材料

桔梗花药。

2. 材料准备

采取 2 年生桔梗的花蕾，在实验室内取出花药用 1% 碘—碘化钾染色，压片后用显微镜观察花粉发育时期。试验接种材料为花粉发育至单核靠边期的花药。把挑好的花蕾先用 75% 酒精浸泡 1.0min，用无菌水冲洗 3 次，再用 0.1% 升汞消毒 5min，无菌水冲洗 5 次，用消毒过的滤纸吸干花蕾表面的水分。

3. 愈伤组织的诱导

接种时轻轻拨开花瓣，取出花药接在愈伤诱导培养基 N6 + 2, 4 – D 0.2mg·L^{-1} + 6 – BA 1.0mg·L^{-1}上。接种的花药置于 25℃、自然光照条件下培养 20d 后，有的花药周围开始出现淡黄色的愈伤组织，刚开始愈伤组织生长缓慢，但以后逐渐加快，过 45d 后中等愈伤组织大小与火柴头相等

4. 绿苗的分化

愈伤组织诱导率调查结束后翌日，把火柴头大小相等的愈伤组织转接到愈伤组织分化培养基：N6 + 6 – BA 1.0mg·L^{-1} + NAA 0.5mg·L^{-1}上，置于 25℃、光照时间为 14~16 h·d^{-1}、光强约为 2 000lx 的培养室里培养 40d。已带芽点的愈伤组织转接到分化培养基上后，周围继续分化出很多芽点，已分化的芽点逐渐长成植株，每个愈伤能分化出 10 多个植株。每 40d 继代 1 次。

5. 生根和移栽

将 4~5cm 长的试管苗在无菌的条件下分成单株，转接到生根培养基 1/2MS + NAA

$0.5\text{mg} \cdot \text{L}^{-1} + \text{IAA } 0.1\text{mg} \cdot \text{L}^{-1}$ 上，10d 后开始生根，当根长 4~5cm 时，打开瓶盖，炼苗 2~3d，然后取出小苗，去除根部的培养基，移栽到腐殖质的土壤中。

七、芦荟

芦荟（*Aloe*）为百合科芦荟属多年生肉质常绿草本植物，原产于非洲东南和阿拉伯半岛等热带地区，历史上芦荟作为药用和观赏植物，从产地传到世界各地。芦荟含有芦荟素、芦荟大黄素等 70 多种对人体有益的物质，药理活性极其广泛，并具有较高的观赏价值，是集药用、食用、美容及观赏于一身的热带植物，有极高的开发应用价值。芦荟的繁殖一般采取扦插和分株繁殖，这些方法受繁殖基数的限制，初期繁殖速度较慢，而且容易使病毒积累，影响植株生长，甚至退化（Roy and Sarkar, 1991）。利用组织培养方法，可以为生产提供一条在短期内繁殖出大量种苗的途径，以加速新品种的推广。

1. 材料

芦荟茎段。

2. 培养基

愈伤诱导培养基 MS + BA $2.0\text{mg} \cdot \text{L}^{-1}$ + IBA $0.2\text{mg} \cdot \text{L}^{-1}$；不定芽分化培养基 MS + BA $3.0\text{mg} \cdot \text{L}^{-1}$ + NAA $1.0\text{mg} \cdot \text{L}^{-1}$；生根培养基 1/2 MS + NAA $1.0\text{mg} \cdot \text{L}^{-1}$ + 蔗糖 1.5% + 活性炭 3%。

3. 材料消毒

取材→自来水粗洗→5% 洗衣粉水溶液漂洗 5min→自来水冲洗 30min→75% 乙醇擦洗表面→0.1% 升汞溶液中消毒 5min→2% 次氯酸钠溶液中消毒 20min→无菌水冲洗 4~6次。

4. 愈伤诱导

在无菌工作台中将外植体切成 0.5~1.0cm 长的小段，接种于愈伤诱导培养基 MS + BA $2.0\text{mg} \cdot \text{L}^{-1}$ + IBA $0.2\text{mg} \cdot \text{L}^{-1}$ 上，将培养出来的愈伤组织切成小块接种于培养 28d。茎尖在培养过程中既能形成愈伤组织，又能分化出一些不定芽，形成芽丛。愈伤组织和不定芽的形成与 IBA 的浓度有关，在 BA 定值下，IBA 浓度越高，不定芽越多，而愈伤组织越少；IBA 浓度越低，不定芽越少，而愈伤组织则越多。

5. 生根

将培养出来的不定芽转入生根培养基 1/2 MS + NAA $1.0\text{mg} \cdot \text{L}^{-1}$ + 蔗糖 1.5% + 活性炭 3% 中，培养 18d。

6. 试管苗移栽

取出不定根诱导出来的试管苗，小心洗尽残余培养基，放置 2d 后移栽到经 0.1% 甲醛消毒的细河沙中，保温保湿培养 14d（温度 20~25℃，湿度 80% 左右），再移入沙土中培养，待小苗长出 4~5 小叶片后便可移栽到大田。

八、灯盏花

灯盏花为多年生草本植物，株高 20~40cm，根粗壮发达，茎纤细，叶基生，形成莲座状。基生叶椭圆形，长 3~5cm，宽 1.2~1.5cm，有毛。茎生叶长椭圆形，长

2.0cm，宽0.6cm。头状花序，顶生，直径1.0～1.5cm，边缘为紫色舌状花冠，中央为黄色管状花冠。瘦果，长2.0mm，具有白色冠毛。其边缘花冠除紫色外，还有黄色、蓝色、粉白色。野生灯盏花生长在海拔1200～3500m的中山、亚高山开阔山坡草地和林缘。灯盏花含有黄酮、吡喃酮、咖啡酸酯、酚酸类等50多种化合物。其活性成分主要为灯盏乙素，具有清除自由基、抗氧化，抗心律失常，保护心脏，抗血栓形成，保护脑缺血神经，减少脑组织缺血及再灌注损害，增强肝脏解毒功能，保护糖尿病性肝脏、肾脏等药效作用。

（一）培养基及培养条件

愈伤诱导培养基 MS ＋KT 0.5mg·L^{-1}＋2，4－D 10mg·L^{-1}；芽诱导培养基 MS＋6－BA 0.5mg·L^{-1}＋10% 香蕉汁；生根培养基 1/2MS＋0.3mg·L^{-1} NAA。上述培养基均添加2.5% 蔗糖、0.65% 琼脂，pH 值为5.8；培养温度25℃，光照度2 000lx，光照时间16 h·d^{-1}。

（二）培养程序

1. 材料

叶片。

2. 材料消毒

取灯盏花幼嫩叶片，表面冲洗干净，切成1～2cm² 的小块放入70% 的酒精中消毒30 s，用0.1% 的 $HgCl_2$ 溶液浸泡3min，无菌水冲洗3次。

3. 愈伤诱导

然后接种到愈伤诱导培养基 MS ＋KT 0.5mg·L^{-1}＋2，4－D 10mg·L^{-1} 中暗培养，培养8d 后，叶片呈不同程度的变厚卷曲膨大，逐渐长出淡绿色颗粒状的愈伤组织，14d 出现大量的愈伤组织。

4. 芽分化

待叶片边缘长出绿色的愈伤组织时，切取并转入芽诱导培养基 MS＋6－BA 0.5mg·L^{-1}＋10% 香蕉汁上分化培养，放入光照培养室培养。愈伤组织在分化培养基上培养12d，即可观察到愈伤组织的体积明显增大，25d 愈伤组织表层变绿且有小芽点长出，30d 有浅绿色的子叶出现，40d 后大量叶子从芽丛中生长形成无根苗丛。分化过程中10d 为1个继代周期，继代3～4次。

5. 生根

将不定芽转接到生根培养基 1/2MS＋0.3mg·L^{-1} NAA 中，进行生根培养。6d 后有根原基生成（愈伤突起，表面附有少量白色小绒毛）。经2次继代，18d 后无根苗下的愈伤片上布满大量根原基并有大量的根生成。

6. 炼苗和移栽

当大部分苗根长2cm 以上时，打开瓶盖，炼苗3～5d，用镊子将苗轻轻夹出，用清水洗去基部残留的培养基，栽于腐殖土∶珍珠岩∶蛭石（2∶1∶1）的基质中，保持80%～85% 湿度，成活率达95% 以上。

九、牛蒡

牛蒡（*Arctium lappa* L.）别名牛菜、白肌人参等，是菊科牛蒡属二年生草本植物，高 70～150cm，花紫红色，原产于亚洲，主要分布于中国和日本的大部分地区。其嫩叶、茎、花和肉质根均可食用，营养价值很高，富含蛋白质、氨基酸、多种维生素和微量元素。牛蒡还是我国民间传统的药用植物，种子具有疏风散热，宣肺透疹，解毒利咽，滑肠通便、肿瘤、抗癌、抗菌、清除自由基、防衰老和降血糖之功效。目前，有关牛蒡的研究主要集中在药理方面，而其组织培养和高效再生体系的详细研究在国内外还鲜有报道。

（一）培养基

愈伤诱导培养基 MS + 2，4 – D 2.0mg · L^{-1} + BA 1.0mg · L^{-1}；芽分化培养基 MS + NAA 1.0mg · L^{-1} + BA 1.0mg · L^{-1}；生根培养基 1/2 MS + IBA1.0mg · L^{-1} +1.0mg · L^{-1} NAA 。

（二）组培程序

1. 材料

下胚轴。

2. 无菌苗获得

将种子用 70% 乙醇浸泡 30s，用 0.1% 升汞灭菌 10min，无菌蒸馏水清洗 5 次，然后接种于 MS 培养基上。所有培养条件为：光照强度 1 000lx，光照 16 h · d^{-1}，温度（25 ±2）℃。

3. 愈伤诱导

取生长 7d 的牛蒡无菌苗，将其下胚轴切成 5～10mm 的小段，接种在愈伤诱导培养基 MS + 2，4 – D 2.0mg · L^{-1} + BA 1.0mg · L^{-1} 上，进行愈伤组织诱导，每 3 周继代培养一次。

4. 芽的分化与增殖

将得到的愈伤组织切成 5mm² 左右的小块接种于芽分化培养基 MS + NAA 1.0mg · L^{-1} + BA 1.0mg · L^{-1} 上，培养培养 30d。

将诱导出的芽置于 NAA 1.0mg · L^{-1} + BA 1.0mg · L^{-1} + GA₃ 3.0mg · L^{-1} 的 MS 培养基上增殖、增壮，2 周后，每个芽的增殖系数达到 5～6 倍；同时，芽也得以复壮，平均芽高达到 3～4cm。

5. 根的诱导

切取 3～4cm 长的生长健壮的幼苗转至生根培养基 1/2 MS + IBA 1.0mg · L^{-1} +1.0 NAAmg · L^{-1} 上诱导生根，培养 3 周。

6. 移栽

用 5cm 厚的珍珠岩制作苗床，将生根苗洗净培养基后移入，在光强为 1 000lx、每天光照 14 h、温度为 22℃ 培养室内培养，湿度保持在 85% 以上，2 周即可成活，成活率 100%，根系发达，平均根长达 8～9cm。从诱导愈伤组织到组培苗在珍珠岩中过渡成活，整个过程大约需要13周。将苗移入营养土中（砾石：土＝1：1），在培养室培养3周左，移栽至植物园大田中，在自然条件下生长，3个月后成活率为93.3%。

十、土贝母

葫芦科土贝母〔*Bolbostemma paniculatum*（Maxim）Franquet〕鳞茎供药用，主治乳腺炎、疮疖痈肿、淋巴结核、骨结核；外敷可消肿止血。土贝母皂苷（tubeimoside）是从土贝母的鳞茎中提取分离的一类三萜皂苷，用于治疗各种皮肤疣，药理研究显示具有抗病毒作用。其中土贝母苷甲（tubeimoside Ⅰ）对神经胶质细胞瘤、胰腺癌、宫颈癌和尖锐湿疣均有疗效，是当今公认的较好的抗肿瘤和抗病毒活性成分之一。

（一）培养基

愈伤诱导培养基 MS ＋2，4－D 2.0mg·L^{-1} ＋NAA 0.5mg·L^{-1} ＋BA 1.0mg·L^{-1}；芽分化培养基 MS ＋BA 2.0mg·L^{-1} ＋IAA 1.0mg·L^{-1}；芽增殖培养基 MS ＋BA 2.0mg·L^{-1} ＋IAA 0.1mg·L^{-1}；生根培养基 1/2 MS ＋IBA 1.0mg·L^{-1}。诱导愈伤组织和不定芽，选用 pH 值为 6.0，琼脂 0.8%～1.0%；诱导生根选用 pH 值 5.8，琼脂 0.6%～0.7%。

（二）组培程序

1. 材料

茎段。

2. 材料消毒

取茎段，洗洁剂清洗干净，流水冲洗约 2h，0.1% HgCl$_2$，常规灭菌 10min，无菌水冲洗 4～5 次，无菌滤纸吸干。

3. 愈伤诱导

将茎段切成 0.5cm 长的小段，接种在愈伤诱导培养基 MS ＋2，4－D 2.0mg·L^{-1} ＋NAA 0.5mg·L^{-1} ＋BA 1.0mg·L^{-1} 上培养。培养基中加蔗糖 3%，琼脂 0.7%，pH 值为 5.8～6.0，培养室温度（25±2）℃，光照 14 h·d^{-1}，光照强度 2 000～3 000lx。产生两类愈伤组织：第一类为乳白色或黄色，疏松易碎，生长速度快；第二类为翠绿色或绿色，紧密坚实，生长速度缓慢。

4. 不定芽分化

将愈伤组织块切成约 1.0cm^2 见方的小块转接入芽分化培养基 MS ＋BA 2.0mg·L^{-1} ＋IAA 1.0mg·L^{-1} 中，第一类愈伤组织在培养过程中形态发生了一些新的变化。第一次继代培养过程中，原乳白色愈伤组织逐渐变绿，在绿色愈伤组织上又长出新的浅绿色较致密的愈伤组织团块。这种愈伤组织经进一步继代培养约 30d 后产生不定芽。

5. 生根

待丛生芽长到 2～3cm 时，切下粗壮芽条，转接到生根培养基 1/2 MS ＋IBA 1.0mg·L^{-1} 上培养 15d。试管苗接种 10d 后，可见基部稍有膨大，进而直接产生不定根。

6. 试管苗驯化与移栽

试管苗生根后，自然光下驯化 2d，打开器皿盖，炼苗 3～5d 后，用清水洗去根部培养基，并剔除异常苗，植于盛有蛭石的营养钵，集中放置在塑料大棚内。待小苗生长健壮后，定植于大田。

第六节 水果作物的组织培养

一、草莓组织培养

草莓（*Fragaria* spp.）为重要的浆果植物，栽培分布很广，其总产量在浆果类中仅次于葡萄，居世界第二位。草莓果实柔软多汁，含丰富的糖、酸、矿物质，维生素等。草莓可鲜食，也可加工成果酱，果酒等。其颜色鲜艳，是良好的配餐食品。草莓繁殖容易，结果早，收效快。尤其是近年的促成栽培，利用塑料大棚、日光温室，使草莓的成熟期大大缩短，从每年的 11 月到翌年的 6 月，都有新鲜草莓上市，填补了水果的淡季市场。

草莓属多年生草本植物，植株矮小，呈半平卧丛状生长，根系为须根系，在土壤中分布较浅。草莓的茎呈短缩状，分地上和地下部分，地上短缩茎节间极短，节密集，其上密集轮生叶片，叶腋部位着生腋芽。地下短缩茎为多年生，是贮存营养物质的器官，也可发育成不定根。匍匐茎是草莓的特殊地上茎，是其营养繁殖器官，茎细，节间长，一般坐果后期发生。叶属于基生三出复叶，呈螺旋状排列，在当年生新茎上总叶柄部与新茎连接部分，有两片托叶顶端膨大，圆锥形且肉质化。离生雄蕊 20～35 枚。雌蕊离生，呈螺旋状排列在花托上，数目从 60 到 600 不等。花序为二歧聚伞花序至多歧聚伞花序。果实为假果，主要是花托膨大肉质化形成，瘦果以聚合果形式生于花托上。果实成熟时果肉红色，粉红色或白色。

草莓根系在土壤温度达到 2℃时开始活动，在 10℃时开始形成新根，根系生长的最适温度为 15～20℃，秋季温度降低到 7～8℃时生长减弱。春季气温达 5℃时植株开始萌芽，茎叶开始生长。草莓是喜光植物，但又比较耐阴。光照充足，植物生长旺盛，叶片颜色深，花芽发育好，能获得较高的产量。相反光照不良，植株生长势弱，叶柄及花序柄细。叶片色浅，花朵小，果实小，着色不良。草莓的根系分布较浅，加上植株矮小，而叶片则较大，因此蒸发量大。在整个生长季节，叶片几乎都在不断地进行老叶死亡、新叶发生的过程，叶片更新频繁。这些特点，决定了草莓对水分要求较高。但在不同的生长发育时期，对水分的要求不同。开花期土壤的含水量应不低于最大田间持水量的 70%。果实膨大及成熟期土壤含水量应不低于 80%，而秋季 9—10 月，土壤持水量达 60% 即可，草莓不耐涝，要求土壤既有充足的水分供应，又要有良好的通气条件。草莓对土壤适应性强，在各种土壤上都能生长。但由于是浅根性作物，要求肥沃、疏松、透水、通气的中性、微酸性或微碱性土壤。

（一）茎尖组培

1. 茎尖消毒

将草莓植株在 40～41℃温度下处理 4～6 周，然后取微茎尖培养。取草莓生长健壮的母株或匍匐茎上的顶芽，用自来水流水冲洗 2～4h，然后剥去外层叶片，在无菌条件下，用 0.5% 次氯酸钠溶液表面消毒 5min，并不停地搅动促进药液的渗透。

2. 初代培养

在无菌条件和解剖显微镜下剥取茎尖分生组织，以带有 1 个叶原基的茎尖为好。0.2mm 的茎尖无病毒率可达到 100%，但接种后的成活率下降，并延长培养时间。茎尖分离后，迅速接入培养基 MS + BA 0.25mg · L⁻¹ + NAA 0.25mg · L⁻¹ 或 White + IAA 0.1mg · L⁻¹ 中。培养条件为 22~25℃，日照 16~18 h · d⁻¹，光强 3 000lx。经 2~3 个月的培养，可生长分化出芽丛，一般每簇芽丛含 20~30 个小芽为适。注意在低温和短日照下，茎尖有可能进入休眠，所以较高的温度和充足的光照时间必须保证。

3. 继代培养

把芽丛割成芽丛小块，转入 MS 培养基中，令其长大，以利分株，待苗长到 1~2cm 时，可将芽丛小块分成单株，再转入前述的分化培养基中，又会重复上述过程，达到扩大繁殖的目的。

4. 生根培养

在培养基中加入 NAA 1mg · L⁻¹ 或 IBA 1mg · L⁻¹，使发根整齐，由于草莓地下部分生长加快，发根力较强，也可将具有两片以上正常叶的新茎从试管中取出进行试管外生根。

5. 驯化

用镊子把草莓苗从试管瓶中取出，洗掉根系附带的琼脂培养基。事先备好 8cm × 8cm 或 6cm × 6cm 的塑料营养钵，内装等量的腐殖土和河沙。栽前压实，浇透水，用竹签在钵中央打一小孔，将试管苗插入其中，压实苗基部周围基质，栽后轻浇薄水，以利幼苗基部和基质密合。

6. 栽后管理

试管苗要培养在湿度较大的空间内，一般加设小拱棚保湿，并经常浇水，以增加棚内湿度，以见到塑料薄膜内表面分布均匀的小水珠为宜。经过 7~10d 后，当检查有一定的根系生出，可逐渐降低湿度和土壤含水量，进入正常幼苗的生长发育管理阶段。

（二）花药培养（Pollen Culture）

花药培养操作简单，因经愈伤组织途径，再分化得到的即为无病毒苗，所以可免去病毒鉴定工作。

1. 取材与培养

取花粉发育单核期的花蕾，置于洁净培养皿中，内放一层滤纸，滴蒸馏水数滴保湿。将处理放入 3~4℃ 冰箱中低温保存 3~4d。经预处理的花蕾先在 70% 酒精中浸泡半 min，取出放入新配制的饱和漂白粉上清液中消毒 10min，用无菌水冲洗 3 次。然后在超净工作台上剥取花药，立即接种。花粉发育时期可采用醋酸洋红压片鉴定，培养基为 MS + 2，4 − D 0.4mg · L⁻¹ + IAA 2.0mg · L⁻¹。去分化阶段培养条件为温度 24~26℃，光照 10h · d⁻¹，光强 1 500lx，20d 后可产生乳白色的愈伤组织。

2. 植株分化

将诱导出的花药愈伤组织转移至 1/2 MS 基本培养基中，添加 GA 0.5mg · L⁻¹，BA 0.5mg · L⁻¹ 和三十烷醇 4.0mg · L⁻¹。愈伤组织经培养后很快转绿，以后微带淡紫红色，15d 后在表面分化出半球形小突起，转为绿色。20 d 后分化出幼叶、幼茎，并有不少突起物，以后陆续分化出新梢。

（三）草莓无病毒苗的鉴定

草莓花药培养得到的为无病毒苗，而用生长点培养得到的植株，则必须经过病毒鉴定，确定其不带病毒，才可以大量繁殖，用于生产。

1. 草莓病毒的种类

草莓病毒主要有四种，为斑驳病毒，皱叶病毒，脉结病毒和轻型黄边病毒。斑驳病毒在 EMC 指示植物上表现不整齐的黄色小斑点；皱叶病毒在指示植物 UC－1 上产生不整齐的小斑点，以及不整齐的叶脉，叶柄暗褐色；脉结病毒在指示植物 EMC 上表现小叶向后反转成风车状，尖端卷曲，叶脉成带状褪绿；轻型黄边病毒在 EMC 指示植物产生红叶，数日即枯。

2. 草莓病毒的鉴定方法

因草莓的病毒在通过汁液接种时不感染，所以通常采用小叶嫁接法来进行鉴定。首先从被鉴定的草莓上采集长成不久的新叶，除去两边的小叶，中央的小叶带 1.0～1.5cm 的叶柄，把它削成楔形作接穗。而指示植物则除去中间的小叶，在叶柄的中央用刀切入 1.0～1.5cm，再插入接穗，用线把接合部位包扎好。为了防止干燥，在接合部位涂上少量的凡士林。为保证成活，在 2 周内，可罩上塑料袋，置于半见光的场所。约经两周时间，撤去塑料袋。若带有病毒，嫁接后 1～2 个月，在新展开的叶、匍匐茎或老叶上会出现病症。

（四）草莓无病毒苗的繁殖和利用

1. 防止蚜虫的危害

草莓无病毒苗的繁殖重要的是要防止无病毒苗的再度污染。由于草莓病毒主要是蚜虫传播的，所以要搞好防蚜虫工作。传播草莓病毒的主要有草莓茎蚜、桃蚜和棉蚜。其中分布最广泛的是草莓茎蚜，茎蚜的身体着生有钉状的毛，可以寄生在寄主的全株各个部位上。草莓病毒通过蚜虫吸吮汁液而得到传播，短时间即可完成。防治时可使用马拉硫磷乳剂，氧化乐果乳剂等接触杀虫剂，防治期在 5—6 月和 9—10 月，特别是 9—10月一次，可防止蚜虫的越冬。

为保证种苗的无病毒，在原种种苗生产阶段，应在隔离网室中进行。传播草莓病毒的蚜虫较小，可以通过大于 1.0mm 网眼，故应采用 0.4～0.5mm 大小的规格，其中以300 号防虫网为好。

2. 繁殖程序及提高繁殖率的措施

草莓无毒苗的繁殖程序可分五步，包括病毒鉴定生产出无毒苗、原种种苗培养、原种种苗繁殖、良种种苗繁殖，生产用苗繁殖和栽培苗繁殖，前四步在隔离室中进行，后一步露地进行。为提高无病毒母株的繁殖株数可采用赤霉素处理和摘蕾的方法。赤霉素处理用 5.0ppm 的浓度，每株 5.0mL，在 5 月上旬和 6 月上旬分两次进行。摘蕾可减轻母株的营养负担，促使匍匐茎的大量发生，田间地每一株可繁殖 150～200 株。

3. 生产管理工作

母株必须保证每株有大于 3.3 m² 的营养面积。再是注意匍匐茎排列位置，不要交错重叠，不利采苗，采苗也要适时进行。无论秋季或春季种植，繁殖床必须要进行土壤消毒，小面积可用蒸气剂料混合消毒，可防治草莓萎缩病、根腐病、萎凋病等的发生。隔离繁殖圃通常施缓效性肥料，为促使匍匐茎发生，要经常灌水。

二、苹果的组织培养

苹果（*Malus pumila*）属落叶乔木，树木高大，生长势强，枝条多直立生长，果实圆形、长圆形，有色，绿色或红色等。

年平均温度在 7 ~ 14℃ 的地区均可栽培，春季 8℃ 左右开始生长，平均气温 18 ~ 24℃ 较为适合，夏季温度大于 35℃，树叶和果实就地出现灼烧，当年降水量 600 ~ 800mm 而且布较均匀时或大部分在生长季中，即可基本满足苹果生长的需要。苹果是喜光植物，需全日照在 2 200 ~ 2 800h，才能满足其对生长的需要。苹果需要土层深厚透气性好，保肥力较强，富含有机质，排水良好的沙壤土和砾质壤土。此外苹果喜微酸性到中性土壤，pH 值在 4.0 以下生长不良，pH 值在 7.8 以上则易发生失绿等缺素症状。

（一）苹果的花粉培养

1. 花粉的选取

小孢子单核期的花芽外部形态特征：花芽已充分开放，有 4 ~ 5 片叶完全展开，中心花蕾吐红，周围花蕾明显增大，但花序尚未分离。把花蕾插入水中，放在 1 ~ 3℃ 的冰箱上预处理。

2. 材料消毒

摘取花蕾，在 70% 的酒精浸约半分钟，再在 10% 漂白粉上清液中浸 15 ~ 20min，无菌水冲洗 3 ~ 5 次。

3. 胚状体的诱导

从花蕾中取出花药，接种到 MS + 0.4mg · L^{-1} 2，4 − D + 0.2mg · L^{-1} KIN + 4.0mg · L^{-1} IAA + 3% ~ 8% 蔗糖的固体培养基上培养，每瓶 30 ~ 50 个花药。在 25 ~ 30℃ 下培养 70d 后，由变褐的花药裂口处开始产生胚状体。

4. 无根苗的诱导

把产生胚状体的花药接种到 MS + 0.5mg · L^{-1} IBA + 0.1mg · L^{-1} GA_3 + 1.0mg · L^{-1} BA + 3% ~ 5% 蔗糖的固体培养基上培养，在 25 ~ 30℃ 和光照 10 h 下，经 40 ~ 100d，胚状体可形成次生胚状体或丛生芽，进而发育成无根苗。

5. 根系的诱导

切取无根苗，转接到 1/2MS + 1.5mg · L^{-1} IAA + 15% ~ 20% 蔗糖的固体培养基上培养。经 15 ~ 20d，小苗茎基部长出根，形成完整植株。也可用 50 ~ 100mg · L^{-1} IBA 溶液浸泡苗基部 15 ~ 30min，再插入无生长素的培养基上，也能较顺利地诱导生根。

6. 花粉植株的移栽

在春、秋季盆栽，保持 15 ~ 20℃ 和高空气湿度，一般可使成活率达到 40% 以上。对有些不易生根和提早开花的植株，可用嫁接法进行繁殖。

（二）茎尖培养

1. 材料的准备

从健壮母株上，选取带芽或茎尖的茎段，先用70%～75%的酒精浸30～60 s，再用10%的次氯酸钠溶液浸泡10～15min，或用0.1%升汞液浸5～7min，最后用无菌水洗3～5次。为了培养无病毒苗，取的茎尖材料应小，一般为0.1～0.2mm，为了加速无病毒材料的繁殖，或切取较大的茎尖，大小为0.3～0.5mm，甚至带芽的较大茎段，如1～3mm茎尖的大小同培养的难易有关，大的分化率高，分化速度快。所以除了有特殊的目的，宁肯用较大的茎尖。

2. 芽的诱导

把茎尖接种在 MS 或 LS + 2.0mg·L^{-1} BA + 300～500mg·L^{-1} CH 或 LH + 3% 蔗糖的培养基上，诱导芽的分化。在25～30℃和光照下，先培养7～10d，见茎尖膨大转绿，再培养在黑暗中，可加快分化和绿化苗的生长。一般在暗培养中增殖2～3代。随后要转入光照下，以使苗生长健壮。光强以1 500～2 000lx为宜。

3. 芽的增值

把伸长的芽接种到 MS + 0.5mg·L^{-1} BA + 300mg·L^{-1} CH 或改良的 MS + 4.4mg·L^{-1} BA + 0.5mg·L^{-1} GA$_3$ 的培养基上，这时苗会长大并产生丛生苗。每4～8周可分别繁殖一次，每个月可增殖5～10倍。

4. 试管苗生根

切取2cm以上的带顶芽的苗切段，插入1/2MS或其他低盐培养基（如 White 和 Nitsh）中，附加1.0mg·L^{-1} IAA、0.2mg·L^{-1} BA 和3.0mg·L^{-1} GA$_3$，可有效地促进生根。对生根困难的苹果砧木 M9 的试管苗生根，以先接种在含有2.0mg·L^{-1} IBA、162mg·L^{-1} 根皮酚的 LS 培养基上，培养4～7d后，转入无激素的 LS 培养基，生根快而频率高。

5. 移栽

生根苗移出进行沙培2～3周，最后在土壤中培养，其成活率可达26.7%～56.9%。苹果的试管苗也可以不进行生根，而直接嫁接到苹果矮化砧木上，既可保持树体有良好的矮化特性，又可通过采用无病毒繁殖材料妥善地解决无病毒繁殖问题。

（三）胚培养

幼胚培养一般在授粉后30～50d内取幼果，因这时种子内的胚已开始发育，较易培养成功。成熟胚培养取自处于成熟期果实的种子。胚培养的材料只需进行表面消毒，一般用70%酒精擦拭即可。

1. 胚的生长

切开果实，取出种子，剥出幼胚或成熟胚，接种在0.25mg·L^{-1} BA + 0.5mg·L^{-1} IAA 的1/2MS 培养基上，可使胚得到良好发育。培养条件为25～30℃、1 500～2 000lx、光照14 h。

2. 胚分化苗的增殖

把苗切段移植到加有0.5～1.0mg·L^{-1} BA 和300mg·L^{-1} CH 的1/2MS 培养基上，

在光下培养，可使绿苗得到增殖和生长。

3. 苗的生根或嫁接和移栽方法，同茎尖培养

三、葡萄组织培养

葡萄（*Vitis vinifera* L. ）属落叶木质藤本植物，葡萄地上部分的茎细长柔弱，髓部较大，组织较疏松。节上具有卷须，使新梢可以缠绕其他树木或支架上向上攀援。叶近圆形或卵形，3～5裂，基部心形。圆锥花序。葡萄是深根性作物，其根系在土壤中的分布状况，随气候、土壤型、地下水位、栽培管理方法的不同而发生变化。但在大多数情况下，根系垂直分布最密集的范围，是在20～80cm的深度内，但在不同的栽培管理条件下，根系的分布也将随着发生变化。

葡萄的根富于肉质，髓射线发达，能贮藏大量的有机营养物质，如糖、蛋白质和单宁等。葡萄的枝蔓上很容易产生不定根，故在生产上多采用扦插法繁殖。在大气潮湿的情况下，枝蔓上往往长出气生根。

葡萄原产于温带地区，不太抗寒。葡萄的根系抗寒力很弱，大部分欧洲种葡萄的根系在 −5～7℃时即受冻，某些美洲种能忍受 −11～12℃的低温。

葡萄在全世界的果品生产中，产量及栽培面积一直居于首位。其果实除作为鲜果食用外，主要用于酿酒，还可制成葡萄汁、葡萄干和罐头等加工品。葡萄不仅味美可口，而且营养价值较高。成熟的浆果中含有15%～25%的葡萄糖和果糖以及多种对人体有益的矿物质和维生素。

（一）茎尖组培

1. 茎尖分离

从田间生长旺盛的葡萄新梢顶端取1～2cm的茎尖。除去幼叶后在5%次氯酸钠溶液中浸泡2～3min，消毒灭菌，以后用无菌水冲洗3次，再在0.1%升汞溶液中浸泡约2min，以后用无菌水冲洗4次。在无菌条件下分离出约2mm长的茎尖，接种到培养基上。

2. 茎尖分化

葡萄茎尖分化培养基以MS培养基（无机盐减半为好），再添加BA 2.0mg·L^{-1}，NAA 0.01mg·L^{-1}，LH 100mg·L^{-1}，蔗糖2%和琼脂0.6%。

接种成活的茎尖1个月左右开始分化幼叶和侧芽，2个月左右，由于侧芽的不断增生，形成芽丛。但是，由于不同品种对BA和NAA的反应不同，故生长有明显区别，巨峰、大粒白香蕉、赤霞珠等品种，由于顶端优势强，侧芽生长势弱，故增殖率低，但成苗率高；白羽、白雅、白谢希、贵人香等大多数品种侧芽分生能力强，可在幼茎上多次分枝，故成苗率低；个别品种由于幼茎短缩膨大呈球形，很难成苗。

3. 壮苗

在茎尖分化培养中产生的成苗率低和成苗困难，密集生长的芽丛，可将分化培养基中的BA浓度减低至0.5，同时添加GA$_3$ 0.2，则经1个月的培养，就可长成2～3cm高的幼茎。此外黑暗处理对幼茎的伸成，提高成苗率，也有明显的效果。

4. 生根与移栽

切取 2～3cm 长的茎尖苗，接种到 MS + IAA 0.4mg·L⁻¹ + NAA 0.05mg·L⁻¹培养基中，进行生根培养，其中添加和琼脂0.4%，1～2 周后幼苗开始生根，一个月形成完整的根系，同时具备5～6 片新叶，生根率一般在90%以上。

移栽时洗去根上的培养基，栽到蛭石内，使根系具良好的通气条件，种后盖上塑料薄膜，经 7～10d 锻炼适应后可去掉，移栽成活率也达 90%左右。提高葡萄试管苗移栽成活率要注意：① 幼苗生长要健壮；② 要保持空气湿度；③ 根际通气要良好；④ 要尽量减少杂菌污染；⑤ 浇灌的溶液浓度不能过高。

5. 葡萄无病毒苗的培养

（1）培育意义。葡萄受到 26 种病毒的危害。由于病毒的危害，葡萄的长势减弱，产量降低，果实的糖分含量减少，风味变劣。葡萄卷叶病是危害最大的病毒病，在不同品种上表现不同，但多数叶片变红，自基部起向内卷，似革质增厚，粗糙易脆；有的叶脉绿色，叶肉黄色；有的品种则表现矮化。此病可减产 10%～50%，造成果实糖分含量降低，成熟期推迟两周，紫葡萄果色会变绿。

现在已广泛应用茎尖组织培养和热处理结合的方法来培育园艺植物无病毒苗。而葡萄的茎尖培养脱毒利用还不十分普遍，这是因为葡萄也可通过简易的热处理法来得到无病毒植株。但茎尖脱毒的方法也兼有短期大量快速繁殖的作用，所以应用上具有很大的意义。

（2）热处理脱毒。热处理可以有不同的方法：

① 葡萄无性系处理材料置于38℃，CO_2 1 200mg·kg⁻¹的人工气候箱内。经 30min 处理，较易从枝条尖端或休眠芽中除去扇叶病毒。卷叶病毒则处理 3 个月或更长时间也难以除去。黄点病毒处理 11 个月也无效。

② 将感染材料的休眠芽插入健康指示植物的蔓中，然后在 38℃的环境中保持两个月，以后取出枝条和接种芽继续生长。

③ 直接将葡萄蔓浸泡在 50℃的温水中 10～20min，可以治疗皮尔斯病，但不能治疗黄点病及卷叶病。

（3）脱毒技术。茎尖组织培养脱毒要经过 7 个时期：A 为茎尖接种后的变绿增大期；B 为形成畸形叶期；C 为形成许多芽和芽的伸长期；D 为许多芽展开小叶和小叶伸长期；E 为诱导发根期；F 为地上部和地下部的伸长期；G 为上盆期。

A 期：从被病毒感染的植株上取材，在 5℃下冷藏保存。以后在 25℃，相对湿度 80%，16 h 的长日照条件下水培。再从长出的新芽经消毒后切取茎尖进行培养，大小为 0.2～0.3mm（带一个叶原基）。以 MS 培养基作基本培养基，不能添加 GA_3，否则培养的茎尖大部分黄化，生成膨软的组织，一转移就完全损失。试验结果以 1/2MS，添加 NAA 0.1mg·L⁻¹，BA 1.0mg·L⁻¹，KT 0.5mg·L⁻¹，腺嘌呤 4.0mg·L⁻¹，蔗糖 30g·L⁻¹，琼脂 6.0，pH 值以 5.8 为好。培养的茎尖的率最低，仅 13.3%，1.0mm 以上能生长的个体也最多，达 88.6%。

B 期到 D 期：处于变绿、增大期的茎尖如继续在上述培养基进行继代培养。不仅不生长，最后还会枯死。据研究，只要将原来培养基中的 NAA 0.1mg·L⁻¹，改换为 IAA

0.2mg·L^{-1}，即采用1/2MS，添加IAA 0.2mg·L^{-1}，BA 1.0mg·L^{-1}，KT 0.5mg·L^{-1}，腺嘌呤4.0mg·L^{-1}，蔗糖30 g·L^{-1}的培养基。则有34.1%的茎尖可生长到达畸形叶期（B期）。在上述培养基对从B期到较多芽的形成及伸长期（C期），同样是适合的，有76.7%的茎尖可生长到C期。从C期到茎叶伸长期（D期）则应将上述培养基中的BA和蔗糖浓度各降低一半，即采用1/2MS，添加IAA 0.2mg·L^{-1}，BA 0.5mg·L^{-1}，KT 0.5mg·L^{-1}，腺嘌呤4.0mg·L^{-1}，蔗糖15 g·L^{-1}的培养基。有94.4%茎尖的茎叶皆能很好生长。

D期和F期：为诱导生根，将2.0cm左右的芽切下，转入Galzy（1964）培养基，添加NAA0.1mg·L^{-1}，经60 d的生长，发根率可达89.8%，而地上部也进行生长的只占10.2%。为促进地上部也同时进行生长，在诱根培养20d，根长0.5cm左右时转入无激素的Galzy（1964）培养基，则有73.7%的植株地上和地下都可以同时生长，经1个月培养，地上都可达4～5cm，叶数可达5片左右。

F期到G期：从培养瓶中取出苗时要注意绝对不要伤根，将琼脂冲洗掉，以后种在以蛭石为基质，直径6cm的塑料盒中。栽培在温度15～25℃，光照强度3 000lx，光照时间为一天16h，相对湿度80%的锻炼室中进行。培育约20d，地上部开始伸长，发绿，则可移至通常的温室中进行隔离栽培。

无病毒苗的大量繁殖：处于D期的材料，茎叶常集中在一起，成为丛状，可以一个个进行分离，再接种到1/2MS，添加IAA0.2mg·L^{-1}，BA 1.0mg·L^{-1}，KT 0.6mg·L^{-1}，腺嘌呤4.0mg·L^{-1}，蔗糖15 g·L^{-1}的培养基，即形成大量新芽，以后转入上述培养基中只BA减为0.5mg·L^{-1}的培养基，即可使小叶展开、伸长，得到植株。这样反复继代培养，可繁殖得到大量的无病毒苗。

（4）葡萄无病毒苗的鉴定和生产。从组织培养得到的葡萄无病毒苗，要经过指示植物法等鉴定途径，确认无病毒存在，才可以繁殖生产，推广应用。葡萄卷叶病毒尚无草本寄主。常用芽接指示植物，品种有Baco、Mission和Ln－33，其中以Ln－33反应较灵敏，有的每株嫁接后当年秋天发病，而Mission需经4年才表现症状。Ln－33易繁殖，易嫁接，抗霜霉病，无自然感染的黄点病，嫁接后只表现温和症状，是现有的最好指示植物。葡萄黄点病指示植物有Ln－33、Baco－22A、Esparte和Mission，其中Esparte是最好的指示植物，春天嫁接，翌年秋天即出现症状。经过鉴定确实无病毒，则应建立葡萄种苗库，由生产单位、技术部门分工协作，进行系统的选育、检验和生产。

（二）花粉培养

Gresshoff等（1974）进行了欧亚种葡萄（*Vitis vinifera*）的花药培养，得到了单倍体愈伤组织。Hirabayashi等（1976）则研究了不同培养基和不同培养条件对花粉愈伤组织新梢分化的影响，发现在0～30℃的自然温度，在Nutsch培养基培养，则有新梢和根的分化。邹昌杰等（1981）研究了9个葡萄品种的花粉培养工作，从其中一个品种分化得到了植株。

1. 花粉分离及消毒

取花粉单核靠边期的花药，该期的外部标志为花穗上密集的小花刚开始分离，而花穗上退化叶叶尖未变褐时进行接种。自田间取来的花穗先用自来水冲洗，以后在70%

酒精中浸15s，再在饱和漂白粉澄清液中消毒7min，无菌水冲洗3次。

2. 愈伤诱导

将消毒的花粉接种到诱导培养基 B_5 + BA 2.0mg·L^{-1} + 2，4 – D 0.5mg·L^{-1} + 蔗糖3% + 琼脂0.6%上。暗培养，控温（26±1）℃。花药接种后3d陆续变褐色（加活性炭的不变），接后12d可见花药裂口处长出愈伤组织，20～30d为生长旺期。产生的愈伤组织可按其颜色和质地分三类：甲类白色，质地紧密而脆，球形，表面有颗粒状突起；乙类白色，疏松，球形不规则，有些品种呈红色；丙类淡黄色，松软，生长迅速，易老化。BA和KT对不同的品种的愈伤诱导效果不同，总的以BA的效果为好，大多品种诱导频率皆较高，特别是甲类愈伤组织的诱导率皆显著优于KT。同时，培养基中添加椰乳对提高愈伤组织的诱导率有明显的作用，皆可提高1倍左右。8%与12%相比以8%为优，所以添加量太大也无益。

3. 芽分化

将愈伤转接到分化培养基 B_5 + BA 4.0mg·L^{-1} + NAA 0.2mg·L^{-1} + 蔗糖2% + 琼脂0.6%上进行分化，愈伤组织开始分化时，先在表面产生半透明的胶状物，即分化大量的胚状体，又分化少数肉质芽。为使愈伤组织分化，只加入低剂量的细胞分裂素，无需生长素。但在加有高剂量的细胞分裂素和低剂量生长素的培养基上也能分化。

4. 试管苗生根

胚状体长至3～5mm时，转入成苗培养基生根培养基 MS（大量减半）＋添加 BA 0.1mg·L^{-1} + NAA（或1AA）0.01mg·L^{-1} + 蔗糖1%～2% + 琼脂0.4%上，连续光照数昼夜变绿，逐渐长成植株。肉质芽包埋在愈伤组织内，如早期剥离培养，也能长成完整植株。

四、无花果的组织培养

无花果（*Ficus carica*）为桑科、无花果属的落叶小乔木，是一种亚热带果树，叶掌状3～5裂，大而粗糙，背面被柔毛。花单性，隐于囊状总花托内，果实由总和其他花器组成，呈扁圆状或卵形，成熟后顶端开裂，肉质柔软，味甜。具有观赏和药用兼备的价值。

用无性繁殖法繁殖的无花果，通常于栽植后2～3年开始结果。6～7年进入盛果期。以后树冠不断扩大，产量逐渐增长，经济年限可连续40～70年。而在适宜的条件下其寿命可达百年以上。无花果的生长势力很强。幼树的新梢或徒长枝年生长量可达2m以上。无花果亦有多次生长的习性，因而形成树冠较快，进入结果期也较早。无花果的萌芽力和发枝力比其他原产亚热带和温带南部的落叶果树（如柿、石榴等）为弱，因此，它形成比较稀疏的树冠。外观上骨干枝非常明显。无花果的潜伏芽较多，寿命可达数十年，又极易在骨干枝上，（尤其叶痕维管束）形成大量不定芽，因而其枝条恢复力极强，树冠容易更新。无花果不耐寒，冬季温度达 –12℃时新梢顶端就开始受冻；在 –22～–20℃时，则根颈以上的整个地上都将受冻死亡。无花果能耐较高的温度而不致受害。一般来说，适宜于比较温暖的气候。以年平均温度15℃，夏季平均最高温为20℃，冬季平均最低温度为8℃，5℃以上的生物学积温达4 800℃的地区，对无花果的生长与结果最为有利。

1. 材料

茎段。

2. 材料的准备

将采来的健壮嫩茎仔细削去较大叶片，留下带腋芽的茎段，切成 3～4cm 长的小段，用流水冲洗 3 h，以清除表面污染物。然后放入 75% 酒精中浸几秒钟。再用 0.1% 氯化汞消毒 7～10 h，最后用无菌水冲洗 4～5 次，在无菌条件下将茎段横切成长约 1.0cm。

3. 愈伤诱导

将备好的茎段按原生长的方向接种到 MS + BA 0.5～1.0mg·L^{-1} 长芽培养基中，每管一节。8d 后外植体接触培养基的一端切口周围长出嫩绿色、质地紧密的愈伤组织，同时腋芽开始展开，愈伤组织和腋芽的诱导率均为 100%。

4. 芽分化

待外植体愈伤组织膨大增生时，取出在无菌条件下纵切成小块，将其中带有展开的芽和部分愈伤组织的小块外植体植入丛生芽增殖培养基 MS + BA 1.0～2.0mg·L^{-1} + NAA 0.1～0.2mg·L^{-1}。随后愈伤组织继续扩大，腋芽萌生成绿色簇生状，每个腋芽上可生出 15～28 个芽丛，逐渐长成苗丛。

5. 试管苗生根和移栽

当一部分芽长高至 2～3cm 时，切取单苗转移到生根培养基 MS + NAA 0.2mg·L^{-1} 上，11d 左右开始生根，20d 左右长成具有根系的完整植株，这时可取出移栽，成活率达 98%。培养温度 23～31℃，12～14 h·d^{-1}，光照度 1 700～2 400lx。若要继代培养，只需将小苗剪下，用茎尖或带腋芽的茎段接种到丛生芽增殖培养基上，即可得到以上同样结果。

第七节　突变体筛选

一、番茄耐盐体细胞变异体的离体筛选（张建华等，2002）

土壤盐渍化严重影响农业生产和生态环境，研究证明培育耐盐品种是解决问题的关键（赵可夫等，1999）。番茄属严格的自花授粉植物，长期的人工驯化使其遗传背景逐渐变窄，一些耐逆境的基因资源很难在栽培种中找到。目前在番茄的栽培种中尚未寻找到耐盐的栽培材料，故难以通过常规途径选育出耐盐的品种。自从 Larkin 和 Scowcroft（1981）系统地评述了在组织培养物的再生植株中广泛存在着无性系变异以来，这一现象已引起许多研究者的兴趣。实践证明，无性系变异的研究可为育种开辟一条新途径，特别是当我们想进一步改良某个优良品种而又不希望用杂交的方法大范围内改变原品种的基本特性时，无性系变异有着不可替代的优越性。根据对番茄离体培养过程中的细胞组织学观察与研究，番茄愈伤组织的细胞分裂基本为无丝分裂，不定芽再生过程中存在着广泛的变异（陈火英等，2000）。

1. 材料

"鲜丰"下胚轴产生的愈伤。

2. 耐盐筛选

培育无菌苗。苗龄为 12d 时，取下胚轴作外植体，接种于 MS + BA 2.0mg·L⁻¹ + IAA 0.2mg·L⁻¹ + 30 g·L⁻¹蔗糖 + 6.5～7.0mg·L⁻¹琼脂培养基上，约 15d 后出愈率可达 100%。每 15d 继代 1 次，继代 2 次的愈伤组织培养物接种于附加 300mmol·L⁻¹ NaCl 的培养基。约 20d 后，大部分的培养物在 NaCl 的胁迫下逐渐褐化死亡，个别褐化的培养物会存有小绿点。将呈绿色的愈伤组织转至不含 NaCl 的 MS + ZT 1.0mg·L⁻¹ + IAA 0.2mg·L⁻¹培养基上分化成苗。

3. 体细胞无性系的耐盐性鉴定

（1）愈伤组织水平鉴定。将通过直接高盐胁迫方法得到的耐盐愈伤组织接种于盐胁迫培养基（V 02 表示），一部分接种于不含盐的培养基（以 V 12）。继代 7～8 代后接种到附加 300mmol·L⁻¹ NaCl 浓度的培养基培养，培养 30d 时测定愈伤组织鲜重和干重，并以原始型（未胁迫筛选过的愈伤组织，以 V₀ 表示）为对照计算相对鲜重和干重。

（2）耐盐再生株的盆栽盐胁迫鉴定。选一定大小生根的幼苗进行盆栽基质栽培，定植存活后，进行浇盐（150mmol·L⁻¹ NaCl）处理，每周 1 次，一直进行到原始株（以未经过盐胁迫筛选的再生植株）开花，记载死亡株。

二、利用粗毒素离体筛选苏丹草抗叶斑病体细胞突变体（钟小仙等，2006）

苏丹草（*Sorghum sudanense*）为禾本科高粱属一年生牧草，可青饲、青贮或调制干草，为各类草食畜禽及草食性鱼类所喜食，是我国长江中下游地区最主要的夏季牧草（陈学智等，2005）。叶斑病是苏丹草种植区普遍发生的病害。我国长江中下游地区由于气候高温高湿，特别是在 7～9 月养殖业需草高峰期，叶斑病发生严重，致使供青期缩短、饲草品质和产草量下降（钟小仙等，2001）。苏丹草叶斑病目前尚无特效药物防治，即使施用农药，也会因食物链的富集作用，对人畜和环境不利，因而筛选叶斑病抗源，选育高抗叶斑病的品种具有十分重要的意义。目前世界各国苏丹草抗病育种工作整体水平较低，国外已公开发布的苏丹草抗叶斑病品种仅几个（Katsuba 等，1998），主要是通过栽培高粱与苏丹草杂交育成。本项目组曾从日本引进抗叶斑病苏丹草品种，在本地试种后抗性丧失较快，可能是因为病原菌不同。近年来我国从国外引进的苏丹草或杂交苏丹草，无真正抗叶斑病的品种。国内研究表明，苏丹草叶斑病的主要致病菌为真菌，已发现有 20 多种病原菌。经调查，江苏地区目前主要致病菌有弯孢菌、长孺孢菌和链格孢菌，这 3 种病原菌均能产生毒素（钟小仙等，2004）。目前，自然界中未发现高抗叶斑病苏丹草的近缘种。国内外学者利用细胞工程育种方法在水稻、小麦等作物上，用病原菌产生的毒素进行抗病突变体的筛选已获得成功（敖世恩，2006）。本试验利用链格孢菌病原菌粗毒素进行苏丹草体细胞突变体筛选，获得了高抗叶斑病植株。

1. 病原菌的分离与纯化

分 4 次从田间采回自然发病的苏丹草病叶，用清水冲洗干净，采用常规组织块分离法分离：在超净台上切取病健交界处 0.5cm ×0.5cm 的植物组织，75% 酒精消毒 30 s，置于燕麦片液体培养基上，于 25℃ 培养箱中恒温恒湿培养。待病斑组织表面长出菌丝后，挑取一部分菌丝，移到燕麦片固体培养基上，25℃ 恒温恒湿培养，用单孢法分离纯化，电子显微镜下观察菌丝及孢子形态。对从自然发病的苏丹草病叶中分离、纯化获得的病原菌观察发现：分生孢子梗淡褐色，以单枝为主并具有松散的不规则分枝。产孢细胞孔出式产孢，合轴式延伸。分生孢子单生或成短链，淡褐色至深褐色，倒棍棒形至长椭圆形，淡金黄褐色至榄褐色，具长喙，表面光滑。

2. 产毒培养方法

从病叶中分离获得链格孢菌接种于 PDA 培养基上培养 7d（25℃，光照时间 12 h · d^{-1}），然后用接种环取一定量的菌丝块，接种到马铃薯液体培养基，在 PYB 普通摇床上振荡培养 5 ~ 7d（25℃，光照时间 12h · d^{-1}，110 r · min^{-1}），至菌丝开始变黑停止培养。

3. 粗毒素的制备

将 112 菌液先用定性滤纸过滤，再用等体积乙酸乙酯萃取 3 次，然后用蒸馏法去除乙酸乙酯得粗毒素，用磷酸氢二钠—磷酸二氢钠缓冲液（0.2 mol · L^{-1}，pH 值为 7）溶解，抽滤得无菌粗毒素。

4. 粗毒素致病性测定

苏丹草、拟高粱和苏丹草与拟高粱远缘杂交后代种子无菌消毒后，在 1/2 MS 培养基中生长 7d，取无菌苗植株叶片，以离体叶片针刺法接种粗毒素溶液，在消过毒的铺有滤纸的培养皿中培养，48 h 后开始出现病斑，72 h 出现典型症状，不同材料抗病性表现明显的差异。粗毒素对苏丹草具有明显的致病力，拟高粱对粗毒素的抗性强，无明显病斑，苏丹草与拟高粱的杂交后代也出现病斑，但病斑明显少于苏丹草。

5. 培养基

PDA 培养基：1L 蒸馏水中含马铃薯 200g，蔗糖 20g，琼脂 20g；马铃薯液体培养基：1L 蒸馏水中含马铃薯 200g，蔗糖 20g，KH_2PO_4 1.0 g；组织培养基：以 MS 为基本培养基，添加不同配比的激素组合，并附加 3% 蔗糖和 0.8% 琼脂，诱导培养基添加 3.0mg · L^{-1} 2,4 - D + 0.2mg · L^{-1} KT，继代培养基中仍添加 3.0mg · L^{-1} 2,4 - D + 0.2mg · L^{-1} KT，分化培养基中添加 2.0mg · L^{-1} 6 - BA + 0.01mg · L^{-1} NAA。

6. 苏丹草抗叶斑病体细胞突变体筛选

选择外表干燥、白色的颗粒状愈伤组织转入添加 30mg · L^{-1} 粗毒素的继代培养基中，7d 后部分愈伤组织开始变褐恶化，培养 14d 后颗粒状愈伤组织的褐化率为 80%；21d 后未恶化的颗粒状愈伤组织转入分化培养基中，绿苗分化率分别为 18%，且粗毒素筛选的苏丹草体细胞突变体再生植株大多生长正常，部分植株畸形。

7. 体细胞突变体再生植株的抗性鉴定

利用 10mg · L^{-1} 粗毒素作为筛选剂共获得的苏丹草体细胞突变体植株，抗病性为 5 级的为 11.1%，6 级的为 33.3%，7 级的为 33.3%，8 级的为 22.2%。

0 级：全株叶片无病斑；1 级：病斑占叶片总面积 ≤1%；2 级：病斑占叶片总面积 1% ~5%；3 级：病斑占叶片总面积 5% ~10%；4 级：病斑占叶片总面积 10% ~

20%；5 级：病斑占叶片总面积 20% ~30%；6 级：病斑占叶片总面积 30% ~50%；7 级：病斑占叶片总面积 50% ~70%；8 级：病斑占叶片总面积 70% ~100%。

三、玉米抗除草剂体细胞变异体的筛选及植株再生

除草剂绿磺隆（有效成分为 Chlorsulfuron）是一种高效、广谱性的磺酰脲类除草剂，它在植物细胞中的作用位点是乙酰乳酸合成酶（acetolactate synthase，ALS），该酶是分枝氨基酸合成代谢中的关键酶（Chalef R 等，1984）。该类除草剂对人畜无害，不污染环境（Levitt 等，1981），是麦田应用的最佳除草剂品种。但在不同的自然条件下（尤其是 pH 值和降水量），其安全性差异很大，对后茬敏感作物的药害时有发生。小麦、水稻对其抗性较大，而玉米却属高敏感作物。我国目前限制在长江流域麦—稻轮作区使用，其他地区尚在试验中，而北方大都是小麦—玉米轮作，因此，抗 Chlorsulfuron 玉米培育成功，将扩大这种高效除草剂的使用地区，在农业生产上将节省大量的人力、物力。我们利用细胞工程方法，以除草剂绿磺隆为选择压力，筛选出抗除草剂的玉米愈伤组织并再生植株，从其后代中选育出了抗除草剂的玉米新材料。

1. 材料

供试玉米自交系为齐 319 和 N10 - 6，除草剂绿磺隆为 25% 可湿性粉剂。

2. 玉米胚性愈伤组织的诱导和培养

愈伤的类型：I 型愈伤组织致密，泛白色，胚性差；II 型愈伤组织松脆，淡黄色，胚性最好；III 型愈伤组织灰棕色，舒松，表面湿润，生长慢，无胚性。挑取长势较好的 II 型愈伤组织，在继代培养基上继代培养，14d 左右继代一次。培养温度为（25 ± 3）℃，光照 10 ~12 h·d^{-1}，光照强度 800 ~1 000lx。授粉后 9 ~10d 的幼胚，在诱导培养基上培养 3d，其盾片明显凸起，1 周后，由凸起形成 I 型或 II 型愈伤组织。在一些幼胚的胚根区，可产生迅速生长的非胚性愈伤组织。幼胚大小是影响胚性愈伤组织诱导率的重要因素。1 ~2mm 的幼胚易诱导出胚性愈伤组织，而大于 2mm 的幼胚则容易萌发。用镊子把已培养 7 ~8d 的幼胚夹碎，可明显提高胚性愈伤组织的诱导率。愈伤组织在继代后 2 ~3d 内，其生长十分缓慢，4 d 后愈伤组织开始明显膨大，周缘长出米粒状的新愈伤组织，这一时期可持续到 9 ~12d。然后，愈伤组织生长开始减慢，在温度较高的条件下，有些愈伤组织萌发，长出绿色的嫩芽和胚根，若不及时继代，愈伤组织会逐渐失去胚性。9 ~12 d 的愈伤组织夹碎后转移到新培养基中继代培养，能长期保持愈伤组织的胚性。

3. 抗除草剂愈伤组织的筛选及植株再生

将胚性愈伤组织转移到加有 10mg·L^{-1}绿磺隆的培养基上培养，20d 后愈伤组织的生长速率明显下降，愈伤组织块周围出现黏液，最终存活率为 51.5%，将存活的愈伤组织进行第二、三代筛选。抗性愈伤组织在含除草剂的分化培养基上再生植株。小苗在生根培养基上根系变发达。然后进行再生植株的移栽、定植与田间管理。

4. 再生植株后代的除草剂抗性鉴定

植株后代的除草剂抗性喷施浓度为 20mg·L^{-1}的绿磺隆溶液，对再生植株后代的生长不产生影响，而对照植株的叶片 2 周后开始变黄并逐渐枯萎，最终全部死亡。

四、甘薯耐旱突变体的离体筛选与鉴定

无性繁殖作物甘薯是重要的粮食、饲料和工业原料作物，辐射育种一直是甘薯品种改良的重要途径之一。辐射诱变对改良甘薯抗逆性、抗病性、品质及改善株型结构等具有明显的效果。但是，长期以来甘薯辐射诱变处理一直局限于个体或器官水平，经常发生辐射后代嵌合体现象，突变频率低，育种效率低。细胞水平的辐射诱变可有效地解决这一问题。近几年，甘薯细胞悬浮培养及有效植株再生取得了突破性进展，刘庆昌等（1996）和 Liu 等（2001）建立了有效的甘薯胚性细胞悬浮培养系，实现了高频率的体细胞胚胎发生和植株再生，为甘薯细胞水平辐射诱变奠定了基础。刘庆昌等（1998）用 γ 射线照射甘薯胚性悬浮细胞，获得了薯皮色、高干率等同质突变体。李爱贤等（2002）对甘薯耐旱、耐盐突变体的离体筛选进行了探讨。到目前为止，国内外尚无有关用离体筛选方法获得甘薯耐旱突变体的报道。笔者以 ^{60}Co - γ 射线辐照后的栗子香胚性悬浮细胞为材料，用 PEG - 6000 作为耐旱性选择剂，对适宜的选择压和离体筛选方法进行了系统研究，对获得的突变体进行了田间耐旱性鉴定，筛选到耐旱性较好的突变体。

1. 植物材料

以甘薯品种栗子香为试验材料。按照 Liu 等（2001）的方法建立胚性细胞悬浮培养系。

2. 辐照处理

取继代培养后 2~3d 的胚性悬浮细胞，用 ^{60}Co - γ 射线进行辐照处理，辐射剂量为 80 Gy，剂量率为 1.56 Gy·min^{-1}。

3. 耐旱变异体的获得及鉴定

将经 80 Gy γ 射线辐照后的栗子香胚性悬浮细胞培养 1 周，再用含 30% PEG - 6000 的液体 MS 培养基进行离体筛选，同时用相同浓度 PEG - 6000 处理的、未经辐照的胚性悬浮细胞作对照。结果表明，筛选 1 周后，辐照后的胚性悬浮细胞有一定的存活率，其呈亮黄色，质地较硬，表面有瘤状突起；而对照虽也有少量存活，但颜色发白，质地较软，呈水质状，几乎不增殖。筛选 4 周后，逐步去掉选择压，将存活下来的胚性细胞团转移到不含 PEG - 6000 的液体培养基中进行培养，并陆续将直径约 1mm 的胚性细胞团转移至固体 MS 培养基上。辐照后的胚性细胞团在固体培养基上生长状态良好，其增殖形成胚性愈伤组织，并形成体细胞胚；而对照在固体培养基上很快褐变死亡。将具有体细胞胚的抗性愈伤组织进一步转移到 ABA 培养基上，体细胞胚发育成熟并发芽形成植株，初步认为这些植株为耐旱突变体。将获得的再生植株移栽到温室，然后用苗期干旱处理、叶片保水力及耐旱系数等指标对株系进行耐旱性分析。

五、假俭草体细胞抗寒突变体的获得及其鉴定（袁学军等，2010）

假俭草 [Eremochloa ophiuroides（Munro.）Hack.] 是禾本科蜈蚣草属多年生草本植物，也是蜈蚣草属中唯一可用作草坪草的物种（Bouton，1983）。它具有强壮的匍匐茎，蔓延力强而迅速，茎秆斜伸，其叶形优美，植株低矮，养护水平低，耐贫瘠，病虫

害少，可广泛地用于庭院草坪、休憩草坪以及水土保持草坪建设中（Beard，1973）。然而，假俭草的抗寒性与狗牙根和结缕草等相比较弱，因此限制了其在亚热带北部及温带地区的广泛应用（Cardona et al.，1997）。筛选抗寒性强的优良假俭草品种对扩大其应用范围具有重要作用。

1. 材料

假俭草优良选系 E – 126。

2. 体细胞抗寒突变体的获得

（1）愈伤组织的诱导和培养。选择 2006 年收获的饱满种子，用 5% 的 NaOH 溶液浸泡 15min，流水冲洗 40min，0.1% $HgCl_2$ 消毒 10min，75% 乙醇处理 50s，最后再用无菌水冲洗 4~5 次。将灭菌种子接种于愈伤组织诱导培养基（MS + 2，4 – D 1.0mg·L^{-1} + 甘露醇 30 g·L^{-1} + 50 mL·L^{-1} 的椰子汁 + 0.75% 的琼脂）上。在温度（25 ± 1）℃、光照 12h·d^{-1} 和光照强度 50μmol·m^{-2}·s^{-1} 条件下培养 28 d，继代培养 1 次，选择黄色颗粒状愈伤组织继代培养 2 次，继代培养基和愈伤组织诱导培养基相同。培养 15 d 的愈伤组织在 0℃ 的条件下培养 26d，然后将其转接至新的培养基上，在（25 ± 1）℃ 的条件下培养 24d。存活愈伤组织在继代培养基上继代 2 次。

（2）植株再生和移栽。将处理和对照愈伤组织接种在芽分化培养基（MS + KT 2.0mg·L^{-1} + 50 mL·L^{-1}）的椰子汁上，培养 28 d，分化的芽转至芽生长培养基（MS + BAP 2.0mg·L^{-1} + NAA 0.8mg·L^{-1} + 50 mL·L^{-1} 椰子汁）上培养 28d，并且在此培养基上进行继代培养 1 次；选择 3~4cm 长的试管苗，转接到生根培养基（MS + NAA 0.6mg·L^{-1} + 50mL·L^{-1} 的椰子汁）培养 21d。分化和生根阶段光强 100μmol·m^{-2}·s^{-1}。生根无菌苗移栽到直径 6cm、加有灭菌园土的塑料营养钵中，在温室中进行培养。温室的温度为（25 ±1）℃，相对湿度为 80%~85%，光照为自然光。2 周后苗移栽到土盆中培养在自然光照条件下。

3. 抗寒突变体的鉴定

（1）假俭草低温下体细胞突变体的抗寒性鉴定。根据供试材料在不同温度处理下的电解质外渗率所求得的 Logistic 方程，并求其拟合度及半致死温度。抗寒突变体和对照之间的半致死差异极显著。

（2）假俭草抗寒体细胞突变体 SRAP 分子鉴定。通过 SRAP – PCR 反应体系扩增，抗寒突变体和对照之间有不同的和相同的条带，表明抗寒突变体与对照存在差异。

六、紫花苜蓿耐铝毒突变体筛选的研究（潘小东，2005）

为适应我国南方畜牧业发展的需要，在南方地区也已经开始种植了紫花苜蓿。但是，南方土壤普遍偏酸性，土壤中的活化铝对紫花苜蓿产生严重毒害，致使紫花苜蓿在我国南方大面积推广受到限制。长期的实践证明培育耐铝毒紫花苜蓿品种是解决这一问题的最佳选择。

1. 材料

供试的紫花苜蓿品种为西农 1 号。

2. 基本培养基

愈伤组织诱导培养基：SH 大量 + SH 微量 + SH 有机 + 2，4 – D 5mg·L^{-1} + KT 1mg·L^{-1} + 硫酸钾 4.35g·L^{-1} + 肌醇 100mg·L^{-1} + 脯氨酸 1 000mg·L^{-1}；分化培养基：MS + 激素 0；生根培养基：1/2MS 大量 + MS 微量 + MS 有机 + 蔗糖 15g + 激素 0。

3. 耐铝突变体植株的获得

以紫花苜蓿建立叶片离体的高效再生体系，愈伤组织的诱导、分化和生根的最佳培养基组合分别为 BMS + 2，4 – D 5mg·L^{-1} + KT 3mg·L^{-1} + BA 0.2mg·L^{-1} + 水解乳蛋白 1 000、MS + 激素 0 和 1/2MS + 1/2 蔗糖 + 激素 0。以此为基础进行紫花苜蓿悬浮细胞培养，最佳培养基为 SH + 2，4 – D5 + KT 1mg·L^{-1} + 硫酸钾（4.35 g·L^{-1}）+ 肌醇（1 000mg·L^{-1}）+ 脯氨酸（1 000mg·L^{-1}），培养周期为 22d 左右，起始继代间隔为 3d，继代 4 次后继代间隔为 5 ~7d，然后将培养好的悬浮细胞置于 0.3mmol·L^{-1}的 $AlCl_3$ 平板培养基上，逐渐形成的细胞团。将此细胞团进行分化、生根、移栽，获得了耐铝毒植株。

4. 耐铝毒体细胞鉴定

将在含铝毒培养基上获得的细胞团转入分化培养基中分化，待形成小苗后，剪切小苗子含 0.3mmol·L^{-1}的 $AlCl_3$ 生根培养基中生根。

复习与思考

1. 如何解决组织培养中出现的褐变、玻璃化、根系不发达和难以移栽成活的现象？
2. 设计一种新的植物种的组培快繁技术方案。
3. 设计一种新的植物种的愈伤诱导和植株再生术方案。

植物组培实验

实验 1 玻璃器皿的选择与清洗

一、目的要求

认识和掌握玻璃器皿的选择、清洗和洗液的配制方法，保证在组培过程中玻璃器皿的正确选择和洁净，以使组织培养过程保持无菌状态。

二、仪器及用品

各种玻璃器皿，肥皂液，洗衣粉，工业浓硫酸，重铬酸钾，蒸馏水，氢氧化钾和 75% 乙醇等。

三、内容与方法

（一）玻璃器皿的选择（由指导教师讲解并示范）

1. 试管

试管是植物组织培养中最常用的一种容器，特别适于用少量培养基及试验各种不同配方时使用。在茎尖培养及移苗时有得于向上生长。试管有圆底及平底两种，一般以 2cm×15cm 或 2.5cm×15cm 为宜，过长的试管不利于搔。不过，进行器官培养及从培养组织产生茎、叶及进行花芽形成等试验，则往往需要口径更长的试管。试管塞多为棉塞，亦可用铝箔。

2. 三角锥形瓶

三角锥形瓶适于作各种材料的培养，一般用 50mL 和 100mL 两种，口径相同，均为 2.5cm。三角锥形瓶放置方便，亦可用于静置培养或振荡培养。瓶塞同上。

3. L 型管和 T 型管

L 型管和 T 型管多为液体使用，有利于液体流动。由于在转动时可使管内培养的材料轮流交替地在培养液和空气之中，这样，通气良好，利于培养组织生长。

4. 长方形扁瓶及圆形扁瓶

前者可以用来离心，合所需材料沉积于尖形底部。且者一般用于植物细胞培养及生长点培养，可在瓶外直接用显微镜观察细胞的分裂及生长情况，并便于摄影。

5. 角形培养瓶和圆形培养瓶

角形培养瓶用于静置培养，圆形培养瓶常用于植物胚的培养。

6. 培养皿

培养皿最适于固体平板培养，一般直径为6cm。培养皿应上下密切吻合，使用前要进行选择。接种时也常用灭过菌的培养皿来放切割的灭菌外植体。

7. 平型有角试管和无角试管

开型有角试管和无角试管用于液体转动培养，试管的上下都是平面，瓶口用双层橡皮塞塞住，这种诵读便于低倍镜下观察及摄影。

8. 细胞微室培养器皿

细胞微室培养器皿由硬质玻璃客切成的小环、盖玻片和载玻片等组成。将玻璃环放在载玻片上，基部用凡士林和石蜡（1∶3）固封起来，再在玻璃环上面放一块盖玻片，并用凡士林将接触部分封闭加固，使成"微室"。细胞微室培养方法可用于悬滴培养，便于在显微镜下观察培养物的生状况。

9. 高心管

离心管在离心机上用于从液体培养中将细胞或制备的原生质体从培养基中分离出来收集用于实验。如果需要更换的培养基，也可以离心使培养物集中于底部，然后去掉原有培养基，再加入新鲜培养基。

此外，如容量瓶、移液管、量筒、试剂瓶、烧杯和滴管等，大多用于配制药品及配制培养基时使用。

（二）玻璃器皿的清洗

（1）新玻璃器皿最好是用1%的盐酸浸泡过夜，然后再用肥皂水刷洗，洗后用清水冲净，再用纯净水冲洗1～2次，晾干备用。

（2）日常用过的培养瓶、三角瓶和烧杯等先将器皿中的残渣除去，用清水冲洗，再用肥皂水或合成洗涤剂刷洗，洗后用清水冲净，最后用少量纯净水冲洗，晾干备用。

（3）污染的培养瓶、三角瓶，必须经高压灭菌后，再按方法（2）清洗。

（4）吸管、滴管等较难刷洗的用具，可先放在铬酸洗液中浸泡数小时，取出后流水冲洗0.5h左右，再吸蒸馏水冲洗1～2次，晾干备用。尤其是首次使用前，必须用洗液泡洗。

（5）胶皮塞、胶皮管等最好采用硅胶皮塞及硅胶皮管。清洗时可先用5%碳酸钠的稀碱水将其煮沸，然后用清水冲洗，晾干备用。

在大规模的组织培养工厂中，对于数量大的培养瓶等，只要不是污染的，可以仅用清水冲洗，冲净即可，避免由于洗瓶数量很大、冲洗不彻底反而残留洗涤液，但是必须是继代培养换下来的培养瓶，而且是严格的、培养基未被污染的培养瓶，并且必须及时倒掉残留的培养基，用清水彻底冲刷、洗净，再用少量纯净水冲洗1～2次后，将瓶倒置晾干备用。

四、实验报告

每位学生在动手实操后再用书面形式介绍各种玻璃器皿的选择和清洗方法。

实验 2　显微镜的结构和使用

一、目的要求

了解显微镜的构造、使用和保护方法，学会使用低倍镜和高倍镜操作。

二、仪器及用品

普通生物显微镜，擦镜纸，小块绒布和绸布等。

三、内容与方法

（一）显微镜的构造及保养

显微镜是学习生物解剖学的必要仪器，了解显微镜的构造和保养，对掌握显微镜的使用技术是十分必要的。

1. 显微镜的构造

植物学实验通常使用的普通光学显微镜，其构造分为机械和光学两个组成部分。

（1）机械部分

①镜座：显微镜的底座，使显微镜平稳放置桌子上。

②镜柱：镜座上的直立部分，它的上端有倾斜关节与镜臂相连，镜柱上还装有反光镜。

③镜臂：镜的支架弯臂，是拿显微镜时手握的部分，基部与镜柱相接，顶端连接镜筒。

④倾斜关节：在镜柱怀镜臂之间的关节，用于使臂倾斜便于观察。

⑤镜筒：镜臂前方的圆筒，镜筒上端放置目镜，下端连接物镜转盘

⑥物镜螺旋：上有 3～4 个螺旋孔，用于安装物镜。

⑦调焦螺旋：位于镜前方，用于观察时调准视距焦点，向前运动时使镜筒下降，向后转动时使镜筒上升。调焦螺旋有大、小两个，大的旋转 1 周可使镜筒升降 10mm，称粗调螺旋；小的旋转 1 周可使镜筒升降 1.0mm，称细调螺旋。

⑧载物台：方形或圆形，用于旋转玻片标本，台中央有圆形通光孔，台上有两个压夹，用于固定玻片位置，较精密的显微镜装有纵横坐标式固定架。

⑨光调节器或称光圈：载物台下一片金属板，上有大小不同的孔，转动此板，可用大小不同的孔调节光量，较精密的显微镜有聚光器，装有虹彩光圈，并可升降心调节光的反射。

（2）光学部分

①目镜：用于放大物镜所放大的物像，装在镜筒上端，目镜通常有 2～3 个，镜筒上刻有 10×，15× 等字样，即示该目镜放大 10 倍及 15 倍。

②物镜：装在镜筒下端的物镜转盘上，由复式透镜组成，物镜分为干燥系物镜和油浸系物镜两类。干燥系物镜镜面直径大，透光较好，其中刻有 10× 的为放大 10 倍的低

倍镜，刻有 45 × 的为放大 45 倍的高倍镜。油浸系物镜简称油镜，刻有 100 × 的字样。镜面直径较小，透镜的放大倍数是目镜放大倍数与物镜放大倍数的乘积。例如目镜为 10 ×，物镜为 45 ×，物像放大倍数为 10 × 45 = 450 倍。

③反光镜：装在光圈下面，连接镜柱。反光镜是一面平另一面凹的双面镜，可以上下翻转及左右转动，将光线反射和聚集于通光孔上，平面镜用于反射，凹面镜有反射兼聚光作用，用于光线较弱时。

2. 显微镜的保养

显微镜是精密光学仪器，必须按操作规程使用并注意保管。

（1）取用显微镜时，必须右手紧握镜臂，左手托住镜座，不能用一只手提起镜臂，以免镜身倾倒。

（2）显微镜放置于离实验台边缘 10cm 以内，以免手拂坠地。

（3）使用前必须检查显微镜各部分有无损坏，如发现损坏要及时报告。显微镜务有使用卡片，使用后在卡片上记录使用日期并签名，以便加强保管。

（4）显微镜头如有污物，不可用手或手巾揩拭，如有污点不易擦去或使用油镜后，可蘸二甲苯少许轻轻擦拭。其他部分可用清洁的细软布擦拭。

（5）显微镜的移动要求轻拿、轻放，避免强烈震动；对镜头的转换、焦距的调节，要轻微用力，谨慎操作。

（6）显微镜使用完毕，须把显微镜擦干净，将各部转回原处，并使低倍镜转至中央，或者将两个物镜跨于透光孔两侧，再下降镜筒，使物镜几乎接触载物台为止，再盖好绸布或镜罩放入橱中。

（7）显微镜应放在干燥而尘埃少的房间，镜橱应放入干燥剂，同时避免日光暴晒，或与有挥发性化学药品靠近。梅雨季节前后将光学部分擦拭一次，保持干净，避免发霉损坏镜面。

（8）学生心班级为单位按人数进行编号，上课时对号使用。用后签名，放回原处，以便出现损坏时有据可查。

（二）显微镜的使用

按下列程序先由教师讲解后再由学生自行操作。

1. 低倍镜的使用练习

（1）对光：移动物镜转盘，交低倍物镜对准载物台圆孔，轻轻转动反光镜，使光反射至圆孔上，直至从目镜中观察视野最明亮为止。

（2）将要观察的切片（预先在载玻片上贴上极小的易于区分上下左右的字，也可用树胶封永久使用），放在载物台上，并将观察目的物对准圆孔，用压脚压紧玻片以固定位置。

（3）调正焦距：转动粗调螺旋，使镜筒下降至接近载玻片，然后从目镜中观察，同时慢慢使镜筒上升至找到物像为止，再上下转动细调螺旋，以对准焦距，使物像清晰（有些显微镜的结构是镜筒固定，而载物台可以上下升降，因此升降方向相反。使用这种显微镜时，先将镜台上升接近物镜，然后慢慢下降寻找物像）。在目镜观察时，必须练习两眼同时张开，用左眼看物镜，右眼用于描图。

（4）观察时注意视野中看到的字与制片上的字有何不同，然后边观察边上、下、左、右轻轻移动载玻片，注意载玻片移动方向与目镜中所观察的物像移动方向是否一致，找出它的规律。

2. 高倍镜的使用方法

使用高倍物镜时，首先要用低倍物镜按上法找到物像，然后将要放大观察的部分移至视野的中央，再转动物镜转盘，调换高倍物镜，一般便可粗略看到映像，再转动调螺旋，直至物像清晰为止。如光线不够，要增强亮度。如在转换高倍物镜时镜头与玻片接触或转不过来，可旋转粗调螺旋略提高镜筒，转换镜头后，再细心将镜下落至接近正版，这时必须从侧面看着镜头，防止碰着切片或载物台。然后用目镜观察，并缓慢旋转细调螺旋提升镜筒至物像完全清晰为止。

上述低高倍镜使用练习可反复进行多次，以达到能顺利找到物像并保证使用高倍镜时不致有损坏镜头及压碎玻片的事故发生。

四、实验报告

1. 使用显微镜时，载物台上玻片移动方向与目镜中所观察的是否一致？为什么？
2. 使用高倍镜时特别要注意什么问题？如何避免事故发生？

实验 3 培养基配制技术

一、目的要求

通过实验实习，掌握培养基配制技术。

二、仪器及用品

培养基配制的各有关器具、元素及药剂（液）。

三、内容与方法

以下实验以配制 1L MS 培养基为例。首先，用托盘天平称量好 30g 蔗糖和 5g 琼脂。然后，进行母液及玻璃器皿的准备：

（1）从冰箱里取出预先配制好的母液，按一定的顺序把它们放在工作台上（母液排放顺序：大量元素、铁盐、微量元素、有机混合物）。

（2）根据培养基的配制量（1.0L），确定好所要用玻璃器皿（1.0L）（100mL 容量瓶、量筒、吸量管、烧杯和洗耳球等）的规格大小，并按每种母液固定相应的器皿的原则放好。（3）培养基配制操作：①用量筒和吸液管按大量元素 50mL 铁盐 10mL + 微量元素 1.0mL + 有机物 1.0mL 顺序逐一量取，放进容量瓶，加水定容至 1.0L。②将称好的蔗糖和琼脂粉以及定容好的混合液一起倒入培养基盛装器，边加热边用玻棒搅拌至蔗糖完全溶解，琼脂粉混合均匀。③用 pH 试纸测定培养基配制液的 pH，以 $1mol \cdot L^{-1}$ 氢氧化钠或盐酸溶液调整 pH 值至 5.8。④把已调整好 pH 的培养基用烧杯盛装后逐瓶分装，分装量掌握在容器的 1/5 ~ 1/4，边分装边搅拌。⑤分装好后盖上盖子，写上培养基编号后放于灭菌锅中进行模拟灭菌。

（4）配制后工作：①培养基配制完，把母液放回模拟冰箱保存。②所有用过的仪器、玻璃器皿等工具洗涤清洁干净，放回指定的地方存放，并做好清洁卫生工作。

四、实验报告

1. 简述培养基配制的主要技术特点。
2. 每人完成 1LMS 培养基的配制工作。

实验 4　外植体的选择与灭菌

一、目的要求

了解和掌握外植体的选择与灭菌方法。

二、仪器及用品

外植体材料（如茄子、小麦、水稻和玉米等的花药、幼穗、种子、茎组织、根组织及相关营养器官组织等），70%乙醇，漂白粉，无菌水，10%（m/V）次氯酸钠或相关试剂。

三、内容与方法

（一）外植体的选择

以月季为例。

1. 部位的选择

原则上在靠近基部的幼嫩组织处采取茎段比较适宜。

2. 取材季节选择

原则上在月季生长期进行取材。

3. 取长 0.5 ~ 0.8mm 的茎段

（二）各种外植体的灭菌

1. 花药的消毒（以茄子为例）

消毒时先去掉花药外层的萼片，用 70%乙醇擦洗花蕾，然后将花蕾浸泡在饱和漂白粉上清液中 10min，经无菌水清洗 2 ~ 3 次即可接种。

2. 果实及种子的消毒

在消毒前，果实和种子分别可用纯乙醇迅速漂洗一下或将种子浸泡 10min。对于果实，一般只要将表面用 2%次氯酸钠溶液浸 10min 及用无菌水反复冲洗后就可剖除内面种子或组织进行接种。单个种子的情况要复杂一些，消毒时先用 10%（m/V）次氯酸钙浸 20 ~ 30min 甚至几小时，持续时间视种皮硬度而定。对难彻底消毒的，还可用氯化汞（0.1% ~ 0.5%）溶液或 1% ~ 2%（m/V）溴水消毒 5min。对用于作胚或胚乳培养试验种子，有时因种皮太硬接种时无法解剖，则可在消毒前先去掉种皮（硬壳大多为外种皮）再用 4% ~ 8%的次氯酸钠溶液浸泡 8 ~ 10min 及用无菌水清洗后即可解剖出胚或胚乳接种。

3. 茎尖、茎段及叶片的消毒

先用自来水清洗，对凹凸不平外及芽鳞或苞片等处应仔细用毛刷或毛笔轻轻刷洗以去掉污物，吸干后在 70%乙醇中涮一下，然后用 0.1% ~ 0.2%的氯化汞消毒 5 ~ 10min 或 6% ~ 8%次氯酸钠溶液浸 5 ~ 15min，接着也是用无菌水清洗及用消过毒的无菌滤纸吸干水及接种。若用以上方法仍不能排除污染时，可将带有材料的消毒液一起进行抽气减压，以帮助消毒液渗入，使消毒更加彻底。

四、实验报告

1. 说明外植体的选择方法。

2. 花药、果实、种子、茎尖、茎段、叶片、根和贮藏器官等消毒灭菌方法各有什么特点？

实验 5　接种操作技术

一、目的要求

通过实验实习，掌握植物接种操作技术。

二、仪器及用品

皇后白掌继代苗，杜鹃花茎尖或菊花花瓣等，组织培养接种操作相关设备。

三、内容与方法

（一）准备工作

1. 操作人员的清洁卫生

指甲剪平，饰物去除，肥皂洗手，换上拖鞋，穿好工作服、帽和口罩（头发不外露，口罩包住鼻子和嘴巴）。

2. 接种材料和工具准备

包括如下内容：

（1）每张工作台必须具备操作时所需的工具物品（锡碟子、纱布、镊子、酒精灯、手术刀、打火机和75%乙醇等）。

（2）根据当次的接种安排，把接种的材料（包括培养基等材料）按无菌、干净的原则准备好。

3. 超净工作台、操作人员和接种材料的消毒工作

（1）每次使用前，超净工作台用75%乙醇全面消毒。

（2）操作人员的消毒（主要是用75%乙醇消毒手等）。

（3）接种材料用灭菌净浸洗消毒。

（二）接种操作

1. 上台前的准备工作

材料和工具的摆放及消毒方法等是否正确。

2. 接种材料的取出方法是否正确

要点：①材料不要碰瓶口。②取出点不能在材料碟上面。③掉在台面材料不能放回碟子内。

3. 接种工具的使用方法是否正确

要点：①拿镊子在顶部1/3处。②每接完一瓶材料接种工具要消毒一遍。③工具在冷却后才能使用。④接种工具不能直接放在超净工作台上，宜倒立放置在工具架上。⑤接种工具若不小心碰到瓶口或放在未消毒过的地点，须重新消毒后才能使用。

4. 接种材料的切割转移

要点：按生根标准在无菌区进行切割转移（单芽切出，去除黄、黑等废材料，接种材料分布均匀，深度适中，3~5株/瓶。

（三）接种后工作

接种后材料处理工作，包括接种好的材料拿出超净工作台，放在小车上，废物放入塑料筛，熄灭酒精灯，消毒操作工具及超净工作台。

接种完成后，关机并切断电源，把接好种的材料写上日期，分类放好。

四、实验报告

1. 简述植物接种操作主要技术特点。
2. 每人交 5 瓶接种苗。

实验6　植物组织培养技术

一、目的要求

通过实验实习，掌握植物组织培养全套技术。

二、仪器及用品

皇后白掌继代苗，杜鹃花茎尖或菊花花瓣等，组织培养实验室全套设备。

三、内容与方法

以下实验以菊花花瓣或杜鹃花茎尖培养为例。

（一）培养基的选择与初次培养

1. 培养基的选择与配制

不同的材料所使用的基本培养基和激素的种类、浓度都不相同。菊花花瓣初次培养的培养基为 MS $+3$mg $\cdot$ L^{-1}NAA（杜鹃茎尖的培养基为 R $+15$mg $\cdot$ L^{-1}2 $-$ ip $+1 \sim 5$mg $\cdot$ L^{-1} GA$_3$）。按照培养基基本配制方法配好消毒备用。

2. 取材与灭菌

选取幼嫩的菊花花瓣（杜鹃的嫩梢或茎尖）用自来水冲洗干净，然后再在超净工作台内，用70%乙醇浸泡30s左右，倒出废乙醇，再用0.1%～0.2%的升汞消毒3～4min（杜鹃需要10min），最后用无菌水冲洗数次，滤干备用。

3. 接种与培养

在无菌条件下将花瓣接入消毒好的培养基中，每瓶2～3个花瓣（茎尖）。封口后放进培养室培养。培养室温度为（25±2）℃，光照2 000lx，每日10～16 h。培养40 d左右即可长出愈伤组织和幼芽（杜鹃茎尖直接分化出丛芽）。

（二）芽的增殖

将初次培养的愈伤组织或芽转入到 MS $+1.0$mg $\cdot$ L^{-1} BA $+0.01$mg $\cdot$ L^{-1} AA（杜鹃为 R $+0.05$mg $\cdot$ L^{-1} ZT 或 R $+5$mg $\cdot$ L^{-1} 2 $-$ ip）培养基，对诱导出的丛芽进行继代培养，一般3周继代1次。

（三）生根培养

把上述长出的粗壮幼苗转入生根培养基诱导生根，菊花生根培养基为1/2MS（即MS中大量元素钙、铁用量减半，其余不变）（杜鹃则转入含有 NAA 或0.5mg $\cdot$ L^{-1} IBA 和3%蔗糖的生根培养基）。

也有些研究者省去生根培养这一步，把芽苗直接移入介质中生根，效果相当好。方法：当芽苗长至1～2cm时，把根割下移植到适度的生根介质中。生根介质有以下4种：泥炭：蛭石=1：1，泥炭：珍珠岩=1：1，泥炭：苔藓=1：1，泥炭：蛭石：珍珠岩=1：1：1。4种介质中芽苗生根率均可达到100%，但最后1种处理植株质量最好。

在室温中培育 3~4 周可盆栽。

（四）小苗移栽

诱导长出的完整小苗取出洗净根上的培养基，在温室或大棚炼苗，增强适应性后即可盆栽。

四、实验报告

1. 简述组织培养的主要技术特点。
2. 每人交 10 组培苗。

实验7 植物茎尖培养再生植株技术

一、目的要求

认识和掌握植物茎尖培养技术。

二、仪器及用品

马铃薯，消毒工具和培养器皿等。

三、内容与方法

以下操作以马铃薯为例。

（一）取材和消毒

剪取 2～3cm 的壮芽，剥去外面叶片，放在自来水下冲洗 1h 左右，即于无菌室进行严格消毒。常用方法是先用 95% 乙醇迅速蘸浸组织，再用 5% 漂白粉溶液（或用市售的次氯酸钠溶液稀释为 5%）浸泡 5～10min，然后用无菌水冲洗 2～3 次，消毒效果可达 90% 以上。

（二）剥离和接种

在无菌室内，把消毒好的芽放在解剖镜下进行仔细剥离，用自制的解剖针效果较好（最细的绣花针固定在玻棒上即行，也可将市售的解剖针进一步磨制）。剥去幼叶，最后暴露圆滑生长点，用特制的解剖刀（取双刃刀片的一部分固定在金属棒上）仔细切取所需茎尖，接种于培养基上。

（三）培养

（1）选择适宜的培养基。

（2）培养器皿选择：以 15cm × 2cm 的试管为宜，每试管装 10mL 培养基，每管接种 1 个茎尖。

（3）培养条件：温度 25℃，光照 1 000～3 000lx，以日光灯为光源，每天照光 16h 为宜。

四、实验报告

试描述茎尖培养繁殖技术要点。

实验 8　种子培养繁殖技术

一、目的要求

认识和掌握兰花优良品种的选育和快速繁殖方法

二、仪器及用品

兰花，镊子，毛笔（海绵），脱脂棉塞，干燥器，冰箱，MS、Kyoto 或 Knudson C 培养基，萘乙酸，6 – 苄基嘌呤和 2，4 – D，摇床和转床等。

三、内容与方法

（一）材料的选择

在自然状况下，大多数兰花不易授粉，所以难以形成蒴果。为了获得优良饱满的种子，需要选择适宜的亲本进行人工授粉。当母株开花 3 ~ 4d 时，可用镊子将合蕊柱顶部的药帽去掉，同时摘除唇瓣，然后将父本的花粉块放在母本花的柱头上增选授粉，并做好授粉亲本品种及时期的标记。如花期不能相遇可把父本成熟的花粉块取下来放在指管里，用脱脂棉塞好，放于干燥器中，置于 0℃ 左右的冰箱中保存，一般在数月内有会丧失发芽能力。

（二）果实和种子的采集与灭菌

兰花从授粉到果实成熟所需的时间，不同种之间有很大差别。通常兰花授粉后需 60 ~ 90d 才能受精，有的果实成熟需 6 ~ 12 个月，如石斛属。而蝶兰属需 4 ~ 5 个月万带兰属需 3 ~ 4 个月，香子兰属需 5 ~ 6 个月。接种用的种子可以是成熟种子，但通常用从授粉到成熟期经过一半时间的种子进行培养容易成功。

（三）培养基

兰花种子培养所用基本培养基为 MS、Kyoto 或 Knudson C，但由于兰花的种类不同，所需要的营养也不同。根据不同品种的要求，在培养基中需要适量的不同种类和不同浓度的萘乙酸、6 – 苄基腺嘌呤和 2，4 – D 等。培养基中的 pH 值一般为 5 ~ 5.4，多数为 5.4。蔗糖质量尝试为 1.5% ~ 5%，多用 2% ~ 3%。

（四）接种与培养

接种兰花种子时，需要在无菌条件下进行，把经过消毒的果实用镊子取出来放在消毒过的培养器皿中，用解剖刀把果实切开，从中取出种子接种在培养基中，滴一滴无菌水使种子均匀分布在培养基上（或把种子接种在液体培养基中，并在摇床或床上进行培养），然后盖好棉塞和包好包头纸，注明接种日期和兰花品种名称或杂种代数及亲本名称。接种好的材料放在 （25 ± 2）℃ 的培养室中，每天在 1 000 ~ 2 000lx 光强度下大约光照 10 h。为了不影响种子萌发和胚的发育需要定期更换新鲜培养基。

（五）移苗

当苗长到 5cm 左右，又有比较健壮的根时即可移栽。在移栽前最好先把瓶口松动透气，锻炼 1 周左右，从瓶子中移出来，用清水把根上的培养基冲洗干净，把小苗移栽到有切碎的苔藓、泥炭并混入少量沙石的盆里，放在空气湿度较高，温度在 25℃ 左右的散光下的温室中，每 2～3 周施一次液体肥料，稍长大，可适当增加光照，并注意换盆，使植株生长健壮。

四、实验报告

如何控制兰花培养基的各种物质构成及相关数值。

实验9　小麦花药培养技术

一、目的要求

认识和掌握花药培养的原理和方法。

二、仪器及用品

小麦，醋酸洋红，玻片，显微镜，剪刀，湿纱布，塑料袋，烧杯，冰箱，70%乙醇和相关培养基等。

三、内容与方法

用醋酸洋红涂片镜检，选取花粉处于单核中期的小麦穗子，其外部形态为旗叶叶耳和旗叶下一叶的叶耳之距为10～20cm（依品种和气候条件而异）。

将叶子剪掉，只留下包裹穗子的叶鞘，用湿纱布包好，罩以塑料袋，或将穗子插入烧杯中的水中。置于3～5℃的冰箱中冰冻预处理3～5d。

用脱脂棉球蘸70%乙醇擦拭叶鞘，在无菌条件下剥取花药，接种到含有2mg·L^{-1} 2，4－D的N$_6$培养基上，培养基的蔗糖质量浓度为6%。

接种好的花药置于25～28℃培养室中培养，或先在33℃的温箱中培养3～5d，再转到28℃的培养室中培养。培养室中可以不加光照。

当愈伤组织生长到1.5～2.0mm时，将其转移到含有0.2mg·L^{-1} NAA和1 mg·L^{-1}激动素的N$_6$分化培养基上（蔗糖质量浓度为3%），进行根芽分化。转移后的愈伤组织置于加有人工照明的培养室中。培养的温度以25℃为宜。

当再生植株长出发达的根系之后（注意根不要长得太长）即可由试管移栽地中。移栽时小将小苗由试管中取出，用水轻轻洗去根部的培养基，栽入透气良好的土壤中。移栽后浇透水，12周内罩以烧杯保持湿度。影响小麦花粉植株移栽成活率的主要因素是温度，夏天高温季节很难成活，而在秋季凉爽气候下移栽成活率很高。

为了避开高温季节移苗，可在愈伤组织转移到分化培养基上之后，贮于5℃的冰箱中，至少可贮存2个月，愈伤组织的分化能力并不受影响。2个月后将愈伤组织转移到新配制的分化培养基上，进行根芽分化。

当花粉植株处于分蘖盛期时，就可进行染色体人工加倍。将植物从土中挖出，洗去泥土，浸入0.02%的秋水仙碱水溶液中（注意一定要使药液没过分蘖节），于10～15℃的散光下处理2～4d，然后洗去药液，栽入土中。

四、实验报告

简述小麦花药培养的主要技术要点。

实验 10　悬浮培养细胞和愈伤组织的超低温保存

一、目的要求

认识和掌握悬浮培养细胞和愈伤组织的超低温保存的原理的方法。

二、仪器及用品

水稻，甘蔗。冷冻保护剂（10 % DMSO + 8% 葡萄糖 + 10% 聚乙醇），液氮（ - 196℃）和含 3% 蔗糖的液体培养基等。

三、内容与方法

将培养 1 个星期的悬浮培养细胞或培养 2 个星期的愈伤组织收集于 10mL 的试管中，一个试管装 0.3 ~ 0.5mL 细胞，如果愈伤组织块较大，应该将它分成大小一致的小块。将盛有材料的试管插入冰浴中，0℃放置 10min。以每分钟降低 3℃速度到 - 4℃，用冰粉接种冰晶中心。以每分降低 1℃的速度降到 - 30℃，然后浸入液氨（ - 196℃）。在液氨中贮存一定时间后，取出材料在 40℃温水中迅速化冻，化冻后立即转移到 20℃水浴中。用含 3% 蔗糖的液体培养基洗涤 3 ~ 4 次。将洗涤后的细胞组织转移到新鲜培养基上进行再培养，并用 TTC 法测定活力。已有的试验指出，存活率达 60% 以上。甘蔗的愈伤分化再生出植株。

四、实验报告

简述水稻和甘蔗悬浮培养细胞和愈伤组织的超低温保存的原理和方法。

实验 11　种胚的离体培养

一、实验目的

种胚离体培养技术是植物有性杂交育种，特别是远缘杂交育种的重要辅助手段，本实验的目的是学习和掌握种胚离体培养的操作技术。

二、实验设备及用具

超净工作台或接种箱、恒温培养室或培养箱、高压灭菌器、实体解剖镜或放大镜。三角瓶或试管、解剖刀、解剖针、载玻片、50mL 烧杯、培养皿。

三、实验药品

按照培养基要求准备药品，同时准备材料表面消毒药剂、无菌水。

四、实验材料

植物受精后的果实或种子。

五、操作步骤和方法

（一）番茄种胚离体培养

（1）受精后 25～60d 番茄杂交果实，用 70% 酒精浸泡灭菌约 5min，再用 0.2% 氯化汞浸泡灭菌 15min，然后用无菌水洗两三次备用。

（2）在超净工作台上，灭菌培养皿中切开果实，将种子全部取出，放在装有无菌水的小培养皿中备用。

（3）将种子从无菌水中取出，放在无菌载玻片上，用刀将种脐割开，再用另一无菌载玻片，在种子上轻轻挤压，种脐连同胚乳一并被挤出，再用解剖针剔出种胚，接种在预先配制好的培养基上。

（4）培养瓶包好头纸，置 27℃ 培养室中培养。基本培养基以 MS 为宜。

（二）桃种胚体培养

（1）用解剖刀将果肉切去，用锤子轻轻敲碎种核剥出桃仁，注意别把内果皮碰破。将桃仁放在广口瓶内，用 70% 酒精浸泡灭菌 5min，再用 0.2% 氯化汞浸泡 15min，然后用无菌水冲洗两三次备用。

（2）在超净工作台上灭菌培养皿内，剥去果皮，将裸露的桃仁（即带着肥大子叶的种胚）接在培养基上。接种时注意极性，胚根部向下。

（3）培养瓶包好头纸，放在 0～5℃ 低温条件下冷藏 90d，然后置于 27℃ 左右的培养室中，光照培养约 1 周后种胚即可发芽生长。基本关基以 Knop 和 Tukey 为宜。

（三）朱顶红或蔷胚珠离体培养

（1）受精后不久的蒴果，用 70% 的酒精浸泡灭菌 3min，再用 0.2% 氯化汞浸泡灭菌 15～20min，然后用无菌水洗两三次备用。

（2）在超净工作台上，灭菌培养皿中切开朔果，将幼嫩的胚珠取出接种在培养基上，接种时注意极性。

（3）培养瓶包好包头纸后，置于（26±1）℃培养室中于光照下培养。

（四）小麦种胚离体培养

（1）取成熟种胚，或授粉后 12～15d 和种胚，用 10% 次氯酸钠溶液或 0.1%～0.2% 升汞溶液 10min，再用无菌水冲洗 3～4 次。

（2）在超净工作台上来菌培养皿内剥出种胚，接种在预先准备好的培养基上。

（3）培养瓶包好包头后，注明编号和接种日期，置于 28℃ 光下或黑暗中培养。

（4）基本培养基以 N_6 为宜，加 0.2mg·L^{-1} NAA 和 0.5mg·L^{-1} KT 或不加激素培养。

注意：培养基须按胚龄大小注意调节蔗糖浓度。幼胚移入培养基后，尽量避免光线直射，成熟种胚经过 1 周左右的培养，即可发芽生长。一般经 6～7 周后，培养幼苗可达 3～4cm 高，并具有两三片真叶，根系发育良好，当根长达 1.5cm，并具有仙根。未成熟幼胚 3～4 周后形成愈伤组织。

六、作业

每人取一种类型的种子，并取 10 枚种胚、接种于培养基上 1～2 周后观察种胚的萌发情况并统计萌发率。

实验 12　烟草原生质体培养

一、目的要求

认识和掌握烟草原生质体培养的原理和方法。

二、仪器及用品

酶混合液，滤膜，镊子，摇床，培养皿，显微镜和石蜡封带等。

三、内容与方法

（一）酶混合液制备

酶混合液的成分如下：1% 纤维素酶 R-10，0.8% 果胶酶 R-10，4.762×10^{-5} mol·$L^{-1}CaCl_2 \cdot 2H_2O$，5.072×10^{-6} mol·$L^{-1}NaH_2PO_4 \cdot H_2O$，$2.778 \times 10^{-3}$ mol·L^{-1}甘露醇或葡萄糖，pH 值为 5.6。配制的酶混合液经 4 000 r·min^{-1}离心 5min。上清液用 0.45μm 孔径的滤膜过滤消毒。

（二）原生质体分离

取试管顶端的烟草叶片，用钟表镊子去掉下表皮，然后漂浮在经过滤消毒的酶混合液面上。在 27℃左右条件下放置 10~14h。有可能的话，时而摇动一下容器或在摇床上做慢速度的摇动。经酶液处理后，培养皿放在倒置显微镜下观察。将已得到大量健康的叶肉原生质体，包括材料在内的酶液过 300 目的不锈钢网。用 100g 的速度离心 3~5min 收集原生质体，并用洗液洗涤 3 次。洗液的配方如下：5.442×10^{-5} mol·L^{-1} $CaCl_2 \cdot 2H_2O$，1.449×10^{-5} mol·$L^{-1}NaH_2PO_4 \cdot H_2O$，$2.778 \times 10^{-3}$ mol·L^{-1}甘露醇或葡萄糖。

（三）原生质体培养

经 3 次洗涤的原生质体再用 100g 的离心速度离心 3~5min，收集原生质体，用原生质体培养基（实表 1）再洗 1 次。用新鲜培养基把原生质体密度调整到 $10^{-4} \sim 10^{-3}$ 个·mL^{-1}。具原生质体的培养基铺在非常平整的玻璃皿的底部，薄薄一层以盖满皿底为准。用石蜡封住培养皿后，把培养皿放在加有一杯水或湿润滤纸的密闭性好的塑料容器内。在 27℃、暗光线下培养。

实表 1　烟草原生质体培养基

成分	用量	成分	用量
KNO_3	1900	$MnSO_4 \cdot H_2O$	18
NH_4NO_3	360	$ZnSO_4 \cdot 7H_2O$	10
$(NH_4)_2SO_4$	67	H_3BO_3	10

成分	用量	成分	用量
$MgSO_4 \cdot 7H_2O$	370	$Na_2MoO_4 \cdot 2H_2O$	0.25
$CaCl_2 \cdot 2H_2O$	450	$CuSO_4 \cdot 5H_2O$	0.025
KH_2PO_4	200	$CoSO_4 \cdot 6H_2O$	
$Na_2 - EDTA$	14.92		
$FeSO_4 \cdot 7H_2O$	11.12		
肌醇	100	烟酸	1
甘氨酸	2	盐酸硫胺素	1
盐巴吡哆素	0.5	叶酸	0.5
生物素	0.05	水解干酪素	200
椰乳	2%	2,4-D	0.2
6-氨基嘌呤	0.2	蔗糖	$10g \cdot L^{-1}$
D-葡萄糖	$1g \cdot L^{-1}$	甘露醇	$0.3mol \cdot L^{-1}$
山梨糖醇	$0.2mol \cdot L^{-1}$		
pH	5.6		

（四）原生质体再生

在原生质体健康、培养条件又合适的情况下，原生质体在 3~6d 内就可见到第一次分裂，2 周左右可见到小细胞团。加入新鲜细胞培养基的时间及容量按各实验室的条件而异。原则上要在 1 次或几次分裂后逐步地加入。

细胞团继续长大成愈伤组织到植株分化的过程与其他组织培养的情况相同。

四、简述原生质体培养的原理和方法。

实验13　细胞原生质体的聚乙二醇法融合

原生体融合（protoplast fusion）是指通过物理或化学方法使原生质体融合，经培养获得具有双亲全部或部分遗传后代的方法，也称为体细胞杂交（somatic cell hybridization）。由于原生质体具有亲本的全部遗传信息，它与有性杂交不同，除了涉及双亲的细胞核，还涉及双亲的细胞质，即可以把细胞质基因转移到全新的核背景中，使叶绿体基因组与线粒体基因组重新组合，为育种提供新的种质资源。

一、实验目的

学习和掌握聚乙二醇（polyethylene glycol，PEG）法诱导原生质体融合的技术。

二、实验原理

原生质体融合常用方法有化学方法和电融合方法两类。化学方法以 PEG 应用广泛。PEG 分子具有轻微负极性，可与具有正极性基团的水、蛋白质和碳水化合物等形成氢键。当 PEG 分子链足够长时，它在相邻原生质体表面之间起分子桥作用，引发原生质体粘连。与膜相连的 PEG 分子被洗掉后，膜上电荷发生紊乱重新分配。当两层膜紧密接角区域的电荷重新分配时，可能使一种原生质体上带正电荷基团边到另一种原生质体带负电荷的基团上，导致原生质体融合。PEG 除分子桥作用外，还具有改变膜物理化学性质及增加类脂膜流动性的作用，从而促进细胞融合。PEG 的融合频率高达 10% ~ 15%，无种属特异性，几乎可诱导任何原生质体间的融合。但 PEG 对原生质体有一定的毒害作用。

三、实验材料和用具

1. 实验材料

烟草叶肉细胞原生质体、胡萝卜悬浮培养细胞的原生质体。

2. 实验药品

MS 基本培养基、NT 基本培养基、NAA、6 – BA、葡萄糖、甘氨酸、琼脂、NaOH、HCI、灯用酒精、硅液200、纤维素酶 Onmozuka R – 10、离析酶 Macerozyme R – 10、果胶酶 Peetinase、崩溃酶 Driselase、半纤维素酶 Rhozyme、山梨醇、2 – N – 吗啉 – 乙烷磺酸（MES）。

3. 培养基和试剂

胡萝卜悬浮细胞分离原生质体的酶液I：2% Onozuka R – 10 + 1% Pectinase + 0.5% Driselase + 0.5% Rhozyme + 0.35mol · L^{-1}山梨醇 + 0.35mol · L^{-1}甘露醇 + 3mmol · L^{-1} 2 – N – 吗啉 – 乙烷磺酸（MES）+ 6mmol · L^{-1} CaCl$_2$ · 2H$_2$O + 0.7mmol · L^{-1} NaH$_2$PO$_4$，pH 值为 5.6。酶液于 7 500g 离心 5min 后抽滤灭菌（0.45μm）。

烟草叶片分离原生质体的酶液 Ⅱ：1% 纤维素酶（Onozuka R – 10 + 0.2% 离析酶（Macerozyme R – 10）+ 0.55mol · L^{-1}甘露醇 + 10mmol · L^{-1} CaCl$_2$ · 2H$_2$O + 0.7mmol ·

L^{-1} KH_2PO_4，pH 值为 5.7。抽滤灭菌备用。

原生质体培养基（Y1）：NT + 3mg · L^{-1} NAA + 1mg · L^{-1} 6 - BA 或加 1.2% 琼脂。

原生质体芽诱导培养基（Y2）：NT（除去甘露醇）+ 4mg · L^{-1} IAA + 2.55mg · L^{-1} KT + 0.6% 琼脂，pH 值为 5.8。

PEG 溶液：50% PEG 1540 + 10.5mmol · L^{-1} $CaCl_2$ · $2H_2O$ + 0.7mmol · L^{-1} KH_2PO_4，pH 值为 5.6。

溶液 I：500mmol · L^{-1} 葡萄糖 + 0.7mmol · L^{-1} KH_2PO_4 + 3.5mmol · L^{-1} $CaCl_2$ · $2H_2O$，pH 值为 5.5。

溶液 II：50mmol · L^{-1} 甘氨酸 + 50mmol · L^{-1} $CaCl_2$ · $2H_2O$ + 300mmol · L^{-1} 葡萄糖，pH 值为 9 ~ 10.5。

4. 实验用具

超净工作台、高压蒸汽灭菌锅、培养箱、蒸馏水器、超纯水器、烘箱、冰箱、天平、酸度计、倒置显微镜、离心机、细菌过滤器、微孔滤膜（0.45μm 和 0.22μm）、不锈钢筛网（80 ~ 100μm）、三角瓶、载玻片、盖玻片、剪刀、镊子、离心管、培养皿、注射器、巴斯德吸管、血细胞计数器、封口膜、火柴、脱脂棉。

5. 实验步骤

（1）烟草叶片和胡萝卜悬浮细胞新分离出来的原生质体（仍停留在酶溶液中）1 : 1 混合，使悬浮液通过一个 80μm 孔径的滤网，将滤出液收集在离心管中，管口用螺丝帽盖严。

（2）滤出液在 50g 下离心 6min，沉淀原生质体。弃上清液，10 mL 溶液 I 重新悬浮原生质体进行清洗，50g 下离心 5min，沉淀原生质体。

（3）将洗过的原生质体重新悬浮在溶液 I 中制成体积分数为 4% ~ 5% 的原生质体悬浮液。

（4）在 60mm × 15mm 的培养皿中放 2 ~ 3 mL 硅液 200，在液面上放一张 22mm × 22mm 的盖玻片。

（5）用吸管吸取 0.15 mL 原生质体悬浮液置于盖玻片上。大约 5min 后，原生质体在盖玻片上沉降形成薄层。

（6）在原生质体悬浮液中逐滴加入 0.455 mLPEG 溶液，倒置显微镜下观察原生质体粘连情况。并在室温（24℃）下，将 PEG 溶液中的原生质体保温 10 ~ 20min。在 10min 时，轻轻加入 2 滴（每滴 0.5 mL）溶液 II，20min 后，加入 1 滴原生质体培养基 Y1。

（7）5min 后，加入 10mL 新鲜的原生质体培养基 Y1，将全部溶液放入离心管中，在 750r · min^{-1} 下离心 5min，去上清液，将沉淀物用原生质体培养基 Y1 清洗 3 遍，然后用原生质体培养 Y1 稀释原生体到每毫升 10^5 个，进行培养。

（8）将 2mL 原生质体融合物置于 6cm 培养皿中，用封口膜封口，置 26 ~ 28℃ 下（散射光或暗处）。2 周后，每皿加入 0.5mL 甘露醇减半的同样培养基，并将培养皿转移到散射光下进行培养，直形成肉眼可见的小愈伤组织块。将小愈伤组织转移到芽诱导培养基 Y2 上，诱导芽分化。

（9）在倒置显微镜下观察融合结果。两种亲本的原生质体融合在一起呈球形或椭圆形；由同种或异种原生质体聚集在一起呈哑铃形或三聚体，中间有明显的膜相隔，为未融合的聚集体。

6. 注意事项

（1）PEG 相对分子质量大于 1 000时，才能诱导原生质体发生紧密的粘连和高频率的融合。一般所用的 PEG 相对分子质量为 1 500 ~ 6 000，浓度范围为 15% ~ 45%。溶液过度稀释不利于融合，原因可能是在这种情况下原生质体很快合成新壁。

（2）PEG 的稀释应逐步进行。剧烈洗涤的结果将只能形成很少的异核体。

（3）在 PEG 溶液中加入 钙离子可以提高融合频率。

（4）幼叶和快速生长的愈伤组织制备的原生质体融合效果较好。

（5）高温（35 ~ 37℃）能提高融合频率，低温（15℃）可促进原生质体的粘连。

（6）原生质体的群体密度影响融合频率。一般来说，4% ~ 5%（原生质体容积/液体容积）的原生质体悬浮液形成的异核体频率最高。

（7）制备原生质体时，所用的酶的种类和浓度是影响原生质体融合的另一个因子。使用崩溃酶制备的原生质体最易融合，只是这种酶对原生质体活力有不利影响。

（8）培养细胞的原生质体对酶、PEG 以及高 pH、高浓度钙离子处理有相当强的忍耐力，但叶肉细胞对这些条件相当敏感。先把叶片培养几天，可以提高叶肉原生体对这些处理的忍耐力。

（9）融合实验是在离心管中进行的，在融合处理后必须进行反复的离心，而这对融合原生质体的产量和活力有不利的影响，因此最好采用在盖玻片上的 0.15mL 小液滴中进行原生质体融合。

（10）在 PEG 溶液中，保温处理时间过长会降低异核体形成频率。

五、实验报告及思考题

1. 每两人为一组，进行原生质体融合培养实验，并用表描述原生质体 PEG 融合的全过程。

2. 植物原生质体 PEG 融合方法的原理是什么？

3. 原生质体融合技术在作物改良中有何意义？可能存在哪些问题？

4. 进行原生质体的 PEG 融合应注意哪些问题？

实验 14　烟草遗传转化实验

一、实验目的

烟草是遗传转化的模式植物，已经建立了一套完善的转化再生体系。本实验以烟草为实验材料，使同学们了解根癌农杆菌介导法的基本原理和一般步骤，掌握遗传转化的基本操作技术。

二、实验用具及药品

烟草叶盘，LBA4404 质粒载体，摇床，培养皿（带滤纸），移液枪，镊子，手术刀，无菌水。

三、实验方法

根癌农杆菌介导转化的方法已经比较成熟，易于在植物细胞和组织培养实验室进行。具体操作程序如下。

1. 根癌农杆菌质粒的保存

构建好的根癌农杆菌质粒接种在 YEP 固体培养基上，YEP 固体培养基的成分为每 100mL 含 NaCl 0.5 g，酵母 1.0 g，水解酪蛋白 1.0 g，琼脂 1.5 g，pH 值 7.0，在冰箱中冷藏，一个月换一次培养基，保证菌种正常生长。

2. 配制 YEP 液体培养基

成分同上，只是不添加琼脂，分装试管中，每支试管加入 5mL 左右的液体培养基，包好后高压灭菌，放置于冰箱中待用。

3. 摇菌

用灭菌后的牙签或者火柴棍等挑出一些菌液，一起放入上述 YEP 液体培养基中，然后置于振荡器上摇菌 16 ~ 17h（180r · min^{-1}），直至溶液变浑浊，即有大量菌丝长出。

用流消毒后的 0.5mm 打孔器从叶片上切出叶盘，然后将入农杆菌悬液中朝着 5min。

用滤纸吸干多余的菌液，叶片放在 MS + 6 – BA 1.0mg · L^{-1} + IAA 0.1mg · L^{-1} 培养基上共培养 2d，随后转至附加卡那霉素 100mg · L^{-1}，羧苄青霉素 500mg · L^{-1} 的培养基上筛选培养，（25 ±1）℃，16h 光周期。

2 周后分化出芽，从基部将芽切下，转至含 100mg · L^{-1} 卡那霉素和 500mg · L^{-1} 羧苄青霉素的 MS + 0.1mg · L^{-1} IAA 上生根培养，生根后的植株移入温室内栽培。

四、预期结果

愈伤组织：一周后在脱分化培养基上长出淡黄色、松散的愈伤组织。

　　幼芽：愈伤组织转入分化培养基两周后分化出芽。

　　生根：芽转入生根培养基后可以生根。

　　五、诱导出烟草愈伤组织并能够再生。每小组交出两三株再生并生根的烟草转化植株。

附　录

附录 1　常用培养基配方

MS 培养基（Murashige 和 Skoog，1962）

成分	用量（mg·L^{-1}）	成分	用量（mg·L^{-1}）
硝酸钾（KNO$_3$）	1900	硝酸铵（NH$_4$NO$_3$）	1650
硫酸镁（MgSO$_4$·7H$_2$O）	370	氯化钙（CaCl$_2$·2H$_2$O）	440
七水合硫酸亚铁（FeSO$_4$·7H$_2$O）	27.8	乙二胺四乙酸二钠（Na$_2$–EDTA·2H$_2$O）	37.3
磷酸二氢钾（KH$_2$PO$_4$）	170	硫酸锌（ZnSO$_4$·7H$_2$O）	8.6
硫酸锰（MnSO$_4$·H$_2$O）	22.3	碘化钾（KI）	0.83
硼酸（H$_3$BO$_3$）	6.2	氯化钴（CoCl$_2$·6H$_2$O）	0.025
钼酸钠（Na$_2$MoO$_4$·2H$_2$O）	0.25	硫酸铜（CuSO$_4$·5H$_2$O）	0.025
肌醇（C$_6$H$_{12}$O$_6$）	100	烟酸（VB$_3$）	0.5
盐酸硫胺素（VB$_1$）	0.1	甘氨酸（C$_2$H$_5$NO$_2$）	2
盐酸吡哆醇（VB$_6$）	0.5	蔗糖	30000
琼脂	10000	pH	5.8

怀特培养基（White，1943）

成分	用量（mg·L^{-1}）	成分	用量（mg·L^{-1}）
硝酸钾（KNO$_3$）	80	硝酸铵（NH$_4$NO$_3$）	1650
硫酸镁（MgSO$_4$·7H$_2$O）	370	氯化钙（CaCl$_2$·2H$_2$O）	440
七水合硫酸亚铁（FeSO$_4$·7H$_2$O）	27.8	乙二胺四乙酸二钠（Na$_2$–EDTA·2H$_2$O）	37.3
磷酸二氢钾（KH$_2$PO$_4$）	170	硫酸锌（ZnSO$_4$·7H$_2$O）	8.6
硫酸锰（MnSO$_4$·H$_2$O）	22.3	碘化钾（KI）	0.83
硼酸（H$_3$BO$_3$）	6.2	氯化钴（CoCl$_2$·6H$_2$O）	0.025

（续表）

成分	用量 （mg·L^{-1}）	成分	用量 （mg·L^{-1}）
钼酸钠（$Na_2MoO_4 \cdot 2H_2O$）	0.25	硫酸铜（$CuSO_4 \cdot 5H_2O$）	0.025
肌醇（$C_6H_{12}O_6$）	100	烟酸（VB_3）	0.5
盐酸硫胺素（VB_1）	0.1	甘氨酸（$C_2H_5NO_2$）	2.0
盐酸吡哆醇（VB_6）	0.5	蔗糖	30000
琼脂		pH	5.8

LS（Linsmsier 和 Skoog, 1965）培养基

成分	用量 （mg·L^{-1}）	成分	用量 （mg·L^{-1}）
硝酸钾（KNO_3）	1900	硝酸铵（NH_4NO_3）	1650
硫酸镁（$MgSO_4 \cdot 7H_2O$）	370	氯化钙（$CaCl_2 \cdot 2H_2O$）	440
七水合硫酸亚铁（$FeSO_4 \cdot 7H_2O$）	27.8	乙二胺四乙酸二钠（$Na_2 - EDTA \cdot 2H_2O$）	37.3
磷酸二氢钾（KH_2PO_4）	170	硫酸锌（$ZnSO_4 \cdot 7H_2O$）	8.6
硫酸锰（$MnSO_4 \cdot H_2O$）	22.3	碘化钾（KI）	0.83
硼酸（H_3BO_3）	6.2	氯化钴（$CoCl_2 \cdot 6H_2O$）	0.025
钼酸钠（$Na_2MoO_4 \cdot 2H_2O$）	0.25	硫酸铜（$CuSO_4 \cdot 5H_2O$）	0.025
肌醇（$C_6H_{12}O_6$）	100	盐酸硫胺素（VB_1）	0.1
蔗糖	30 000	琼脂	10 000
pH	5.8		

N$_6$ 培养基（朱至清等, 1975）

成分	用量 （mg·L^{-1}）	成分	用量 （mg·L^{-1}）
硝酸钾（KNO_3）	2830	硝酸铵（NH_4NO_3）	463
硫酸镁（$MgSO_4 \cdot 7H_2O$）	185	氯化钙（$CaCl_2 \cdot 2H_2O$）	166
七水合硫酸亚铁（$FeSO_4.7H_2O$）	27.85	乙二胺四乙酸二钠（$Na_2 - EDTA \cdot 2H_2O$）	37.25
磷酸二氢钾（KH_2PO_4）	400	硫酸锌（$ZnSO_4 \cdot 7H_2O$）	1.5
硫酸锰（$MnSO_4 \cdot 4H_2O$）	4.4	碘化钾（KI）	0.8
硼酸（H_3BO_3）	1.6	甘氨酸（$C_2H_5NO_2$）	2.0
盐酸硫胺素（VB_1）	1.0	盐酸吡哆醇（VB_6）	0.5
烟酸（VB_3）	0.5	蔗糖	50 000
琼脂	10 000	pH	5.8

米勒培养基（Miller，1963）

成分	用量（mg·L^{-1}）	成分	用量（mg·L^{-1}）
硝酸钾（KNO$_3$）	1000	硝酸铵（NH$_4$NO$_3$）	1000
硫酸镁（MgSO$_4$·7H$_2$O）	35	硝酸钙［Ca（NO$_3$）$_2$·4H$_2$O］	347
氯化钾（KCl）	65	乙二胺四乙酸二钠（Na$_2$–EDTA·2H$_2$O）	32
磷酸二氢钾（KH$_2$PO$_4$）	300	硫酸锌（ZnSO$_4$·7H$_2$O）	1.5
硫酸锰（MnSO$_4$·H$_2$O）	4.4	硼酸（H$_3$BO$_3$）	1.6
碘化钾（KI）	0.8	烟酸（VB$_3$）	0.5
盐酸硫胺素（VB$_1$）	0.1	甘氨酸（C$_2$H$_5$NO$_2$）	2
盐酸吡哆醇（VB$_6$）	0.1	蔗糖	30 000
琼脂	10 000	pH	6.0

"革新"培养基

成分	用量（mg·L^{-1}）	成分	用量（mg·L^{-1}）
硝酸钾（KNO$_3$）	500	氯化钾（KCl）	800
磷酸二氢钾（KH$_2$PO$_4$）	125	硝酸钾（KNO$_3$）	125
硫酸镁（MgSO$_4$·7H$_2$O）	125	硫酸铵［（NH$_4$）$_2$·SO$_3$］	800
硫酸锌（ZnSO$_4$·7H$_2$O）	0.05	硫酸铜（CuSO$_4$·5H$_2$O）	0.05
硼酸（H$_3$BO$_3$）	0.6	氯化锰（MCl$_2$·H$_2$O）	0.4
钼酸氨［（NH$_4$）$_6$MO$_7$O$_{24}$］	0.025	胱氨酸	10
盐酸硫胺素（VB$_1$）	1.0	柠檬酸铁（FeC$_6$H$_5$O$_7$）	25
菸酸	1.0	盐酸吡哆醇（VB$_6$）	1.0
生物素	0.01	肌醇（C$_6$H$_{12}$O$_6$）	0.1
泛酸钙	10	腺嘌呤	5
酪蛋白水解物	1.0	蔗糖	20 000
琼脂	7 000	pH	5.8

H 培养基（Bourgin 和 Nitsca，1967）

成分	用量（mg·L^{-1}）	成分	用量（mg·L^{-1}）
硝酸钾（KNO$_3$）	950	硝酸铵（NH$_4$NO$_3$）	720
硫酸镁（MgSO$_4$·7H$_2$O）	185	氯化钙（CaCl$_2$·2H$_2$O）	166

（续表）

成分	用量 （mg·L^{-1}）	成分	用量 （mg·L^{-1}）
磷酸二氢钾（KH_2PO_4）	68	硫酸锰（$MnSO_4·4H_2O$）	25
七水合硫酸亚铁（$FeSO_4·7H_2O$）	27.8	乙二胺四乙酸二钠（$Na_2-EDTA·2H_2O$）	37.3
硫酸锌（$ZnSO_4·7H_2O$）	10	硼酸（H_3BO_3）	10
钼酸钠（$Na_2MoO_4·2H_2O$）	0.25	硫酸铜（$CuSO_4·5H_2O$）	0.025
肌醇（$C_6H_{12}O_6$）	100	烟酸（VB_3）	5
盐酸硫胺素（VB_1）	0.5	甘氨酸（$C_2H_5NO_2$）	2
盐酸吡哆醇（VB_6）	0.5	叶酸	0.5
生物素	0.05	琼脂	80 000
蔗糖	20 000	pH	5.5

改良怀特培养基（White，1963）

成分	用量 （mg·L^{-1}）	成分	用量 （mg·L^{-1}）
硝酸钾（KNO_3）	80	硝酸钙［$Ca(NO_3)_2·4H_2O$］	300
硫酸镁（$MgSO_4·7H_2O$）	720	硫酸钠（Na_2SO_4）	200
氯化钾（KCl）	65	磷酸二氢钠（$NaH_2PO_4·H_2O$）	16.5
硫酸铁［$Fe_2(SO_4)_3$］	2.5	硫酸锰（$MnSO_4·4H_2O$）	7
硫酸锌（$ZnSO_4·7H_2O$）	3	硼酸（H_3BO_3）	1.5
硫酸铜（$CuSO_4·5H_2O$）	0.001	氧化钼（MoO_3）	0.0001
肌醇（$C_6H_{12}O_6$）	100	烟酸（VB_3）	0.3
盐酸硫胺素（VB_1）	0.1	甘氨酸（$C_2H_5NO_2$）	3
盐酸吡哆醇（VB_6）	0.1	蔗糖	20 000
琼脂	10 000	pH	5.6

B5 培养基（Gamborg 等，1968）

成分	用量 （mg·L^{-1}）	成分	用量 （mg·L^{-1}）
磷酸二氢钠（$NaH_2PO_4·H_2O$）	150	硝酸钾（KNO_3）	3000
硫酸铵［$(NH_4)_2SO_4$］	134	硫酸镁（$MgSO_4·7H_2O$）	500
氯化钙（$CaCl_2·2H_2O$）	150	乙二胺四乙酸二钠（$Na_2-EDTA·2H_2O$）	28

（续表）

成分	用量（mg·L^{-1}）	成分	用量（mg·L^{-1}）
硫酸锰（$MnSO_4 \cdot 4H_2O$）	10	硼酸（H_3BO_3）	3
硫酸锌（$ZnSO_4 \cdot 7H_2O$）	2	钼酸钠（$Na_2MoO_4 \cdot 2H_2O$）	0.25
硫酸铜（$CuSO_4 \cdot 5H_2O$）	0.025	氯化钙（$CoCl_2 \cdot 6H_2O$）	0.025
碘化钾（KI）	0.75	盐酸硫胺素（VB_1）	10
盐酸吡哆醇（VB_6）	1	烟酸（VB_3）	1
肌醇（$C_6H_{12}O_6$）	100	蔗糖	20 000
琼脂	10 000	pH	5.5

尼许培养基（Nitsth，1951）

成分	用量（mg·L^{-1}）	成分	用量（mg·L^{-1}）
硝酸钙［$Ca(NO_3)_2 \cdot 4H_2O$］	500	硝酸钾（KNO_3）	125
硫酸镁（$MgSO_4 \cdot 7H_2O$）	125	磷酸二氢钾（KH_2PO_4）	125
硫酸锰（$MnSO_4 \cdot 4H_2O$）	3	硫酸锌（$ZnSO_4 \cdot 7H_2O$）	0.05
硼酸（H_3BO_3）	0.5	硫酸铜（$CuSO_4 \cdot 5H_2O$）	0.025
钼酸钠（$Na_2MoO_4 \cdot 2H_2O$）	0.025	柠檬酸铁［$FeC_6H_5O_7$（1%）］	10
蔗糖	20 000	琼脂	10 000
pH	6.0	有机成分	参考 MS

SH 培养基（Schenk 等，1922）

成分	用量（mg·L^{-1}）	成分	用量（mg·L^{-1}）
硝酸钾（KNO_3）	2500	磷酸二氢氨（$NH_3H_2PO_4 \cdot H_2O$）	300
氯化钙（$CaCl_2 \cdot 2H_2O$）	200	硫酸镁（$MgSO_4 \cdot 7H_2O$）	400
硫酸亚铁（$FeSO_4 \cdot 7H_2O$）	15.0	乙二胺四乙酸二钠（Na_2–EDTA·$2H_2O$）	20.0
硼酸（H_3BO_3）	5	硫酸锌（$ZnSO_4 \cdot 7H_2O$）	1
硫酸锰（$MnSO_4 \cdot 4H_2O$）	10	钼酸钠（$Na_2MoO_4 \cdot 2H_2O$）	0.1
碘化钾（KI）	1.0	硫酸铜（$CuSO_4 \cdot 5H_2O$）	0.2
氯化钴（$CoCl_2 \cdot 6H_2O$）	0.1	肌醇（$C_6H_{12}O_6$）	100
盐酸硫胺素（VB_1）	5	烟酸（VB_3）	5
盐酸吡哆醇（VB_6）	0.5	蔗糖	30 000
琼脂	10 000	pH	5.8

WPM 培养基（Schenk 等，1922）

成分	用量（mg · L^{-1}）	成分	用量（mg · L^{-1}）
硝酸钾（KNO_3）	400	氯化钙（$CaCl_2 · 2H_2O$）	900
硫酸镁（$MgSO_4 · 7H_2O$）	187	磷酸二氢钾（KH_2PO_4）	170
乙二胺四乙酸二钠（$Na_2 - EDTA · 2H_2O$）	37.3	硫酸亚铁（$FeSO_4 · 7H_2O$）	27.8
氯化钾（KCl）	900	磷酸亚铁［$Fe_3(PO_4)_2$］	187.5
硫酸钙（$CaSO_4$）	187.5	磷酸钙（$Ca_3(PO_4)_2$）	187.5
硫酸锰（$MnSO_4 · 4H_2O$）	22.3	硫酸锌（$ZnSO_4 · 7H_2O$）	8.6
硼酸（H_3BO_3）	6.2	钼酸钠（$Na_2MoO_4 · 2H_2O$）	0.25
盐酸硫胺素（VB_1）	1.0	盐酸吡哆醇（VB_6）	0.5
烟酸（VB_3）	0.5	肌醇（$C_6H_{12}O_6$）	100
甘氨酸（$C_2H_5NO_2$）	2	蔗糖	20
琼脂	7 – 10	pH	5.8

Lloyd 和 McCown 培养基（Lloyd 等，1980）

成分	用量（mg · L^{-1}）	成分	用量（mg · L^{-1}）
硝酸铵（NH_4NO_3）	400	硝酸钙［$Ca(NO_3)_2 · 4H_2O$］	556
硫酸钾（K_2SO_4）	990	氯化钙（$CaCl_2 · 2H_2O$）	96
磷酸二氢钾（KH_2PO_4）	170	硫酸镁（$MgSO_4 · 7H_2O$）	370
乙二胺四乙酸二钠（$Na_2 - EDTA · 2H_2O$）	37.3	硫酸亚铁（$FeSO_4 · 7H_2O$）	27.8
硼酸（H_3BO_3）	6.2	钼酸钠（$Na_2MoO_4 · 2H_2O$）	0.25
硫酸锰（$MnSO_4 · 4H_2O$）	22.5	硫酸锌（$ZnSO_4 · 7H_2O$）	8.6
硫酸铜（$CuSO_4 · 5H_2O$）	0.25	甘氨酸（$C_2H_5NO_2$）	2.0
盐酸硫胺素（VB_1）	1.0	盐酸吡哆醇（VB_6）	0.5
烟酸（VB_3）	0.5	肌醇（$C_6H_{12}O_6$）	100
蔗糖	20 000	琼脂	10 000
pH	5.8		

改良 Kundson 培养基

成分	用量 $(mg \cdot L^{-1})$	成分	用量 $(mg \cdot L^{-1})$
磷酸二氢钾（KH_2PO_4）	250	硝酸钙 $[Ca(NO_3)_2 \cdot 4H_2O]$	1000
硫酸氨 $[(NH_4)_2SO_4]$	500	硫酸镁（$MgSO_4 \cdot 7H_2O$）	250
硫酸亚铁（$FeSO_4 \cdot 7H_2O$）	25	硫酸锰（$MnSO_4 \cdot 4H_2O$）	7.5
硼酸（H_3BO_3）	0.056	硫酸锌（$ZnSO_4 \cdot 7H_2O$）	0.331
氧化钼（MoO_3）	0.016	硫酸铜（$CuSO_4 \cdot 5H_2O$）	0.040
熟香蕉	$100 \sim 150g$	蔗糖	20
琼脂	$12-15$	pH	$5.0 \sim 5.2$

Anderson 培养基

成分	用量 $(mg \cdot L^{-1})$	成分	用量 $(mg \cdot L^{-1})$
硝酸钾（KNO_3）	480	硝酸铵（NH_4NO_3）	400
磷酸二氢钠（$Na_2H_2PO_4$）	380	硫酸亚铁（$FeSO_4 \cdot 7H_2O$）	55.7
乙二胺四乙酸二钠（$Na_2 - EDTA \cdot 2H_2O$）	74.5	氯化钙（$CaCl_2 \cdot 2H_2O$）	440
硫酸镁（$MgSO_4 \cdot 7H_2O$）	370	硫酸锌（$ZnSO_4 \cdot 7H_2O$）	8.6
硫酸锰（$MnSO_4 \cdot 4H_2O$）	16.9	碘化钾（KI）	0.83
硼酸（H_3BO_3）	6.2	氯化钴（$CoCl_2 \cdot 6H_2O$）	0.025
钼酸钠（$Na_2MoO_4 \cdot 2H_2O$）	0.25	硫酸铜（$CuSO_4 \cdot 5H_2O$）	0.025
肌醇（$C_6H_{12}O_6$）	100	烟酸（VB_3）	0.5
盐酸硫胺素（VB_1）	0.1	甘氨酸（$C_2H_5NO_2$）	2
盐酸吡哆醇（VB_6）	0.5	蔗糖	3 000
琼脂	10 000	pH	5.8

Norstog 培养基

成分	用量 $(mg \cdot L^{-1})$	成分	用量 $(mg \cdot L^{-1})$
硝酸钾（KNO_3）	160	硫酸镁（$MgSO_4 \cdot 7H_2O$）	7.30
硫酸钠（Na_2SO_4）	200	硝酸钙 $[Ca(NO_3)_2 \cdot 4H_2O]$	290
氯化钾（KCl）	140	柠檬酸铁 $[FeC_6H_5O_7 (1\%)]$	10
磷酸二氢钠（$Na_2H_2PO_4$）	800	硫酸锌（$ZnSO_4 \cdot 7H_2O$）	0.5
硫酸锰（$MnSO_4 \cdot 4H_2O$）	3	氯化钴（$CoCl_2 \cdot 6H_2O$）	0.25

（续表）

成分	用量（mg·L^{-1}）	成分	用量（mg·L^{-1}）
硼酸（H_3BO_3）	0.5	硫酸铜（$CuSO_4·5H_2O$）	0.25
钼酸钠（$Na_2MoO_4·2H_2O$）	0.25	蔗糖	1 000
琼脂	10 000	pH	5.8

MS - R 培养基

成分	用量（mg·L^{-1}）	成分	用量（mg·L^{-1}）
硝酸钾（KNO_3）	475	硝酸铵〔NH_4NO_3〕	412
硫酸镁（$MgSO_4·7H_2O$）	370	氯化钙（$CaCl_2·2H_2O$）	400
硫酸亚铁（$FeSO_4·7H_2O$）	55.6	乙二胺四乙酸二钠（Na_2-EDTA·$2H_2O$）	37.3
磷酸二氢钾（KH_2PO_4）	170	硫酸锌（$ZnSO_4·7H_2O$）	8.6
硫酸锰（$MnSO_4·4H_2O$）	22.3	碘化钾（KI）	0.83
硼酸（H_3BO_3）	9.3	氯化钴（$CoCl_2·6H_2O$）	0.025
钼酸钠（$Na_2MoO_4·2H_2O$）	0.25	硫酸铜（$CuSO_4·5H_2O$）	0.025
肌醇（$C_6H_{12}O_6$）	100	烟酸（VB_3）	0.5
盐酸硫胺素（VB_1）	0.1	甘氨酸（$C_2H_5NO_2$）	2
盐酸吡哆醇（VB_6）	0.5	蔗糖	30 000
琼脂	10 000	pH	5.8

PDA 培养基

成分	用量（g）	成分	用量（g）
马铃薯	200	葡萄糖	20
琼脂	8.5	pH	5.5~6.0

GS 培养基

成分	用量（mg·L^{-1}）	成分	用量（mg·L^{-1}）
硝酸钾（KNO_3）	1281	硫酸铵〔$(NH_4)_2SO_4$〕	321
硫酸镁（$MgSO_4·7H_2O$）	746	氯化钙（$CaCl_2·2H_2O$）	887
硫酸亚铁（$FeSO_4·7H_2O$）	27.8	乙二胺四乙酸二钠（Na_2-EDTA·$2H_2O$）	37.3

（续表）

成分	用量 （mg·L⁻¹）	成分	用量 （mg·L⁻¹）
磷酸二氢钾（KH_2PO_4）	200	硫酸锌（$ZnSO_4 \cdot 7H_2O$）	8.6
硫酸锰（$MnSO_4 \cdot 4H_2O$）	22.3	碘化钾（KI）	0.83
硼酸（H_3BO_3）	6.2	氯化钴（$CoCl_2 \cdot 6H_2O$）	0.025
钼酸钠（$Na_2MoO_4 \cdot 2H_2O$）	0.25	硫酸铜（$CuSO_4 \cdot 5H_2O$）	0.025
肌醇（$C_6H_{12}O_6$）	100	烟酸（VB_3）	0.5
盐酸硫胺素（VB_1）	0.1	甘氨酸（$C_2H_5NO_2$）	2
盐酸吡哆醇（VB_6）	0.5	蔗糖	30 000
琼脂	10 000	pH	5.8

Ar 培养基

成分	用量 （mg·L⁻¹）	成分	用量 （mg·L⁻¹）
硝酸钾（KNO_3）	1900	硝酸铵（NH_4NO_3）	1000
硫酸镁（$MgSO_4 \cdot 7H_2O$）	370	氯化钙（$CaCl_2 \cdot 2H_2O$）	440
硫酸亚铁（$FeSO_4 \cdot 7H_2O$）	27.8	乙二胺四乙酸二钠（$Na_2-EDTA \cdot 2H_2O$）	37.3
磷酸二氢钾（KH_2PO_4）	350	硫酸锌（$ZnSO_4 \cdot 7H_2O$）	15
硫酸锰（$MnSO_4 \cdot 4H_2O$）	22.3	碘化钾（KI）	0.83
硼酸（H_3BO_3）	6.2	氯化钴（$CoCl_2 \cdot 6H_2O$）	0.025
钼酸钠（$Na_2MoO_4 \cdot 2H_2O$）	0.25	硫酸铜（$CuSO_4 \cdot 5H_2O$）	0.025
肌醇（$C_6H_{12}O_6$）	100	烟酸（VB_3）	0.5
盐酸硫胺素（VB_1）	0.1	甘氨酸（$C_2H_5NO_2$）	2
盐酸吡哆醇（VB_6）	0.5	蔗糖	30 000
琼脂	10 000	pH	5.6~5.8

G 培养基

成分	用量 （mg·L⁻¹）	成分	用量 （mg·L⁻¹）
硝酸钾（KNO_3）	3000	硫酸铵［$(NH_4)_2SO_4$］	160
硫酸镁（$MgSO_4 \cdot 7H_2O$）	440	磷酸二氢钾（KH_2PO_4）	500
氯化钙（$CaCl_2 \cdot 2H_2O$）	220	硫酸锌（$ZnSO_4 \cdot 7H_2O$）	8.6
硫酸锰（$MnSO_4 \cdot 4H_2O$）	22.3	碘化钾（KI）	0.83

（续表）

成分	用量（mg·L^{-1}）	成分	用量（mg·L^{-1}）
硼酸（H$_3$BO$_3$）	6.2	氯化钴（CoCl$_2$·6H$_2$O）	0.025
钼酸钠（Na$_2$MoO$_4$·2H$_2$O）	0.25	硫酸铜（CuSO$_4$·5H$_2$O）	0.025
甘氨酸（C$_2$H$_5$NO$_2$）	2.0	肌醇（C$_6$H$_{12}$O$_6$）	100
盐酸硫胺素（VB$_1$）	0.4	盐酸吡哆醇（VB$_6$）	0.5
烟酸（VB$_3$）	0.5	蔗糖	30 000
pH	5.8		

MT（Murashige 和 Tucker，1969）

成分	用量（mg·L^{-1}）	成分	用量（mg·L^{-1}）
硝酸钾（KNO$_3$）	1900	硝酸铵（NH$_4$NO$_3$）	1650
硫酸镁（MgSO$_4$·7H$_2$O）	370	磷酸二氢钾（KH$_2$PO$_4$）	170
氯化钙（CaCl$_2$·2H$_2$O）	440	硫酸锌（ZnSO$_4$·7H$_2$O）	8.6
硫酸亚铁（FeSO$_4$·7H$_2$O）	27.8	乙二胺四乙酸二钠（Na$_2$-EDTA·2H$_2$O）	37.3
硫酸锰（MnSO$_4$·4H$_2$O）	22.3	碘化钾（KI）	0.83
硼酸（H$_3$BO$_3$）	6.2	氯化钴（CoCl$_2$·6H$_2$O）	0.025
钼酸钠（Na$_2$MoO$_4$·2H$_2$O）	0.25	硫酸铜（CuSO$_4$·5H$_2$O）	0.025
甘氨酸（C$_2$H$_5$NO$_2$）	2.0	肌醇（C$_6$H$_{12}$O$_6$）	100
盐酸吡哆醇（VB$_6$）	0.5	烟酸（VB$_3$）	0.5
蔗糖	50 000		

T 培养基（Bourgin 和 Nitsch，1967）

成分	用量（mg·L^{-1}）	成分	用量（mg·L^{-1}）
硝酸钾（KNO$_3$）	1900	硝酸铵（NH$_4$NO$_3$）	1650
硫酸镁（MgSO$_4$·7H$_2$O）	370	磷酸二氢钾（KH$_2$PO$_4$）	170
氯化钙（CaCl$_2$·2H$_2$O）	440	硫酸亚铁（FeSO$_4$·7H$_2$O）	27.8
乙二胺四乙酸二钠（Na$_2$-EDTA·2H$_2$O）	37.3	硫酸锰（MnSO$_4$·4H$_2$O）	25
硼酸（H$_3$BO$_3$）	10	钼酸钠（Na$_2$MoO$_4$·2H$_2$O）	0.25
硫酸铜（CuSO$_4$·5H$_2$O）	0.025	蔗糖	10 000
琼脂	8 000	pH	6.0

附录 2　几种常用培养基中各种无机离子浓度的比较

离子单位		White	Heller	MS	ER	Be	Nitsch	NT
NO_3		3.33	7.05	39.41	33.79	25.00	18.40	19.69
NH_4				20.62	15.00	2.00	9.00	10.30
总氮		3.33	7.05	60.03	48.70	27.03	27.40	29.99
P	$mmol \cdot L^{-1}$	0.138	0.90	1.25	2.50	1.08	0.50	5.00
K		1.66	10.05	20.05	21.29	25.00	9.90	14.39
Ca		1.27	0.51	2.99	2.99	1.02	1.49	1.50
Mg		3.04	1.01	1.50	1.50	1.00	0.75	5.00
Cl		0.87	11.08	5.98	5.98	2.04	2.99	3.00
Fe		12.5	3.7	100	100	50.1	100	100
S		4 502	1 013	1 730	1 610	2 079	9 963	5 236
Na		2 958	7 966	202	237	1 056	202	202
B		24.2	16.0	100	10	48.5	161.8	100
Mn		22.4	0.4	100	10	59.2	112	100
Zn	$\mu mol \cdot L^{-1}$	10.40	3.40	30.00	37.30	7.00	34.70	36.83
Cu		0.04	0.10	0.10	0.01	0.10	0.10	0.10
Mo		0.007		1.00	0.10	1.00	1.00	1.00
Co				0.10	0.01	0.10		0.10
I		4.50	0.06	5.00		4.50		5.00
Al			0.20					
Ni			0.10					

附录 3　常用药品 μmol 和 ppm 的换算表

1. 无机成分

ppm 换算成 μmol

ppm	μmol							
	NH_4NO_3	KNO_3	KH_2PO_4	$CaCl_2 \cdot 2H_2O$	$MgSO_4 \cdot 7H_2O$	$MnSO_4 \cdot H_2O$	$ZnSO_4 \cdot 7H_2O$	H_3BO_3
1	12.494	9.892	7.649	6.804	4.057	5.917	3.478	16.173
2	24.988	19.784	14.697	13.607	8.115	11.834	6.955	32.347
3	37.481	29.677	22.046	20.411	12.172	17.750	10.433	48.520

（续表）

ppm	μmol							
	NH_4NO_3	KNO_3	KH_2PO_4	$CaCl_2 \cdot 2H_2O$	$MgSO_4 \cdot 7H_2O$	$MnSO_4 \cdot H_2O$	$ZnSO_4 \cdot 7H_2O$	H_3BO_3
4	49.975	39.569	29.394	27.215	16.230	23.667	13.910	64.694
5	62.469	49.461	36.743	34.018	20.287	29.584	17.388	80.867
6	74.93	59.353	44.092	40.822	24.345	35.501	20.865	97.040
7	87.456	69.245	51.440	47.626	28.402	41.418	24.343	113.214
8	99.950	79.137	58.789	54.429	32.460	47.334	27.820	129.387
9	112.444	89.030	66.138	61.233	36.517	53.251	31.293	145.560
分子量	80.04	101.09	136.08	146.98	246.46	169.01	287.56	61.83

μmol 换算成 ppm

$\times 10^{-6}$ $mol \cdot L^{-1}$	ppm（$mg \cdot L^{-1}$)							
	NH_4NO_3	KNO_3	KH_2PO_4	$CaCl_2 \cdot 2H_2O$	$MgSO_4 \cdot 7H_2O$	$MnSO_4 \cdot H_2O$	$ZnSO_4 \cdot 7H_2O$	H_3BO_3
1	0.080 0	0.110 1	0.136 1	0.147 0	0.246 5	0.169 0	0.287 6	0.061 8
2	0.160 1	0.202 2	0.272 2	0.294 0	0.492 9	0.338 0	0.575 1	0.123 7
3	0.240 1	0.303 3	0.408 2	0.440 9	0.739 4	0.507 0	0.862 7	0.185 5
4	0.320 2	0.404 4	0.544 3	0.587 9	0.985 8	0.676 0	1.150 2	0.247 3
5	0.400 2	0.505 5	0.680 4	0.734 9	1.232 3	0.845 1	1.437 8	0.309 2
6	0.480 2	0.606 5	0.816 5	0.881 9	1.478 8	1.014 1	1.725 4	0.371 0
7	0.560 3	0.707 6	0.952 6	1.028 9	1.725 2	1.183 1	2.012 9	0.432 8
8	0.640 3	0.808 7	1.088 6	1.175 8	1.971 7	1.352 1	2.300 5	0.494 6
9	0.720 4	0.909 8	1.224 7	1.322 8	2.218 1	1.521 1	2.588 0	0.556 5
分子量	80.04	101.09	136.08	146.98	246.46	169.01	287.56	61.83

ppm 换算成 μmol

ppm	μmol						
	$MnSO_4 \cdot 7H_2O$	KI	$Na_2MoO_4 \cdot 2H_2O$	$CuSO_4 \cdot 5H_2O$	$CoCl_2 \cdot 6H_2O$	$C_{10}H_{14}N_2O_8Na_2 \cdot H_2O$	$FeSO_4 \cdot 7H_2O$
1	4.484	6.024	4.133	4.005	4.203	2.686	3.597
2	8.969	12.049	8.265	8.010	8.405	5.373	7.194
3	13.453	18.073	12.398	12.015	12.608	8.059	10.791

（续表）

ppm	μmol						
	$MnSO_4 \cdot 7H_2O$	KI	$Na_2MoO_4 \cdot 2H_2O$	$CuSO_4 \cdot 5H_2O$	$CoCl_2 \cdot 6H_2O$	$C_{10}H_{14}N_2O_8Na_2 \cdot H_2O$	$FeSO_4 \cdot 7H_2O$
4	17.937	24.098	16.530	16.021	16.810	10.745	14.388
5	22.422	30.122	20.662	20.026	21.013	13.432	17.986
6	26.906	36.147	24.795	24.031	25.215	16.118	21.583
7	31.301	42.171	28.928	28.928	29.418	18.805	25.180
8	35.874	48.196	33.061	32.041	33.621	21.491	28.777
9	40.359	54.220	37.193	36.046	37.823	24.177	32.374
分子量	223.00	165.99	241.98	249.68	237.95	372.25	278.00

2. 植物激素

ppm 换算成 μmol

ppm	μmol										
	NAA	2,4-D	IAA	BA	KT	GA3	IBA	NOA	2iP	ZEA	ABA
1	5.371	4.524	5.708	4.439	4.647	2.887	4.921	4.646	4.921	4.562	3.783
2	10.741	9.048	11.417	8.879	9.293	5.774	9.841	9.891	9.843	9.124	7.567
3	16.112	13.572	17.125	13.318	13.940	8.661	14.762	14.837	14.764	13.686	11.350
4	21.483	18.096	22.834	17.757	18.586	11.548	19.682	19.685	19.685	18.248	15.134
5	26.855	22.620	18.542	22.197	21.231	14.435	24.603	24.606	24.606	22.810	18.917
6	32.223	27.144	34.250	26.636	27.880	17.323	29.523	29.528	29.528	27.372	22.701
7	37.594	31.668	39.959	31.075	32.526	20.210	34.444	34.449	34.449	31.934	26.484
8	42.965	36.193	45.667	35.515	37.173	23.097	39.364	39.370	39.370	36.496	30.267
9	48.339	40.717	51.376	39.959	41.820	25.984	44.285	44.291	44.291	41.058	34.051
分子质量	186.20	221.04	175.18	225.26	215.21	346.37	203.23	203.20	203.20	219.20	264.31

μmol 换算成 ppm

μmol	ppm										
	NAA	2,4-D	IAA	BA	KT	GA3	IBA	NOA	2iP	ZEA	ABA
1	0.186 2	0.221 0	0.175 2	0.225 3	0.215 2	0.346 4	0.203 2	0.202 2	0.203 2	0.219 2	0.264 3
2	0.372 4	0.442 1	0.350 4	0.450 5	0.430 4	0.292 7	0.406 5	0.404 4	0.406 4	0.438 4	0.528 6
3	0.558 6	0.663 1	0.525 5	0.675 8	0.645 6	1.039 1	0.609 7	0.606 6	0.699 6	0.656 7	0.792 9

（续表）

| μmol | ppm | | | | | | | | | | |
	NAA	2, 4-D	IAA	BA	KT	GA3	IBA	NOA	2iP	ZEA	ABA
4	0.744 8	0.884 2	0.700 7	0.901 0	0.860 8	1.385 5	0.812 9	0.808 8	0.812 8	0.878 8	1.057 2
5	0.931 0	1.105 2	0.875 9	1.126 3	1.076 1	1.731 9	1.016 2	1.011 0	1.016 0	1.096 0	1.321 6
6	1.117 2	1.326 2	1.051 1	1.351 6	1.291 3	2.078 2	1.219 4	1.213 2	1.219 0	1.315 2	1.585 9
7	1.303 4	1.547 3	1.226 3	1.576 8	1.506 5	2.424 6	1.422 6	1.415 4	1.422 4	1.534 4	1.850 2
8	1.489 6	1.768 3	1.401 4	1.802 4	1.721 8	2.771 0	1.625 8	1.617 6	1.625 6	1.753 6	2.114 5
9	1.675 8	1.989 4	1.576 6	2.027 3	1.936 9	3.117 3	1.829 1	1.819 8	1.828 8	1.972 6	2.378 8

3. 维生素

ppm 换算成 μmol

| ppm | μmol | | | | | | | | | | | |
	硫胺素	核黄素	烟酸	泛酸	吡哆醇	维生素 B_{12}	生物素	叶酸	抗坏血酸	肌醇	胡萝卜素	维生素 E
1	2.965	2.657	8.123	4.561	4.863	0.738	4.093	2.266	5.678	5.551	2.802	2.322
2	5.930	5.314	16.246	9.123	9.726	1.476	8.168	4.531	11.356	11.101	5.604	4.644
3	8.895	7.971	24.368	13.684	14.589	2.213	12.279	6.797	17.034	16.652	8.406	6.966
4	11.560	10.628	32.491	18.246	19.451	2.951	16.373	9.062	22.712	22.202	11.208	9.287
5	14.824	13.285	40.614	22.807	24.314	3.689	20.466	11.328	28.390	07.753	14.210	11.609
6	17.789	15.942	48.737	27.369	29.177	4.427	24.559	13.593	34.068	33.304	46.812	13.931
7	20.754	18.599	56.860	31.930	34.040	5.164	28.652	15.859	39.246	39.746	19.614	16.253
8	23.719	21.256	64.983	36.491	38.903	5.902	32.745	19.124	45.424	45.424	22.416	18.575
9	26.684	23.913	73.105	41.053	43.766	6.640	36.838	20.390	51.102	51.102	25.218	20.897
分子质量	337.28	376.37	123.11	219.23	205.64	1 355.42	244.31	441.40			356.89	430.69

μmol 换算成 ppm

| μmol | ppm | | | | | | | | | | | |
	硫胺素	核黄素	烟酸	泛酸	吡哆醇	维生素 B_{12}	生物素	叶酸	抗坏血酸	肌醇	胡萝卜素	维生素 E
1	0.337 3	0.376 4	0.123 1	0.219 2	0.205 6	1.355 4	0.244 3	0.441 4	0.176 1	0.180 2	0.356 9	0.430 7
2	0.674 6	0.752 8	0.246 2	0.438 4	0.411 2	2.710 8	0.488 6	0.882 8	0.352 2	0.360 3	0.713 8	0.861 4
3	1.011 9	1.129 2	0.369 3	0.657 6	0.616 8	4.066 3	0.732 9	1.324 2	0.528 4	0.540 5	1.070 7	1.292 1
4	1.349 2	1.505 6	0.492 4	0.876 8	0.822 4	5.421 7	0.977 2	1.765 6	0.708 5	0.720 6	1.427 6	1.722 8

（续表）

μmol	ppm											
	硫胺素	核黄素	烟酸	泛酸	吡哆醇	维生素 B$_{12}$	生物素	叶酸	抗坏血酸	肌醇	胡萝卜素	维生素 E
5	1.686 5	1.882	0.615 5	1.096 2	1.028 2	6.777 1	1.221 6	2.207 0	0.880 6	0.900 8	1.784 5	2.153 5
6	2.023 8	2.258 4	0.738 6	1.315 2	1.233 6	8.132 5	1.465 9	2.648 4	1.056 7	1.081 0	2.141 3	2.584 1
7	2.361 1	2.628 4	0.861 7	1.534 4	1.439 5	9.487 9	1.710 2	3.089 8	1.232 8	1.261 1	2.498 2	3.014 8
8	2.698 4	3.011 2	0.984 8	1.753 6	1.644 6	10.843 3	1.954 5	3.531 2	1.409 0	1.441 3	2.855 1	3.445 5
9	3.035 7	3.381 6	1.107 9	1.922 8	1.850 8	12.198 8	2.198 8	3.972 6	1.585 1	1.621 4	3.212 0	3.876 2

4. 糖类

ppm 换算成 μmol

ppm	μmol										
	核糖	脱氧核糖	木糖	葡萄糖	果糖	半乳糖	甘露糖	山梨糖	麦芽糖	蔗糖	纤维二糖
1	6.661	7.455	6.661	5.551	5.551	5.551	5.555 1	5.551	2.921	2.921	2.921
2	13.322	14.911	13.322	11.101	11.101	11.101	11.101	11.101	5.843	5.843	5.843
3	19.983	22.366	19.982	16.652	16.652	16.652	16.652	16.652	8.764	8.764	8.764
4	26.644	29.822	26.644	22.202	22.202	22.202	22.202	22.202	11.686	11.686	11.686
5	33.304	37.277	33.304	27.753	27.753	27.753	27.753	27.753	14.607	14.607	14.607
6	39.965	44.733	39.965	33.304	33.304	33.304	33.304	33.304	17.528	17.528	17.523
7	46.625	52.188	46.626	38.854	38.854	38.854	38.854	38.854	20.450	20.450	20.450
8	53.287	59.644	53.287	44.405	44.405	44.405	44.405	44.405	23.371	23.371	23.371
9	59.948	67.099	59.948	49.956	49.956	49.956	49.956	49.956	26.293	26.293	26.293
分子质量（u）	150.13	134.13	150.13	180.16	180.16	180.16	180.16	180.16	342.30	342.30	342.30

μmol 成 ppm

μmol	ppm										
	核糖	脱氧核糖	木糖	葡萄糖	果糖	半乳糖	甘露糖	山梨糖	麦芽糖	蔗糖	纤维二糖
1	0.150 1	0.134 1	0.150 1	0.180 2	0.180 2	0.180 2	0.180 2	0.180 2	0.342 3	0.342 3	0.342 3
2	0.300 3	0.268 3	0.330 3	0.360 4	0.360 4	0.360 4	0.360 4	0.360 4	0.684 6	0.684 6	0.684 6
3	0.450 4	0.402 4	0.450 4	0.540 5	0.540 5	0.540 5	0.540 5	0.540 5	1.026 9	1.026 9	1.026 9
4	0.600 5	0.536 5	0.600 5	0.720 6	0.720 6	0.720 6	0.720 6	0.720 6	1.369 2	1.369 2	1.369 2

（续表）

| μmol | ppm | | | | | | | | | | |
	核糖	脱氧核糖	木糖	葡萄糖	果糖	半乳糖	甘露糖	山梨糖	麦芽糖	蔗糖	纤维二糖
5	0.750 5	0.670 7	0.750 5	0.900 8	0.900 8	0.900 8	0.900 8	0.900 8	1.711 5	1.711 5	1.711 5
6	0.900 8	0.804 8	0.900 8	1.081 0	1.081 0	1.081 0	1.081 0	1.081 0	2.053 8	2.053 8	2.053 8
7	1.050 9	0.938 9	1.050 9	1.261 1	1.261 1	1.261 1	1.261 1	1.261 1	2.396 1	2.396 1	2.396 1
8	1.201 0	1.073 0	1.201 0	1.441 3	1.441 3	1.441 3	1.441 3	1.441 3	2.738 4	2.738 4	2.738 4
9	1.351 2	1.207 2	1.351 3	1.621 4	1.621 4	1.621 4	1.621 4	1.621 4	3.080 7	3.080 7	3.080 7

5. 氨基酸

ppm 换算成 μmol

| ppm | μmol | | | | | | | | | | |
	甘氨酸	丙氨酸	缬氨酸	亮氨酸	丝氨酸	苏氨酸	苯丙氨酸	酪氨酸	色氨酸	脯氨酸	羟脯氨酸
1	13.321	11.325	8.536	7.624	9.516	8.395	6.054	5.519	4.847	8.686	7.626
2	26.642	22.450	17.072	15.248	19.032	16.790	12.108	11.038	9.794	17.372	15.525
3	39.963	33.675	25.608	22.872	28.548	25.185	18.162	16.557	14.691	26.058	22.828
4	53.284	44.900	34.144	30.996	38.064	33.595	24.216	22.076	19.588	34.744	30.504
5	66.605	56.125	42.680	38.620	47.580	41.975	30.270	27.595	24.585	43.430	38.130
6	79.926	67.350	51.216	46.244	57.096	50.370	36.324	33.114	29.482	52.116	45.756
7	93.247	78.575	59.252	53.868	66.612	58.765	42.378	38.633	34.379	60.802	53.382
8	106.568	89.800	68.288	61.492	76.128	67.160		44.152	39.276	69.488	61.008
9	449.889	101.025	76.824	69.116	85.644	75.555		49.671	44.073	78.174	68.634
分子质量（u）	75.07	89.09	117.15	131.17	105.09	119.12		181.19	204.22	115.13	131.13

| ppm | μmol | | | | | | | | | |
	半胱氨酸	胱氨酸	蛋氨酸	天冬氨酸	谷氨酸	天冬酰胺	谷氨酰胺	赖氨酸	精氨酸	组氨酸
1	8.254	4.161	6.702	7.513	6.747	7.569	6.842	6.840	5.741	6.445
2	16.508	8.322	13.404	15.026	13.594	15.138	13.684	13.680	11.482	12.890
3	24.762	12.483	20.106	22.539	20.391	22.707	20.526	20.520	17.223	19.335
4	33.016	16.644	26.806	30.052	27.188	30.276	27.368	27.360	22.964	25.780
5	41.270	20.805	33.510	37.565	33.985	37.845	34.210	34.200	28.705	32.225

（续表）

ppm	μmol									
	半胱氨酸	胱氨酸	蛋氨酸	天冬氨酸	谷氨酸	天冬酰胺	谷氨酰胺	赖氨酸	精氨酸	组氨酸
6	48.524	24.966	40.212	45.078	40.782	45.141	41.052	41.040	34.446	38.670
7	57.778	29.127	46.914	52.591	47.579	52.983	47.894	47.880	40.187	45.115
8	66.032	33.288	53.616	60.104	54.376	60.552	54.736	54.720	45.928	51.560
9	74.286	37.449	60.318	67.617	61.173	68.121	61.578	61.560	51.669	58.005
分子质量（u）	121.16	240.32	149.21	133.10	147.13	132.12	146.15	146.19	171.20	155.16

μmol 换成 ppm

μmol	ppm									
	甘氨酸	丙氨酸	缬氨酸	亮氨酸	丝氨酸	苏氨酸	苯丙氨酸	酪氨酸	色氨酸	脯氨酸
1	0.075 1	0.089 1	0.117 2	0.131 2	0.105 1	0.119 1	0.165 2	0.181 2	0.204 2	0.115 1
2	0.152 0	0.178 2	0.234 4	0.262 4	0.210 2	0.238 2	0.330 4	0.362 4	0.408 4	0.220 2
3	0.225 3	0.167 3	0.351 6	0.393 6	0.315 3	0.357 3	0.495 6	0.543 6	0.612 6	0.345 3
4	0.300 4	0.356 4	0.468 8	0.524 8	0.420 4	0.476 4	0.660 8	0.724 8	0.816 8	0.460 4
5	0.375 5	0.445 5	0.586 0	0.656 0	0.525 5	0.595 5	0.826 0	0.906 0	1.021 0	0.575 5
6	0.450 6	0.534 6	0.703 2	0.787 2	0.630 6	0.714 6	0.991 2	1.087 2	1.225 2	0.690 6
7	0.525 7	0.623 7	0.820 4	0.918 4	0.735 7	0.833 7	1.156 4	1.268 4	1.429 4	0.805 7
8	0.600 8	0.712 8	0.937 6	1.049 6	0.840 8	0.952 8	1.321 6	1.449 6	1.633 6	0.920 8
9	0.675 9	0.801 9	1.054 8	1.180 8	0.949 5	1.071 9	1.480 6	1.630 8	1.837 8	1.035 9

μmol·L⁻¹	ppm									
	羟脯氨酸	胱氨酸	半胱氨酸	蛋氨酸	天冬氨酸	谷氨酸	天冬酰胺	谷氨酰胺	赖氨酸	精氨酸	组氨酸
1	0.131 1	0.240 3	0.121 2	0.149 2	0.131 1	0.147 1	0.132 1	0.146 2	0.146 2	0.174 2	0.155 2
2	0.262 2	0.480 3	0.242 4	0.298 4	0.266 2	0.298 2	0.264 2	0.282 4	0.282 5	0.348 4	0.310 4
3	0.393 3	0.720 9	0.363 6	0.447 6	0.399 3	0.441 3	0.391 3	0.438 6	0.438 6	0.522 6	0.465 6
4	0.524 4	0.961 2	0.484 8	0.596 8	0.532 4	0.588 4	0.528 4	0.580 8	0.580 8	0.696 8	0.620 8
5	0.655 5	1.201 5	0.606 0	0.746 0	0.665 5	0.735 5	0.660 5	0.731 0	0.731 0	0.871 0	0.776 0
6	0.786 6	1.441 8	0.727 2	0.895 2	0.798 6	0.882 6	0.792 6	0.877 2	0.877 2	1.045 2	0.931 2
7	0.914 4	1.682 1	0.848 4	1.044 4	0.931 7	1.029 7	0.924 7	1.023 4	1.023 4	1.219 1	1.086 4
8	1.048 8	1.922 4	0.969 6	1.193 6	1.064 8	1.176 8	1.056 8	1.169 3	1.169 3	1.393 6	1.241 6
9	1.179 9	2.162 7	1.090 8	1.342 8	1.191 9	1.323 9	1.188 9	1.315 8	1.315 8	1.567 8	1.396 8

附录4 温湿度换算表

1. 三种温度换算表

	摄氏（℃） [C=5/9（F-32）]	绝对（K）	华氏（℉） [F=9/5C+32]
℃	C	C+275.15	1.8C
K	K-273.15	K	1.8K-459.4
℉	556F-17.8	0.556+255.3	F

2. 饱和蒸汽压力与其对应的温度

饱和蒸汽压力		温度℃	饱和蒸汽压力		温度℃
kPa	（磅/平方英寸）		kPa	（磅/平方英寸）	
0.0	(0)	100	*103.5	(*15)	121.0
13.8	(2)	103.6	110.3	(16)	122.0
27.6	(4)	106.9	124.1	(18)	124.1
43.3	(4)	109.8	137.9	(20)	126.0
55.2	(8)	112.6	151.3	(22)	127.8
68.9	(10)	115.2	164.8	(24)	129.6
82.8	(12)	117.6		(30)	134.5
96.5	(14)	119.9		(50)	147.6

*约相当于是1个大气压，1个标准大气压=10 325Pa

3. 摄氏干湿度与相对湿度换算表

干球温度	相对温度									
	1	2	3	4	5	6	7	8	9	10
0	81	63	45	28	11					
2	84	68	51	35	20					
4	85	70	56	42	28	14				
6	86	73	60	47	35	23	10			
8	87	75	63	51	40	28	18	7		
10	88	76	65	54	44	34	24	17	4	
12	89	73	68	57	48	38	29	20	11	
14	90	79	70	60	51	42	33	25	17	9
16	90	81	71	62	54	45	37	30	22	15

（续表）

干球温度	相对温度									
	1	2	3	4	5	6	7	8	9	10
18	91	82	73	64	56	48	41	34	26	20
20	91	83	74	66	59	51	44	37	30	24
22	92	83	76	68	61	54	47	40	34	28
24	92	84	77	69	62	56	49	43	37	31
26	92	85	78	71	64	58	50	45	40	34
28	93	85	78	72	65	59	53	48	42	37
30	93	85	79	73	67	61	55	50	44	39

温差：干湿球温差＝干球温度－湿球温度

附录5　椰子液体胚乳所含成分（Ragavan，1966）

1. 无机离子类（mg/100g）		乙醇胺	0.01
钾	312	氨	痕量
磷	37	精氨酸	133
铁	0.1	鸟氨酸	22
钠	105	组氨酸	微量
氯	183	缬氨酸	27
镁	30	蛋氨酸	18
铜	0.04	酪氨酸	16
硫	24	亮氨酸	22
2. 氨基酸类（mg/100g）		苯丙氨酸	12
天门冬氨酸	65	泛酸	0.52
苏氨酸	44	吡哆醛	量末定
丝氨酸	111	生物素	0.02
天门冬酰胺	60	核黄素	0.01
谷氨 酰胺	60	叶酸	0.003
脯氨酸	97	硫胺素	量末定
谷氨酸钠	240	r－氨基丁酸	820
色氨酸	39	赖氨酸	150

（续表）

羟脯氨酸	少量	7. 糖类（mg·L^{-1}）	
甘氨酸	1.35	蔗糖	9.18
同型丝氨酸	5.2	葡萄糖	7.25
胱氨酸	微量	果糖	5.25
3. 蛋白质（g/100g 干重）		8. 生长调节物质（mg·L^{-1}）	
蛋白质	0.97～1.17	生长素	0.07
4. 其他氮化合物		赤霉素类	量未定
二羟基苯丙氨酸	量未定	细胞分裂素类	量未定
5. 有机酸类		9. 其他	
苹果酸	34.31	1，3－二苯脲	5.8
柠檬酸	0.37	白花青素	量未定
莽草酸	量未定	Phyllococosine	量未定
Pyrvolidione	量未定	山梨糖醇	15
羧酸	0.37	肌醇	0.1
6. 维生素类（mg·L^{-1}）		Seyllo－肌醇	0.5
烟酸	0.64	10. 核酸＊	

＊在椰子液体胚乳中所含有的 KNA、RNA 和蛋白质等均是降解为低分子的可溶性形式存在，并未与细胞器（细胞核、线粒体、核糖体等）相结合。椰子液体胚乳中含有相当多的细胞核，它的数目与 DNA 和 RNA（低分子的）的含量有一定的比例关系

附录6　香蕉中营养成分的含量

单位：mg/100g

成分	含量	成分	含量	成分	含量
营养信息	1.0×10^5	纤维素	1.2×10^3	胡罗卜素	6.0×10^{-2}
碳水化合物	2.2×10^2	维生素 A	1.0×10^{-2}	硫胺素	2.0×10
脂肪	2×10^2	维生素 C	8	核黄素	4.0×10
蛋白质	1.4×10^3	维生素 E	2.4×10^{-1}	烟酸	7.0×10^{-1}
镁	4.3×10	钙	7	锌	1.8×10^{-1}
锰	6.5×10^{-1}	铁	4.0×10^{-1}	铜	1.4×10^{-1}
钠	8.0×10^{-1}	钾	2.56×10^2	磷	2.8×10
硒	8.7×10^{-1}				

附录7　培养物的不良表现及改进措施

培养阶段	培养物的表现	症状产生的原因	可供选择的改进措施
初代培养阶段启动与脱分化	培养物水浸状、变色、坏死、茎断面附近干枯	表面灭菌剂过烈，时间过长，外植体选用部位不当，时期不当	试用较温和灭菌剂，降低浓度，减少时间。试用其他部位，改在生长初、中期采样
	培养物长期培养没有多少反应	生长素种类不当，用量不当，温度不适宜。培养基不适宜	增加生长素用量，试用2,4-D；调整培养温度
	愈伤组织生长过旺，疏松，后期水浸状	生长素及细胞分裂素用量过多；培养温度过高；培养基渗透势低	减少生长素、细胞分裂素用量，适当降低培养温度
	愈伤组织生长过紧密、平滑或突起，粗厚，生产缓慢	细胞分裂素用量过多；糖浓度过高。生长素过量亦可引起	适当减少细胞分裂素和糖的用量
	侧芽不萌发，皮层过于膨大，皮孔长出愈伤组织	采样枝条过嫩；生长素、细胞分裂素用量过多	减少生长素、细胞分裂素用量，采用较老化枝条
继代培养阶段再分化与丛生芽苗增殖	苗分化数量少、速度慢、分枝少，个别苗生长细高	细胞分裂素用量不足；温度偏高；光照不足	增加细胞分裂素用量，适当降低温度
	苗分化较多，生长慢，部分苗畸形，节间极度短缩，苗丛密集，过度微型化	细胞分裂素用量过多；温度不适宜	减少细胞分裂素或停用一段时间，调节适当温度
	分化出苗较少，苗畸形，培养较久苗可能再次愈伤组织化	生长素用量偏高，温度偏高	减少生长素用量，适当降温
	叶粗厚变脆	生长素用量偏高，或兼有细胞分裂素用量偏高	适当减少激素用量，避免叶接触培养基
	再生苗的叶缘、叶面等处偶有不定芽分化出来	细胞分裂素用量过多，或该种植物适宜于这种再生方式	适当减少细胞分裂素用量，或分阶段利用这一再生方式
	丛生苗过于细弱，不适于生根操作和将来移栽	细胞分裂素过多，温度过高，光照短，光强不足，久不转接，生长空间窄	减少细胞分裂素用量，延长光照，增加光强，及时转接继代，降低接种密度，改善瓶口遮蔽物

（续表）

培养阶段	培养物的表现	症状产生的原因	可供选择的改进措施
继代培养阶段再分化与丛生芽苗增殖	常有黄叶、死苗夹于丛生苗中，部分苗逐渐衰弱，生长停止，草本植物有时水浸状、烫伤状	瓶内气体状况恶化；pH 值变化过大；久不转接糖已耗尽，光合作用不足自身维持；瓶内乙烯含量升高；培养物可能性已污染；温度不适	部分措施同上。去除污染，控制温度
	幼苗生长无力，陆续发黄落叶，组织水浸状，煮熟状	部分原因同上，植物激素配比不适，无机盐浓度不适等	部分措施同上。及时继代，适当调节激素配比
	幼苗淡绿，部分失绿	忘加铁盐或量不足；pH 值不适，铁、锰、镁元素配比失调，光过强，温度不适	仔细配制培养基，注意配方成分，调好 pH 值，控制光温条件
诱导生根阶段	培养物久不生根，基部切口没有适宜的愈伤组织生长	生长素种类不适宜；用量不足；生根部位通气不良；基因型影响，生根程序不适当；pH 值不适；无机盐浓度及配合不当等	改进培养程序，选用或增加生长素用量，改用滤纸桥液培生根
	愈伤组织生长过大过快，根部肿胀或型，几条根并联或愈合；苗发黄受抑制或死亡	生长素种类不适；用量过高；或伴有细胞分裂素用量过高；程序不适等	减少生长素或细胞分裂素用量，改进培养程序等

附录 8　一些植物染色体数目一览表

类别	植物名称	染色体数目（$2n$）资料
一二年生草本	虞美人	*Papaverrhpeas* 14
	三色堇	*Viola tricolor* 26
	鸡冠花	*Celosiacriatatv* 36
	半枝莲	*Portulaca grandiflora* 18；36
	凤仙花	*Impatiens balsamina* 14
	报春花	*Primula obconica* 24；48
	百日草	*Zinnia elegans* 24
	金盏菊	*Calendula officinalis* 28；32
	万寿菊	*Tagetes erecta* 24；48
	矮牵牛	*Petunia hybrida* 21；28；35
	茑萝	*Quamoclit pennata* 30
	牵牛花	*Pharbitis nil* 30

（续表）

类别	植物名称	染色体数目 （2n） 资料
多年生草本	芍药	*Paeonia lactiflora*　10
	荷花	*Nelunbo nucifera*　16
	睡莲	*Nymphaea tetragona*　112
	仙人掌	*Opuntia ficuindica*　88
	蟹爪兰	*Zygocactus truncatus*　22
	令箭荷花	*Nopalxochia ackermannii*　22
	蜀葵	*Althaearosea*　42
	石竹	*Dianthus chinensis*　30；60
	含羞草	*Mimosa pudica*　52
	紫茉莉	*Mirabilis jalapa*　58
	金鱼草	*Antirrhinum majus*　16
	花叶紫苏	*Coleus blumei*　24；48；49；72
	花叶紫苏	*Coleus blumei* var. *verschaffeltii*　48 – 52
	菊花	*Chrysanthemummorifolium*　18；36；54；56；58；66
	百合	*Lilium* spp.　24
	唐菖蒲	*Gladiolus hybridus*　30；45；60；75；90；120
	水仙	*Narcissus tazetta* var. *chinensis*　30
	郁金香	*Tulipa gesneriana*　24；36
	风信子	*Hyacinthua orientalis*　16 – 31
	黄水仙	*Narcissus pseudonarcissus*　14；24；28
	鸢尾	*Iris tectorium*　24；28；32
	美人蕉	*Canna indica*　18；27
草皮植物	天鹅绒草	*Zoysia tenuifolia*　40
	狗牙根	*Cynodondactylon*　36；40
多年生常绿草本	铁线蕨	*Adiantum capilus – veneris*　60
	秋海棠	*Begonia semperflorens*　33；36；60；66
	仙客来	*Cyclamen persicum*　48；96
	鹤望兰	*Strelitzia reginae*　14
	马蹄莲	*Zantedeschia aethiopica*　32
	吊兰	*Chlorophytum elatum*　28
	君子兰	*Clivia miniata*　22

（续表）

类别	植物名称	染色体数目（2n）资料
	葱兰	*Zephyranthes candida* 38
	墨兰	*Cymbidium sinense* 40；60；80
	飞燕兰（文心兰）	*Pncidium sphacelatum* 38
	金兰	*Cephalanthera falcata* 34
	龙舌兰	*Agave americana* 60
	金边龙舌兰	*Agave americana* var. *marginata* 60
	万年青	*Rohdea japonica* 14；36；38
	紫万年青	*Rhoeodiscolor* 12；24
	牡丹	*Paeonia suffruticosa* 10
	玫瑰	*Rose rugosa* 14
	月季	*Rpsa chinensis* 14；21；28
	腊梅	*Chimonanthus praecox* 22
	木芙蓉	*Hibiscus mutabilis* var. *plenus* 88
	密花金丝桃	*Hypericumdensiflorum* 16
	木绣球	*Viburnum macrocephalum* 18
	丁香	*Syringa oblata* 46
落叶藤本	凌霄	*Camosis grandiflora* 40
	爬山虎	*Parthenocissus tricuspidata* 40
	紫藤	*Wistaria sinensis* 16
	紫藤	*Wistaria sinensis* 32
	金银花	*Lonicera japonica* 18
落叶乔木	银杏	*Gihkgo biloba* 24
	玉兰	*Magnoliadenudata* 114
	玉兰	*Magnoliadenudata* 76
	紫玉兰	*Magnolia liliflora* 76
	鹅掌楸	*Liridendron chinense* 38
	桃花	*Prunus persica* 16
	梅花	*Prunus mume* 16；24
	合欢	*Albizzia julibrissin* 26；52
	珙桐	*Davidia involucrata* 40
灌木	杜鹃花	*Rhododendron* spp. 26；52
	杜鹃花	*Rhododendron* spp. 26；39；52；78；104；156
常绿亚灌木	天竺葵	*Pelargoniun hortorun* 18
	倒挂金钟	*Fuchsia magellanica* 22；44
	麝香石竹	*Dianthus caryophyllus* 30；90

（续表）

类别	植物名称	染色体数目（2n）资料
小灌木	茉莉	*Jasiminum sambac*　26；39
丛生灌木	棕竹	*Rhapis humilis*　36
常绿灌木	海桐	*Pittosporum tobira*　24
	大叶黄杨	*Euonymus japonicus*　32
	扶桑	*Hibiscus rosa – sinensis*　92；144；168
	含笑	*Michelia figo*　38
	一品红	*Euphorbia pulcherrima*　28
	一品红	*Euphorbia pulcherrima*　26
	迎春柳	*Jasminum mesnyi*　24；26
	素馨花	*Jasminum afficinale*　26
	探春	*Jasminum floridum*　26
常绿藤本	龟背竹	*Monsteradeliciosa*　24；56
	叶子花	*Bougainvillea spectabilis*　34
	常春藤	*Hedera helix*　48
常绿小乔木	苏铁	*Cycas revoluta*　22
	金橘	*Fortumella crassifolia*　18；36
	佛手	*Citrus medica* var. *sarcodactylus*　18
常绿乔木	罗汉松	*Podocarpus macrophyllus*　38
	龙松	*Juniperus chinensis*　44
	雪松	*Cedrusdeodara*　24
	广玉兰	*Magnolia grandiflora*　114
	白玉兰	*Michelia alba*　38
	山茶花	*Camellia reticulata*　90
	云南山茶花	*Camellia reticulata*　90
	茶梅	*Camellia chrysantha*　30
	金花茶	*Camellia chrysantha*　30
	樟树	*Cinnamomum camphora*　24
	橡皮树	*Ficus elastica*　26
	桂花	*Osmanthus fragrans*　46
	棕榈	*Trachycarpus fortunei*　36
	鱼尾葵	*Caryota ochlandra*　30

附录 9　植物组织培养常用缩略语

缩略语	英文名称	中文名称
ABA	Abscisic acid	脱落酸
AC	Activated charcol	活性炭
BA	6 – benzyladenine	6 – 苄基腺嘌呤
BAP	6 – benxylaminopurine	6 – 苄氨基嘌呤
CCC	Chlorocholine chloride	氯化氯胆碱（矮壮素）
CH	Casein hydrolysate	水解酪蛋白
CM	Coconut milk	椰子汁
CPW	Cell – protoplast washing（solution）	细胞 – 原生质清洗液
2，4 – D	2，4 – Dichlorophenoxyacetic acid	2，4 – 二氯苯氧乙酸
DMSO	Dimethylsulfoxide	二甲基亚砜
EDTA	Ethylenediaminetetraacetate	乙二胺四乙酸盐
FDA	Fluoresceindiscetate	荧光素双醋酸酯
GA3	Gibberellic acid	赤霉素
IAA	Indole – 3 – acetic scid	吲哚乙酸
IBA	Indole – 3 – butyric acid	吲哚丁酸
in vitro		离体
In vivo		活体
2 – ip	6 – （ – dimethylallylamino）purine 或 2 – isopenteny-ladenine	二甲基丙烯嘌呤
KT	Kinetin	激动素
LH	Lactalbumin hydrolysate	水解乳蛋白
LN	Liquid mitrogen	液氮
lx	lux	勒克司（照度单位）
ME	Malt extract	麦芽浸出物
mol	mole	摩尔
NAA	naphthaleneacetic acid	萘乙酸
NOA	Naphthoxyacetic acid	萘氧乙酸
PCV	Packed cell volume	细胞密实体积

（续表）

缩略语	英文名称	中文名称
PEG	Polyethylene glycol	聚乙二醇
PG	Phloroglucinol	间苯三酚
PVP	Polyvinylpyrrolidone	聚乙烯吡咯烷酮
r/min	Rotation per minute	每分钟转数
TDZ	Thidiazuron	（一种细胞分裂素类物质）
TIBA	2，3，5 – triiodobenzoic acid	三碘苯甲酸
UV	ultraviolet（light）	紫外光
V/V	Volume/volume（concentration）	容积/容积（浓度）
W/V	Weight/volume（concentration）	重量/容积（浓度）
YE	Yeast extract	酵母浸提物
ZT	zeatin	玉米素

参考文献

包英华，白音，王羽梅，等.2006. 豇豆再生体系的建立 [J].广东农业科学，(4)：31－33.

曹有龙，陈放，罗青，等.1999. 枸杞髓组织离体培养及高频率植株再生的研究 [J].广西植物，19 (3)：239－242.

曹有龙，贾勇炯，陈放，等.1999. 枸杞花药愈伤组织细胞悬浮培养与植株再生 [J].四川大学学报（自然科学版），36 (1)：131－135.

丁小维，黄海泉，刘飞虎.2005. 康乃馨茎段愈伤组织诱导及植株再生 [J].亚热带植物科学，34 (3)：62.

冯霞，孙振元，韩蕾，等.2004. 多年生黑麦草的组织培养和植株再生 [J].植物生理学通讯，40 (5)：586.

谷佳南，司龙亭，高兴，等.2009. 黄瓜花药培养愈伤组织诱导及再生的研究 [J].江苏农业科学，(3)：37－39.

韩清霞，沈火林，张振贤.2007. 芹菜胚性细胞悬浮系原生质体分离及再生植株 [J].园艺学报，34 (3)：665－670.

韩清霞，沈火林，朱鑫，等.2006. 芹菜胚性愈伤的诱导及高频植株再生体系的建立 [J].中国蔬菜，(11)：6－9.

何笃修，张临平.1991. 多变小冠花的组织培养和植株再生 [J].北京大学学报（自然科学版），27 (2)：243－247.

何家涛，王会，董珍文，等.2006. 薰衣草茎段再生体系的建立 [J].江西农业学报，18 (4)：91－93.

洪晓华，王瑛华，陈刚，等.2009. 茄子的组织培养和植株再生体系研究 [J].北方园艺，(6)：63－65.

胡繁荣，胡如善，李慧，等.2009. 植物组织培养 [M].北京：中国农业出版社.

胡万群.2008. 甘蓝型油菜花药培养技术研究 [J].安徽农业科学，36 (17)：7134，7165.

霍秀文，魏建华，徐春波，等.2004. 冰草种间杂种蒙农杂种组织培养再生和遗传转化体系的建立 [J].中国农业科学，37 (5)：642－647.

蒋素华，顾东亚，崔波，等.2009. 番茄真叶愈伤组织诱导及植株再生研究 [J].北方园艺，(10)：113－114.

李积胜，陈桂琛，周国英，等.2008. 青藏苔草的组织培养和快速繁殖 [J].植物生理学通讯，44 (3)：516.

李建科，黄俊轩，李双跃，等.2007.草木樨愈伤组织的诱导和芽的再生［J］.天津农学院学报，14（1）：28－30.

李浚明编译.2002.植物组织培养教程［M］.北京：中国农业大学出版社.

李琳，张雪梅，李旭锋，等.1999.球茎甘蓝花托花柄组织培养及其植株再生［J］.四川大学学报（自然科学版），36（2）：347－349.

李瑞芬，孙振元，魏建华，等.2004.野牛草幼穗愈伤组织的诱导及植株再生［J］.武汉植物学研究，22（5）：449－454.

刘巧红，江莉萍，顾红.2001.甜菜原生质体培养及大块愈伤组织的产生［J］.中国甜菜糖业，2：14－15.

刘奕清，王大平.2005.花烛离体培养与植株再生的优化研究西［J］.南农业大学学报（自然科学版），27（5）：612－615.

卢少云，郭振飞，陈永传.2003.狗牙根的组织培养及其矮化变异体研究初报［J］.园艺学报，30（4）：482－484.

罗建平，贾敬芬，顾月华，等.2000.沙打旺胚性原生质体培养优化及高频再生植株生［J］.物工程学报，16（1）：17－21.

马和平，李毅，马彦军，等.2008.枸杞叶片再生植株体系的建立［J］.河北农业大学学报，28（2）：15－18.

梅家训，丁习武，赵忠银，等.2002.组培快繁技术［M］.北京：中国农业出版社.

潘小东.2005.紫花苜蓿耐铝毒突变体筛选的研究［J］.西南农业大学.

彭星元，刘芳，阮淑明，等.2005.植物组织培养技术［M］.北京：高等教育出版社.

钱瑾.2009.紫花苜蓿高频再生体系的建立［J］.实用技术，3：76－80.

钱永强，孙振元，冯霞野，等.2004.牛草成熟胚离体培养及植株再生.植物生理学通讯，40（3）：30.

时俊锋，徐凌彦，李枝林.2008.墨红玫瑰的组织培养研究［J］.现代园艺，8：10－12.

孙榕江，李阳春，刘自学，等.2006.匍匐翦股颖愈伤组织诱导及其分化的研究［J］.草原与草坪，4：42－45.

孙婷婷，胡宝忠.2006.紫罗兰再生体系的建立［J］.北方园艺，（4）：151－154.

孙同虎，孙秀玲，薄鹏飞，等.2006.番茄高效离体再生体系的建立［J］.安徽农业科学，34（24）：6467－6487.

谭文澄，戴策刚，颜慕勤，等.2004.观赏植物组织培养技术［M］.北京：中国林业出版社.

陶静，杨世海，张梦萍，等.2008.抱茎苦荬菜的组织培养及植株再生［J］.中国中药杂志，33（4）：368－371.

田志宏，严寒.2003.马蹄金的组织培养和植株再生［J］.植物生理学通讯，39（5）：481.

汪祖程，何丹，徐跃进.2008.黄瓜子叶外植体组培成株研究［J］.北方园艺，

（6）：187－189.

王港，李周岐，刘晓敏，等.2008.花椒组织培养再生体系的建立［J］.西北林学院学报，23（3）：117－119.

王军娥，巩振辉，李新凤.2008.牡丹愈伤组织诱导与分化技术的优化研究［J］.西北农业学报，17（5）：282－286

王小岚.2006.花烛的离体培养及再生体系的建立［J］.中国林副特产，4：33.

王延峰，李国圣.2001.玉米抗除草剂体细胞变异体的筛选及植株再生［J］.生河南农业科学，12：16－19.

王友生，王瑛，李阳春.2009.三叶草愈伤组织诱导及分化的研究［J］.草业学报，18（2）：212－215.

王玉萍，刘庆昌，李爱贤，等.2003.甘薯耐旱突变体的离体筛选与鉴定［J］.中国农业科学，36（9）：1000－1005.

谢海燕，毛碧增，单兰兰，等.2004.狗牙根颖果胚性愈伤组织的诱导和胚性细胞的超微结构及植株再生［J］.植物生理与分子生物学学报，30（2）：209－215.

徐彬，王广东，郭维明，等.2007.花烛苞片离体培养及植株再生［J］.亚热带植物科学，36（4）：55.

徐长绘，周洪荣，张大明.2008.苜蓿愈伤组织的诱导和再生体系的建立［J］.现代农业科技，10：17－21.

宣朴，徐利远，岳春芳，等.2001.皇竹草组织培养再生植株研究［J］.中国草地，23（1）：41－45.

袁学军，王志勇，郭爱桂，等.2008.假俭草侧芽愈伤诱导和植株再生.草业学报，17（6）：128－133.

袁学军，王志勇，廖丽.2010.假俭草体细胞抗寒突变体的获得及其鉴定［J］.山东农业大学学报.

张春光，刘静玲，冯江沙.1996.打旺叶片愈伤组织诱导和植株再生的研究［J］.草地学报，4（2）：148－154.

张建华，陈火英，庄天明.2002.番茄耐盐体细胞变异体的离体筛选［J］.西北植物学报，22（2）：257－262.

张俊卫，唐蜻，包满珠.2005.日本结缕草植株再生体系的研究［J］.草业学报，14（2）：48－51.

张妙彬，李安，王小菁.2008.非洲菊愈伤组织诱导和不定芽分化研究［J］.广东农业科学，6：53－55.

张艳红，李建，沈向群.2008.红枫杜鹃的组培快繁与规模化生产［J］.植物生理学通讯，44（3）：507.

钟小仙，佘建明，顾洪如，等.2005.苏丹草幼穗离体培养植株的再生技术［J］.江苏农业学报，21（4）：331－335.

钟小仙，佘建明，顾洪如，等.2006.利用粗毒素离体筛选苏丹草抗叶斑病体细胞突变体［J］.江苏农业科学，（6）：293－296.

周维燕，刘青林，曹家树，等．2001．植物细胞工程原理与技术［M］．北京：中国农业出版社．

周岩，赵一鹏，蔡祖国．2009．长秆观赏甘蓝下胚轴离体再生研究［J］．广东农业科学，（9）：68 – 70.

Yuan X J, Wang Z Y, Liu J X, et al. . 2009. Development of a Plant Regeneration System from Seed – Derived Calluses of Centipedegrass ［*Eremochloa ophiuroides* (Munro.) Hack］［J］. Scientia horticulturae, 120 (1)：96 – 100.

附　图

附图 1　假俭草种子愈伤诱导及植株再生
（袁学军提供）

 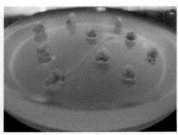 

种子愈伤诱　　　　　　愈伤继代培养　　　　　　芽分化

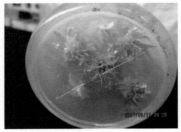 

生根　　　　　　　　　移栽

附图 2　结缕草种子愈伤诱导及植株再生
（袁学军提供）

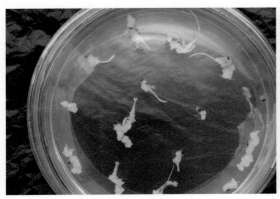 

种子愈伤诱导　　　　　　　　　愈伤继代培养

芽分化　　　　　　　　　　　　　　生根

附图3　杂交兰种子诱导原球茎及植株再生
（王广东提供）

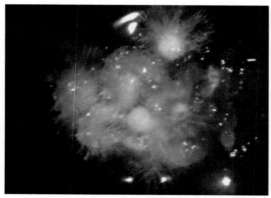

种子诱导原球茎　　　　　　　　　　原球茎诱导根状茎

芽分化　　　　　　　　　　　　　　生根

附图 4　海雀稗种子愈伤诱导及植株再生
（佘建明提供）

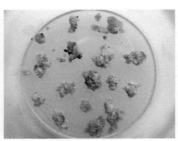
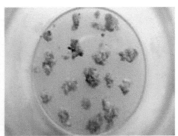

种子愈伤诱导　　　　　　　　愈伤继代培养　　　　　　　　芽分化

生根

附图 5　柱花草种子愈伤诱导及植株再生
（袁学军提供）

种子愈伤诱导　　　　　　　　芽分化　　　　　　　　壮苗

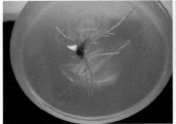

生根　　　　　　　　移栽

附图6　鸟巢蕨孢子诱导原叶体及植株再生
（佘建明提供）

孢子萌发形成原叶体

原体叶形成无菌苗

无菌苗的短茎诱导产生绿色球状体

绿色球状体增殖

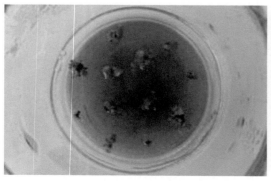

绿色球状体增殖

再生小植株

附图 7　大蒜茎尖愈伤诱导及植株再生
（袁学军提供）

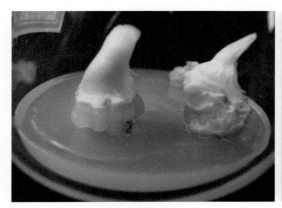

茎尖愈伤诱导

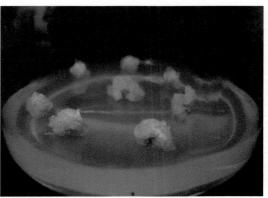

愈伤继代培养

芽分化

生根

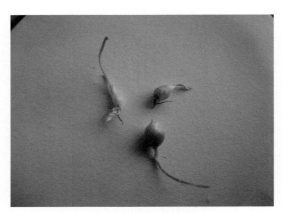

组培瓶中脱毒大蒜

附图8　文心兰茎尖诱导类原球茎及植株再生
（王广东提供）

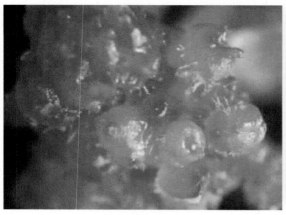

茎尖诱导原球茎　　　　　　　　　　　　芽分化

壮苗　　　　　　　　　　　　　　　生根

附图9　矮牵牛茎尖丛生芽诱导及植物再生
（王广东提供）

茎尖诱导增殖　　　　　　　　　　　　壮苗

壮苗　　　　　　　　　　　　　　　　　生根

附图 10　台湾百合茎尖愈伤诱导及植株再生
（王广东提供）

a：茎尖；b：茎尖愈伤诱导；c：芽分化；defg：壮苗；h：生根移栽

附图 11 花烛叶片愈伤诱导及植株再生
（王广东提供）

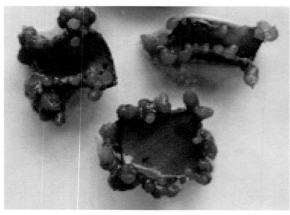 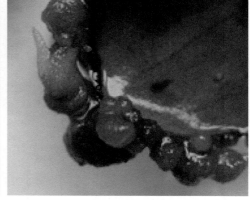

叶片愈伤诱导   叶片愈伤诱导

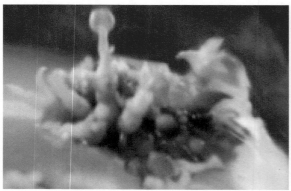 

芽分化   壮苗

生根   移栽

附图 12　非洲菊叶片愈伤诱导及植株再生
（王广东提供）

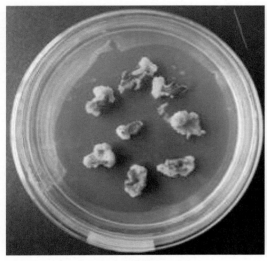

叶片愈伤

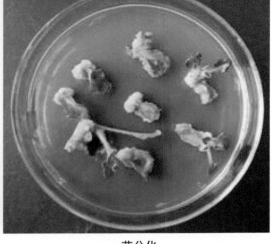

芽分化

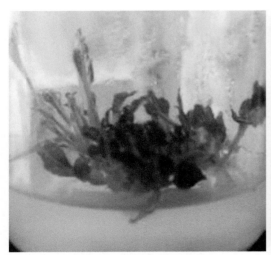

壮苗

生根

附图 13　多肉植物白银寿叶片愈伤诱导及植株再生
（王广东提供）

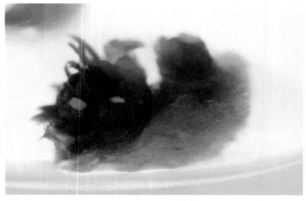

叶片愈伤诱导

愈伤继代培养

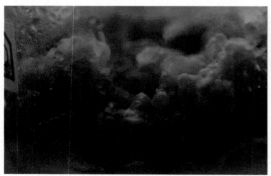

芽分化

芽分化

壮苗

生根

附图 14　悬铃木叶片愈伤诱导及植株再生
（何晓兰提供）

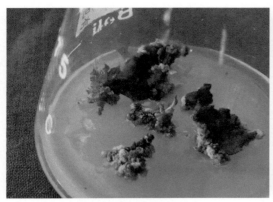

叶片愈伤诱导

芽分化

芽分化

壮苗

壮苗

生根

附图 15　狼尾蕨叶片不定芽诱导及植株再生
（佘建明提供）

无菌苗叶片诱导产生不定芽

不定芽芽丛

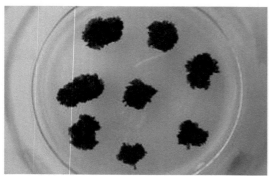

不定芽增殖

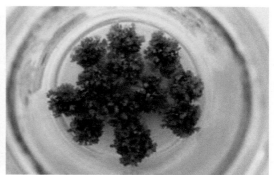

不定芽成苗

试管苗移栽

完整植株

附图 16　蝴蝶兰叶片不定芽诱导及植株再生
（王广东提供）

叶片诱导不定芽

叶片诱导不定芽

壮苗

生根

附图 17　大蒜根尖愈伤诱导及植株再生
（王广东提供）

根尖

根尖愈伤诱导

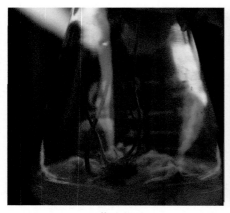

芽分化　　　　　　　　　　　　生根

附图 18　香蕉草叶柄愈伤诱导及植株再生
（王广东提供）

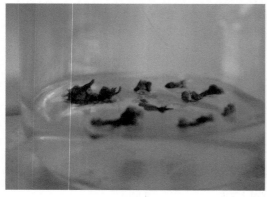

叶柄愈伤诱导　　　　　　　　　　芽分化

壮苗　　　　　　　　　　　　　生根

附图 19　棉花原生质体培养及植株再生
（佘建明提供）

细胞悬浮系

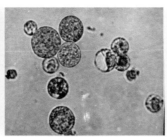

原生质体

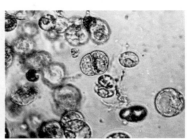

一次分裂

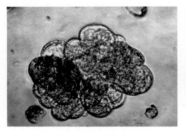

细胞团

小愈伤组织

愈伤组织

球形胚状体

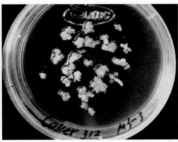

鱼雷形胚状体

胚状体萌发

再生植株

附图 20　遗传转化抗病基因的草地早熟禾植株
（佘建明提供）

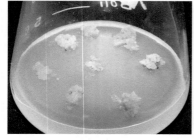

愈伤组织

农杆菌侵染

标记基因筛选

抗病性鉴定

抗性植株

抗性植株

后代分离

抗性纯合株系